INSTRUCTION

POUR LES BERGERS

ET

POUR LES PROPRIÉTAIRES

DE TROUPEAUX.

Cet ouvrage se trouve dans la Librairie de M.me HUZARD, rue de l'Éperon-Saint-André-des-Arcs, N.° 11.

INSTRUCTION

POUR LES BERGERS

ET

POUR LES PROPRIÉTAIRES

DE TROUPEAUX;

Avec d'autres Ouvrages sur les Moutons et sur les Laines;

PAR *DAUBENTON.*

TROISIÈME ÉDITION,
PUBLIÉE PAR ORDRE DU GOUVERNEMENT;
AVEC DES NOTES.

A PARIS,
DE L'IMPRIMERIE DE LA RÉPUBLIQUE.

AN X.

DISCOURS

Sur la Vie et les Ouvrages de DAUBENTON,

PAR LE C.^{en} LACÉPÈDE *.

Lorsque, l'année dernière (an 7), ma faible voix se faisait entendre dans cette enceinte; lorsqu'entouré de plusieurs amis de la vérité, je tâchais avec eux de soulever quelques-uns des voiles qui nous dérobent la face auguste de la nature, Daubenton vivait encore. Le froid de la vieillesse avait modéré mais non pas suspendu ses travaux; ses débiles mains venaient encore fréquemment orner ces galeries, de nouveaux trophées; et ses accens octogénaires, recueillis par l'attention reconnaissante et le respect religieux, redisaient encore sous ces voûtes les leçons de l'expérience et les oracles de la science. Un coup imprévu l'a frappé au milieu du triomphe dont l'admiration de ses concitoyens honorait sa longue carrière. Il est tombé au milieu de ses

---

* Ce discours a été prononcé à l'ouverture du cours d'histoire naturelle, donné dans le Muséum national d'histoire naturelle, l'an 8 de la République.

lauriers. Non, je n'offrirai pas à l'indulgence publique, de nouvelles réflexions sur cette histoire des êtres organisés dont il m'a si souvent entretenu ; je ne les présenterai pas dans ce temple de la nature, où j'ai si souvent accompagné ses pas, dans cette place même où je crois le voir nous montrer de sa main tremblante la route la plus sûre pour arriver au terme de nos travaux, sans consacrer à sa mémoire mes premiers sentimens et mes premières idées. *Buffon, Montbelliard,* DAUBENTON, vous qui daignâtes associer ma jeunesse à votre grande et glorieuse entreprise, je vous ai successivement perdus; j'étais destiné à vous offrir successivement un hommage de douleur, de regrets et de tendresse! Et vous qui m'avez été enlevé le dernier, vous avec qui j'ai goûté, pendant seize ans, la touchante douceur de l'intimité la plus flatteuse et de la confiance la plus honorable, que je vous adresse les premières paroles de mon nouveau cours, dans ce Muséum où votre cendre repose, et où votre nom sera à jamais béni. Un des savans de l'Europe dont l'amitié m'est la plus utile et la plus chère *, un des hommes les plus dignes d'être l'organe du génie, et d'élever en l'honneur de l'anatomie comparée l'immense

---

* Le C.en *Cuvier.*

édifice dont vous avez posé les fondemens, a prononcé à votre gloire, et dans une de nos solennités littéraires *, un éloge que la postérité répétera. Au milieu de vos émules, de vos amis, de vos disciples, de vos enfans, je vous décerne un tribut de famille; et pour que les expressions de l'attachement et de la gratitude rappellent la vertu que vous chérissiez le plus, je ne parlerai de vous, je ne dévoilerai aux yeux de ceux qui vénèrent votre mémoire, les honorables secrets de votre ame et de votre esprit, que pour offrir de grands exemples à ceux qui veulent suivre la route que vous avez illustrée. Vous êtes entré si jeune dans votre immense carrière ! vous n'avez cessé de la parcourir qu'aussi comblé d'années que surchargé de palmes. Le récit fidèle que je vais tâcher de présenter à vos amis, sera donc utile à tous les âges ; et si ma mémoire ne trahit pas mon cœur, vous aurez encore, pour ainsi dire, donné une grande leçon dans cette enceinte.

DAUBENTON avait à peine atteint les premières années de la jeunesse, que des essais heureux, dont il eut le mérite de ne pas laisser

---

* Dans la séance publique de l'Institut national, du 15 germinal an 8.

échapper l'occasion fugitive, lui firent sentir combien est grand l'empire de l'habitude sur celui même qui croit se dérober le plus à son influence, et combien cependant le courage d'une persévérance même assez courte, peut, en s'imposant la répétition fréquente des mêmes actes, faire un choix, pour ainsi dire, parmi les habitudes dont la puissance est près de soumettre les penchans, échapper aux funestes, et s'abandonner à celles que la raison approuve. C'est dans le développement de cette faculté que consiste tout le secret de l'éducation ; et c'est en l'exerçant que D AUBENTON montra de bonne heure ce caractère particulier de son esprit, auquel il dut ses succès et sa félicité. Il se donna le besoin de la réflexion. De ce besoin naquirent et cet amour d'une occupation paisible, qui chaque jour acquérait une nouvelle force par le souvenir du charme que cette affection avait répandu sur la veille ; et cette attention continuelle de fuir les orages des passions vives, auxquels il est si difficile de ne pas voir succomber le bonheur, et auxquels cependant tant d'hommes s'exposent, parce qu'ils sont éblouis par leur éclat ; et ce soin de ne confondre aucune des parties des objets de ses méditations, qui produit la justesse des idées ; et cette rectitude dans la volonté, ou cette justice dans l'intention, qui dépendent plus qu'on ne le croit, de la justesse des pensées ; et cette préférence que fait accorder à l'observation la nécessité de n'admettre que les notions les plus précises ; et cet emploi régulier du temps, qui, en plaçant les instans dans une série non interrompue, accumule dans chacun les effets féconds de tous ceux qui l'ont précédé.

Lors donc que DAUBENTON eut terminé, à Paris, les études qu'il avait commencées à Dijon, et que, rentré dans sa patrie, il crut devoir consacrer les connaissances qu'il avait acquises, à cet art consolateur qui, fils de l'expérience et guidé par le sentiment, prévient tant de maux par la prudence, dissipe tant d'effets funestes par la modération, soulage tant de douleurs par l'espoir, il était bien difficile qu'il ne s'annonçât pas par des succès ; et des résultats bien satisfaisans pour son cœur couronnèrent les efforts qu'il opposa à une contagion qui, bientôt après son retour à Montbard, répandit dans le pays qui l'avait vu naître, les alarmes et la mort.

Mais *Buffon*, qui venait de succéder au célèbre *Dufay*, avait déja conçu deux grands projets : l'agrandissement ou plutôt une seconde création du Muséum dont la direction lui était confiée, et l'érection d'un monument plus durable encore, sur lequel il voulait graver les fastes de la nature. En réunissant sous les yeux de ses contemporains, des exemplaires choisis et bien ordonnés de tous les ouvrages sortis des mains de cette nature admirable, il voulut laisser à la postérité un modèle unique de ce que peut l'art de l'homme pour manifester la puissance de la nature : en léguant l'histoire naturelle aux siècles à venir, il voulut faire plus pour la France qu'*Aristote* pour les Grecs et *Pline* pour les Romains. Son génie cependant était trop élevé pour ne pas s'apercevoir de l'immensité de son entreprise; il ne songea pas à limiter ses vues, son audace s'y serait refusée : toujours avide de conquérir le domaine entier de la science, il ne pensa qu'à multiplier ses forces en complétant toutes ses ressources. Il connaissait DAUBENTON ; il avait eu l'habileté de le bien juger ; il eut l'heureux discernement et le noble orgueil de voir que DAUBENTON et lui, ne faisant qu'un, renverseraient tous les obstacles et commanderaient tous les triomphes : il proposa à son ami cette association qui devait les illustrer tous les deux ; et tous les deux, répondant à leur appel mutuel vers la gloire et l'immortalité, présentèrent ce singulier phénomène de deux hommes doués de qualités supérieures, mais diverses, qui, combinant leurs mouvemens sans perdre de leur énergie, réunissant leurs efforts sans confondre leurs facultés, ne mêlant leurs lumières que pour en augmenter l'éclat, s'aidant sans se nuire, acquérant sans perdre, se donnant l'un à l'autre ce que chacun d'eux aurait pu desirer séparément, formaient un ensemble merveilleux, jusque-là sans modèle comme jusqu'à présent sans copie, un être composé, mais unique, un tout au-dessus de ce que l'on aurait cru pouvoir attendre de la perfection humaine ; et, par ce premier acte de leurs volontés intimement liées, surpassaient, pour ainsi dire, la nature, dont ils allaient dévoiler et le pouvoir et les merveilles.

DAUBENTON commença donc à rechercher, reconnaître, rapprocher, classer, nommer ces innombrables séries de morceaux bruts et d'êtres organisés, qui, répandus sur la surface du globe suivant les rapports des causes qui les produisent, et non pas d'après les relations des qualités qui les distinguent, échappaient presque autant à l'esprit par la difficulté de comparer leurs différences, qu'à l'œil par l'impossibilité de franchir de grandes distances. Il traça les premiers linéamens de ce tableau du monde, dont les objets ne sont pas les effets fantastiques de l'art magique de combiner les ombres et les lumières, mais les vrais produits de la puissance créatrice, et qui, destiné à montrer les véritables relations des êtres, instruit l'esprit en même temps qu'il charme les regards, et réalise, en le rendant visible et palpable, celui que l'intelligence et la science dessinent dans une mémoire fidèle.

Il s'attacha sur-tout à rassembler les dépouilles des êtres les plus voisins de l'homme par leurs qualités, celles des animaux les plus rapprochés, par leurs attributs, de l'espèce la plus favorisée. Desirant de les disposer avec ordre, il voulut les connaître avec précision; et pour s'en occuper avec plus de persévérance, il allait souvent s'enfermer au milieu de plusieurs sujets de ses études, dans une retraite philosophique que sa prévoyance attentive lui avait préparée sur la colline de Montbard. Doublant le temps par la manière constante d'en disposer, il le multiplia encore par l'unité du plan sur lequel il travaillait; et retirant d'ailleurs, de l'adoption d'une sorte de modèle idéal, auquel il ne cessait de rapporter les résultats de toutes ses opérations, le précieux avantage d'une exactitude rigoureuse qui n'oublie aucun détail, il eut bientôt réalisé la grande vue qu'il venait de concevoir. De nombreux, de solides, de riches matériaux parurent, pour ainsi dire, s'élevèrent, s'arrangèrent autour de lui, formèrent l'immense base du magnifique édifice de l'anatomie comparée ; et cette sorte d'enchantement opéré par l'attention soutenue et bien dirigée, expliqua la fameuse réponse du grand *Newton*, qui, consulté sur le secret de son génie, ne rapporta ses immortels ouvrages qu'à une longue réflexion.

L'architecte de ce vaste édifice méritait des couronnes. DAUBENTON fut admis dans l'Académie des sciences ; des lauriers littéraires lui furent décernés par presque toutes les sociétés savantes de France et de l'Europe ; et les tributs de sa reconnaissance furent des mémoires utiles dont il enrichit leurs recueils.

Cependant la renommée ne cessait de proclamer la gloire de *Buffon* et de DAUBENTON : elle annonçait aux Français et aux étrangers que pendant que *Buffon*, retiré dans ses jardins élevés de Montbard, s'abandonnant à de sublimes conceptions, isolé, pour ainsi dire, sur sa montagne, seul avec la nature, l'interrogeant sur le passé, le présent et l'avenir, traçait de grands tableaux pour son siècle et pour la postérité, DAUBENTON, ministre du temple que ses mains continuaient d'ériger, médiateur attentif et prévenant entre la science et ceux qui la chérissaient, aplanissait toutes les avenues du sanctuaire, écartait les obstacles, éclairait la route, encourageait toutes les tentatives, applaudissait à tous les succès. La voix publique se fit entendre à ceux qui gouvernaient alors notre patrie : elle leur apprit que le temps était venu de chercher à faire naître la félicité publique, de la culture des sciences naturelles : elle leur montra DAUBENTON; et deux chaires importantes, établies, l'une dans le célèbre collége de France pour la propagation de l'histoire naturelle considérée dans toute son étendue, et l'autre à l'école vétérinaire d'Alfort pour l'enseignement de l'économie rurale, furent pour DAUBENTON la plus douce des récompenses, puisqu'elles devaient être d'abondantes sources d'instruction et de bonheur public.

Bientôt il eut indiqué un nouvel ordre pour l'étude des minéraux, observé les organes des plantes, développé leur structure, recherché les causes du mouvement de leurs fluides, examiné les mœurs des animaux, exposé une nouvelle méthode de montrer les rapports de leurs espèces, et de les distribuer en genres et en familles. Mais son esprit très-réfléchi n'ayant jamais voulu admettre que des intuitions nettes, des idées claires, des aperçus précis, il fut conduit, par une pente insensible et cependant irrésistible, à préférer dans ses travaux les réalités aux suppositions, les objets sensibles aux abstractions, des notions circonscrites aux vues vagues et incertaines, et par conséquent à diriger principalement ses efforts vers l'accroissement des commodités de la vie, des douceurs de la société, des jouissances de ses semblables, du bonheur de l'espèce humaine.

Aussi, s'il traite des minéraux, se plaît-il à montrer aux agriculteurs les diverses terres qui peuvent fertiliser leurs champs, aux architectes les matériaux de la demeure modeste du citoyen peu fortuné, et les blocs de marbre ou de granit qui rendent immortels les monumens conservateurs de la gloire des peuples, aux joailliers les propriétés diverses de ces pierres rares et brillantes dans lesquelles la nature a réuni, pour ainsi dire, toute sa magnificence, et l'art de l'homme la représentation de ses richesses. S'il s'occupe des végétaux, il aime à dire quels sont ceux qui conviennent à la nourriture de l'homme, à celle des animaux compagnons de ses voyages, de ses labeurs, de ses dangers, de ses triomphes, de ses plaisirs; quels rapports lient les vertus actives des plantes avec les divers tempéramens, les divers âges, les diverses saisons, les diverses maladies; quelles fleurs peuvent, en ornant nos demeures, porter dans nos sens ce calme suave et cette sérénité douce qui, se répandant jusqu'à l'ame, suspendent les peines, dissipent le trouble, et charment les soucis; quels grands arbres semés par la nature, ou transportés par l'art dans nos climats, donnent au navigateur, au charpentier, au menuisier, à l'ébéniste, au teinturier, les plus belles tiges, les poutres les plus solides, les bois les plus dociles, les planches les plus satinées, les substances les plus précieuses; quels arbustes, par l'accord de leurs feuillages ou de leurs bouquets avec les différentes températures, peuvent peupler ces bosquets destinés à ne pas laisser écouler un seul mois de l'année sans donner aux amis de la nature végétale, des jouissances nouvelles, et qu'un de nos collègues *, si digne d'imposer des noms aux merveilles de la culture dont il dévoile les mystères, a nommés *les bosquets de* DAUBENTON.

Si enfin il considère les animaux, c'est pour les rendre plus utiles. C'est ainsi que nous avons vu ses dernières années s'écouler paisiblement au milieu des soins qu'il donnait au perfectionnement des races des animaux domestiques; et c'est ainsi sur-tout que, pendant plus de trente ans, il avait constamment amélioré l'heureux fruit d'une tentative hardie, qui,

---

* Le C.en *Thouin* l'aîné.

donnant au poil jusque-là trop grossier de la brebis de nos contrées, la finesse de celui que l'on n'avait encore tondu que dans les champs fortunés de l'Espagne, répétée ensuite par des savans habiles, et imitée chaque jour par de nouveaux cultivateurs, commence à délivrer nos importantes manufactures du joug pesant d'une industrie étrangère.

Et quelles ont été les causes secrètes de cet heureux affranchissement ? l'emploi du temps et des forces de l'esprit.

Et voici ce qu'il m'a révélé lui-même de la manière de procéder à laquelle il a toujours été fidèle.

Il n'avait jamais négligé d'examiner avec un soin scrupuleux l'état de la question qu'il devait résoudre ; de la débarrasser de toutes les idées secondaires qui n'y étaient pas intimement liées; de réduire le problème à l'expression la plus simple, de circonscrire le but de sa recherche, de donner, par ces précautions, à son sujet, la plus grande clarté ; d'employer sans cesse à son avantage l'empire que les sens exercent sur l'imagination ; d'éveiller perpétuellement sa pensée par la présence de l'objet dont il voulait dévoiler quelque qualité, de le placer dans le lieu le plus apparent de sa retraite de tous les jours, de forcer ainsi ses yeux à recevoir et transmettre son image dans tous les momens où une volonté très-déterminée ne les fixait pas sur quelque autre point; de ne laisser échapper aucun des hasards qui pouvaient éclairer une de ces faces difficiles à distinguer, et sur laquelle cependant se trouve la solution de la difficulté; de ne présenter qu'avec la retenue la plus circonspecte un résultat général; de modérer, sans relâche, la marche de son esprit, de passer toujours d'une tentative à une autre, mais de ne s'avancer, pour ainsi dire, que par des nuances de succès; d'assurer ainsi ses pas, de conserver ses forces, de prolonger sa poursuite, et d'imiter cette nature au culte de laquelle il s'était voué, et qui a surchargé tant d'énormes montagnes de cimes sourcilleuses, en étendant les unes au-dessus des autres, des myriades de couches insensibles.

On aurait dit que, comme pour cette nature créatrice, le temps n'était rien pour DAUBENTON, tant était grand son art de multiplier les instans.

Cette réserve extraordinaire avait trompé quelques hommes médiocres. Ils s'étaient mépris sur DAUBENTON, au point de lui refuser les qualités supérieures dont il était doué. Mais combien de fois *Buffon*, si digne de le juger, ne lui a-t-il pas décerné un éloge que très-peu de savans ou de littérateurs illustres auraient pu mériter, en disant que DAUBENTON n'avait jamais ni plus ni moins d'esprit que n'en exigeait le sujet de sa pensée !

C'est de cette heureuse et si rare proportion entre la force et la résistance, que découlèrent non-seulement une extrême netteté dans ses idées, et par conséquent une simplicité lumineuse dans son style, mais encore la paix de son ame et le calme de son caractère.

Et voilà comment, n'ayant jamais de déférence aveugle pour aucune autorité, ne jugeant chaque homme ni chaque chose que ce qu'ils valaient, ne faisant jamais céder les avantages d'un silence discret à la vaine satisfaction d'une passion inconsidérée, voyant du même œil philosophique et l'essai couronné et la tentative infructueuse, attendant tout de la persévérance, ayant su dès sa jeunesse repousser la domination de quelques savans en faveur par la constance de la raison, la hauteur des hommes en crédit par le sang-froid, la protection de la vanité par une fierté grave, la familiarité de l'orgueil par une dignité simple mais imposante, l'ennui par le travail, le vide des insomnies par les souvenirs et la réflexion, les maladies par la tempérance et la régularité du régime, la douleur par la force de ses pensées, le chagrin par l'espérance, et la crainte par une vue supérieure au danger, chérissant la tranquillité plus encore que la renommée, et plus heureux que *Newton*, qui se plaignait d'avoir perdu le repos en acquérant la gloire, il obtint la gloire sans perdre le repos.

Fatigué par la joie bruyante, il était agréablement délassé de ses longs travaux par la gaieté douce. Il l'était encore plus par l'amitié. Et pour ne parler que de ceux des ses amis que la mort a enlevés aux sciences ou aux lettres, quels plaisirs tranquilles, quelles jouissances paisibles de l'esprit et du cœur ne goûtait-il pas et ne faisait-il pas naître dans la société intime de *Montmirail*, de *Trudaine*, de *Crébillon*, de *Jussieu*, de *Diderot*, de *Montbelliard*, de *Bezout*, de *Malesherbes*, de *la Rochefoucauld!* Quels noms pour les admirateurs du génie et les adorateurs de la vertu! Quels choix auraient mieux prouvé combien DAUBENTON savait apprécier le charme du plus aimable des sentimens?

Combien de fois *Buffon* ne m'a-t-il pas dit: « DAUBENTON n'a jamais refusé à ceux qu'il » aime, le plus grand des bienfaits, un conseil » utile. Je l'ai éprouvé souvent. Je n'oublierai » jamais que je lui dois une résolution qui n'a » pas peu contribué au bonheur de ma vie. » J'allais abandonner le projet que j'avais formé

» de corriger mes ouvrages d'après les bonnes
» critiques que l'on en ferait, et de ne pas
» répondre aux mauvaises. Un libelle m'avait
» justement offensé. Je venais de préparer une
» réponse. Je la montre à DAUBENTON. *N'est-*
» *elle pas victorieuse !* lui dis-je. — *Oui ; mais*
» *vous allez commencer la guerre que vous avez*
» *toujours évitée : et quelle victoire vaut la paix !* »

La gratitude était, comme l'amitié, une des vertus favorites de DAUBENTON. Lorsque, dans ces momens d'épanchement où l'ame ne se réserve aucun de ses secrets, il daignait m'entretenir des événemens qui avaient marqué le cours de sa vie, il se plaisait à me répéter combien il était reconnaissant envers *Buffon*. *Sans lui*, me disait-il, *je n'aurais pas eu dans ce jardin cinquante ans de bonheur.*

Et comment n'aurait pas été sensible celui qui conservait avec tant de soin le souvenir des dons de l'amitié, et qui s'en parait encore, lors même que l'objet de son affection n'existait plus que dans la mémoire des hommes ? Comment n'aurait pas été sensible celui qui quelquefois, sans doute, redoutait pour la vérité les prestiges de l'éloquence, mais que j'ai vu si souvent admirer, louer, rechercher les chefs-d'œuvres de nos orateurs et de nos poëtes, et citer les plus beaux morceaux de *Voltaire* et de *Buffon*; qui pendant vingt-ans ne revint jamais du Louvre dans ce Muséum, sans s'arrêter sous ces portiques où la muse des *Racine* a fait verser tant de douces larmes; qui dans un âge plus avancé, condamné par des infirmités nombreuses à une sorte de retraite, et n'osant plus lutter contre l'espèce de fatigue qui accompagne presque toujours la recherche des plaisirs du théâtre, ne termina jamais sa journée sans lire, avec sa digne et respectable épouse, quelque acte de ces tragédies qu'il ne pouvait plus voir représenter, ou sans s'attendrir avec Clarisse, Estelle, l'Héloïse des rives du Léman, la Zélie du désert; et qui avait choisi pour la compagne de toute sa vie, la femme dont les vertus et les talens portent la touchante empreinte d'une ame des plus aimantes?

Aussi a-t-il été toujours heureux, malgré les maux physiques qui l'ont fréquemment assailli, malgré les ans qui ont pesé sur sa tête, parce qu'il a toujours aimé les objets de ses goûts et ceux de ses affections, sans trouble, sans excès, sans inquiétude, sans orages; parce qu'il n'a laissé aux passions que leur douceur; parce qu'il a toujours travaillé avec la même constance; parce qu'il a toujours projeté de travailler jusqu'à sa dernière heure; parce que le passé et l'avenir ont toujours pour *et les Ouvrages de Daubenton.* xxiij

lui embelli le présent; et tous ces avantages, il les a possédés, parce que, jeune encore, il voulut fortement que la réflexion fût la première de ses facultés.

Ce caractère réfléchi de son esprit, la solidité de principes qui en résulta, la modération qui en fut la suite, lui donnèrent le goût, l'habitude et le besoin d'une grande indépendance. Et voilà pourquoi, ne recevant d'influence que de son propre gré, n'étant entraîné que par sa volonté, n'obéissant qu'à son assentiment intime, il ne cessa d'être *lui* dans aucune circonstance de sa vie. Mais s'il fut toujours ferme, on ne le vit jamais obstiné, parce que, s'il ne consentit à céder qu'à la raison, même en suivant les plus doux de ses penchans, il ne résista jamais volontairement à sa lumière.

Il ne faut donc pas être étonné que même vers la fin de ses jours, il se soit empressé d'encourager, d'étudier, d'adopter, de propager toutes les découvertes dont les sciences naturelles s'enrichissaient. Avec quel air de satisfaction ne l'entendit-on pas, par exemple, exposer les premières expériences sur lesquelles un de nos plus célèbres confrères *, élevait une vaste théorie des formes des cristaux, ou

---

* Le C.en *Haüy.*

plutôt de la véritable structure des substances minérales, et répéter : *Il va changer la face de la minéralogie !*

Il saisit avec la même facilité, et conserva avec le même plaisir, les principes de liberté, de justice et d'humanité, que la philosophie proclama dans les beaux jours de la révolution française. Et si son devouement à des maximes qui n'appelaient les premiers hommages que sur les talens et les vertus, avait pu paraître en DAUBENTON un assentiment intéressé, plutôt qu'un sacrifice généreux, il aurait bientôt repoussé cette honorable accusation par la vivacité sincère avec laquelle il provoqua auprès des législateurs de la France, occupés alors de donner une nouvelle existence à ce Muséum, la suppression de toutes les places privilégiées auxquelles la vénération publique l'aurait élevé, la cessation des fonctions qu'il avait remplies avec tant d'honneur, mais qu'il croyait contraires à l'unité du plan adopté, comme le plus utile, par ses collègues, et la diminution du traitement que sa patrie lui avait décerné, comme une faible marque de la reconnaissance nationale.

A cette époque, l'une des plus remarquables de l'histoire du Muséum, où de nouvelles galeries furent construites, de nouveaux jardins plantés, de nouvelles serres fondées, de grandes ménageries projetées, d'immenses collections réunies, de nouvelles chaires inaugurées, une instruction et des rapprochemens d'un nouveau genre imaginés, réalisés et développés, DAUBENTON crut assister à une nouvelle création de l'établissement qui lui était si cher. Son cœur échauffant sa tête octogénaire, il rassembla toutes ses forces, entreprit et termina dans ces galeries des arrangemens importans, se chargea de fonctions que deux professeurs dans la vigueur de l'âge auraient pu trouver trop pesantes, entreprit deux cours; et s'ouvrant, pour ainsi dire, une carrière nouvelle, comme si la vie eût été pour lui sans limites, il recueillit de nouvelles couronnes que la tendre admiration des amis des sciences se plaisait à offrir à ses efforts en quelque sorte surnaturels, et que, malgré la vue de ses cheveux blanchis, de son corps courbé et de ses pas chancelans, on ne croyait pas destinées à orner sitôt son urne funéraire.

Mais le terme de ses glorieuses années était arrivé. Un événement où son zèle s'est encore manifesté, une de ces combinaisons de petites causes que l'on dédaigne, parce que chacune d'elles est faible, et qui ont cependant tant de puissance, parce qu'elles forment un faisceau, le ravit à la science, au moment même où le respect de ses confrères, l'admiration du peuple Français, l'estime du sénat, l'amitié d'un héros, venaient de faire flotter au-dessus de son front vénérable la palme civique et rémunératrice; et pour rapprocher des talens et des vertus qui ont également droit à nos hommages, *il tomba dans sa gloire*, comme autrefois *Turenne*, et de nos jours *Desaix*. O mort digne d'envie, ô noble fin de ses travaux, que celle que l'on trouve dans le dévouement à ses devoirs, dans la récompense de ses sacrifices, dans le triomphe décerné par un peuple généreux ! Mais nous qui n'entendrons plus sa voix patriarcale, qui ne serons plus l'objet de ses soins paternels, qu'il n'encouragera plus par son touchant suffrage; mais moi qui ne retrouverai plus celui qui me restait des illustres amis, des illustres soutiens de ma jeunesse... ah ! rendons à sa mémoire l'hommage que son cœur aurait préféré; comme lui, servons la science, comme lui servons l'humanité, comme lui servons la patrie.

Et vous, jeunes amis de la nature, qui mêlez vos regrets aux miens, vous avec lesquels j'ai encore quelques vérités à chercher, consacrez vos efforts, en venant avec moi graver d'une main pieuse, sur un monument élevé à la gloire de Daubenton : *Attention, réflexion, persévérance, distribution du temps, emploi des forces.* Mes collègues vous donnent la leçon et l'exemple du génie. Bientôt (du moins mon cœur l'espère) le digne successeur de Daubenton, le savant et infortuné *Dolomieu*, délivré de ses horribles et honorables fers, rendu à l'Europe savante qui le réclame, et à l'amitié éplorée qui l'appelle, interprétera devant vous le livre de la nature *: puissiez-vous accueillir avec bienveillance l'exemple que je trouverai tant de douceur à donner, de regrets profonds pour les grands maîtres que le sort nous a enlevés, d'une tendre admiration pour ceux qui honorent encore leur patrie, d'une sollicitude constante

---

* Nous n'avons pas joui long-temps des embrassemens de notre *Dolomieu*. A peine la victoire et la paix l'avaient-elles ramené parmi ses collègues ; à peine avait-il commencé de faire entendre sa voix dans notre Muséum, que son zèle, sans cesse renaissant, a porté de nouveau ses pas vers nos Alpes antiques. Il revenait vers nous, chargé de nouveaux trophées, lorsque la mort l'a frappé sous les yeux d'une famille qu'il chérissait aussi tendrement qu'il en était chéri. Ainsi sont tombés, pour ainsi dire, dans la même tombe, deux célèbres naturalistes, laissant la place qu'ils avaient illustrée, à leur digne ami (1), à leur digne émule, qui l'ornera de nouveaux lauriers.

(1) Le C.^{en} *Haüy*.

pour les émules courageux qui cherchent à marcher sur leurs traces, d'un empressement toujours égal à tâcher d'écarter les obstacles qui pourraient embarrasser vos pas, d'une vive affection pour vous, et d'un dévouement sans bornes à la science, qui, unie à la vertu, unie à l'amitié, fait naître la seule puissance durable et la vraie félicité !

EXTRAIT

Du Procès-verbal de la séance de la Convention nationale, du 1.ᵉʳ nivôse an 3.

Un membre fait le rapport suivant : « Je viens vous parler, au nom de vos comités réunis d'instruction publique, d'agriculture et des arts, du patriarche des sciences, du vénérable *Daubenton*.

» Cet infatigable physicien, qui a formé les collections immenses du muséum d'histoire naturelle, qui les a soignées et démontrées au public pendant cinquante-trois ans, a employé une partie de sa fortune et plusieurs années de sa vie, à faire croître, sur le sol de la France, des laines aussi fines que celles d'Espagne, dont l'importation coûte chaque année plusieurs millions.

» Ces moyens d'amélioration sont prouvés et confirmés par vingt-cinq années d'expérience ; grand nombre de citoyens ont mis en pratique avec succès le *Traité des moutons* donné par ce naturaliste célèbre.

» Cet ouvrage important vient d'être retouché par l'auteur et enrichi de nouvelles expériences faites à sa bergerie de Montbard.

» Appauvri par le bien même qu'il a fait aux sciences et aux arts, réduit par la révolution à une fortune très-bornée, *Daubenton* ne peut pas faire la dépense de l'impression de son ouvrage : cependant l'intérêt de l'agriculture la réclame, et la justice demande de la faire tourner au profit de l'auteur. Il est en effet digne d'une nation qui couvre d'une protection éclairée les savans utiles à leur pays, de leur faire trouver le prix de leurs travaux dans leurs travaux mêmes.

» Nous vous proposons, en conséquence, le projet de décret suivant :

« La Convention nationale, ouï le rapport de
» ses comités réunis d'instruction publique, d'agri-
» culture et des arts,

» Décrète que le *Traité sur les moutons*, *par le*
» C.^{en} DAUBENTON, sera imprimé et tiré à deux
» mille exemplaires, au profit de l'auteur, et aux frais
» de la nation, sur les fonds mis à la disposition de
» la commission exécutive de l'instruction publique,
» qui demeure chargée de l'exécution du présent
» décret. »

Ce projet de décret est adopté.

NOTICE

HISTORIQUE ET BIBLIOGRAPHIQUE

Sur les Éditions et les Traductions de l'Instruction pour les Bergers.

Par J. B. HUZARD.

JE ne donnerai point ici l'histoire de l'amélioration de nos laines; on la trouvera dans l'avertissement que *Daubenton* a placé à la tête de cette nouvelle édition, et dans tout le cours de son ouvrage : je me bornerai à faire connaître ses travaux littéraires sur cette partie importante de l'économie publique.

C'est en 1766 que *Daubenton* commença, sous les auspices de *Trudaine*, à s'occuper des moyens d'améliorer cette branche de l'agriculture. Les deux premières années employées en préparatifs et en importations d'animaux, ne peuvent entrer en compte pour l'amélioration, qui ne date réellement que de 1768; mais ces deux années ne furent pas perdues pour l'observation. Dès 1768, *Daubenton* lut à l'académie royale des sciences un *Mémoire sur la rumination et sur le tempérament des bêtes à laine*, et il en lut un second, à la fin de 1769, *sur des bêtes à laine parquées toute l'année*. En 1777, il lut à la même académie le résultat de ses observations *sur l'amélioration des bêtes à laine*. En 1778 et 1779, il lut à la société royale de médecine deux *Mémoires sur les remèdes les plus nécessaires aux troupeaux, et sur le régime qui leur convient le mieux*. La même année 1779, il lut à l'académie royale des sciences un *Mémoire sur les laines de France comparées aux laines étrangères.*

Ces mémoires présentés dans des séances publiques, étaient destinés à faire connaître les améliorations dans l'éducation de nos troupeaux ; ils furent bien reçus : les journaux du temps en donnèrent des extraits ; et la preuve qu'on s'en occupa et qu'on les lut, c'est qu'on écrivit contre les principes qu'ils contenaient, que beaucoup de gens regardaient comme dangereux ou impraticables.

En 1782, *Daubenton* publia la première édition de son *Instruction pour les bergers et pour les propriétaires de troupeaux ; à Paris, de l'imprimerie de* Ph. D. Pierres, *imprimeur ordinaire du roi, rue Saint-Jacques,* in-8.° de xvj pages pour les titres, l'avertissement, la table des leçons et celle des planches, 414 pages pour le texte et la table des matières, un feuillet non chiffré pour les approbations de l'académie des sciences et de la société de médecine, avec XXII planches dessinées par *Fossier*, et gravées par *Patas* et *Queverdo.*

Cette instruction est divisée en quinze leçons ; et *Daubenton* y ajouta les mémoires qu'il avait lus précédemment à l'académie des sciences et à la société de médecine : ces mémoires, qui faisaient partie du recueil de ces sociétés, se trouvèrent ainsi beaucoup plus à la portée de ceux auxquels ils étaient plus particulièrement destinés.

La publication de cet ouvrage réveilla les contradicteurs et les critiques ; mais elle éveilla aussi l'attention des propriétaires, et l'amélioration fit des progrès assez rapides. MM. *de Charost, d'Amour, d'Isjonval, Leblanc,* l'archevêque de Bourges *[Philipeaux]*,

de

de *Guerchy* et plusieurs autres, s'empressèrent de suivre les préceptes qu'il contenait, et en obtinrent des succès bien capables d'encourager. Le dernier publia même, en 1788, une *Instruction sur la manière de soigner les bêtes à laine, suivant les principes de* Daubenton, *à l'usage des cultivateurs*; in-8.º de 22 pages, approuvée par la société royale d'agriculture de Paris.

L'abbé *Carlier* et M. *de Lormoy* furent, parmi les contradicteurs, ceux qui se distinguèrent le plus par la quantité de mémoires qu'ils communiquèrent au Gouvernement sur cet objet, et qu'ils firent imprimer séparément ou dans les journaux. Plusieurs de ces mémoires éclaircirent différens points contestés, et ne furent pas sans utilité. M. *de Tolozan*, intendant du commerce, fit réunir les observations les plus importantes, et les communiqua à *Daubenton*, qui donna les explications qu'on lui demandait : j'ai cru devoir imprimer cette pièce, qu'on trouvera à la suite de cette notice.

La critique s'acharna à toutes les parties de son ouvrage. On reprocha à *Daubenton* la forme de catéchisme qu'il lui avait donnée, les caractères qu'il avait employés pour l'impression, et jusqu'aux planches qu'il y avait mises. Il ne répondit point : les critiques furent bientôt oubliées et l'ouvrage ne le fut point ; l'édition fut même assez rapidement enlevée, et les exemplaires acquirent plus du double de leur valeur, malgré les ouvrages qui parurent depuis sur les bêtes à laine.

Ces derniers motifs déterminèrent *Daubenton* à en faire imprimer une édition sous le titre d'*extrait*, à *Paris, de l'imprimerie de* Didot jeune, *l'an 2 de la République*, 1794, petit in-12 de xij pages pour les titres, l'avertissement, la table des leçons et l'errata, et 204 pages de texte. Il supprima les planches et les mémoires ; il n'y conserva que les treize premières leçons, auxquelles il en ajouta une quatorzième qui n'était point dans l'édition de 1782, sur les remèdes les plus nécessaires aux troupeaux, et il annonça dans la préface la réimpression de la première édition.

Cet extrait, bien plus à la portée du grand nombre, fut d'autant plus rapidement enlevé, que la commission d'agriculture et des arts, qui s'occupait alors de l'amélioration de nos bêtes à laine, le fit connaître et distribuer dans les départemens, en en prenant un assez grand nombre d'exemplaires aux frais du Gouvernement. On le réimprima deux fois en l'an 3 [1795], d'abord chez *Didot jeune*, du même nombre de pages ; et ensuite dans l'imprimerie de *Dupont*, de 202 pages de texte, le caractère étant un peu plus petit. L'errata de l'édition précédente fut corrigé ; et *Daubenton* ajouta à la suite de l'avertissement, le rapport fait à la commission d'agriculture et des arts, et la lettre de cette commission aux administrations de district pour le répandre. *

C'est à cette même époque que la commission d'agriculture obtint de la Convention nationale le décret pour la réimpression de l'édition originale aux frais du Gouvernement, et qu'elle obtint aussi deux autres objets également importans à l'amélioration de nos bêtes à laine, la conservation du

---

* On trouvera des exemplaires de cet extrait dans la librairie de M.me *Huzard*, rue de l'Éperon-Saint-André-des-Arcs, n.º 11, au prix d'un franc, et d'un franc 25 centimes par la poste.

beau troupeau national de Rambouillet et celle du troupeau de *Daubenton*, que les circonstances le forçaient à vendre : une légère gratification annuelle le mit à portée de conserver le fruit de ses expériences, et de les continuer jusqu'à sa mort.

La publication du décret de la Convention nationale dans les journaux, fit croire aux étrangers qu'on avait effectivement imprimé alors cette nouvelle édition ; mais différentes circonstances s'y opposèrent dans le temps. Elles furent les mêmes en l'an 7 [1798], lorsque le ministre de l'intérieur *(François de Neufchâteau)* ordonna l'exécution du décret. *Daubenton* ne jouit point du plaisir de voir son ouvrage réimprimé avec les augmentations qu'il y avait faites ; c'est au profit de sa veuve, sous le ministère et par les ordres du C.^{en} *Chaptal*, que cette édition a été exécutée à l'Imprimerie de la République, avec tous les soins qui caractérisent les ouvrages confiés au C.^{en} *Duboy-Laverne*, directeur de cette imprimerie.

Mais les étrangers qui s'occupaient de l'amélioration des troupeaux et des laines, n'avaient pas négligé de s'approprier la première édition de cet ouvrage, en le traduisant dans leur langue, et tous lui conservèrent la forme de catéchisme que lui avait donnée *Daubenton*.

M. *Wichmann* en publia une version allemande, in-8.°, en 1784, à Leipsic et Dessau, dont M. *Beckmann* rendit compte, la même année, dans sa *Bibliothèque physico-économique*, tome XIII, 3.e partie, page 441 et suivantes.

La seconde édition, que j'ai sous les yeux, est intitulée : *Katechismus der schaafzucht zum unterrichte für schæfer und schæferey-herren, nach anleitung eines Französischen werkes von* Ludwig-Johann-Maria Daubenton, *zum besten der schæfereyen Deutschlands bearbeitet und herausgegeben von* Christian-August Wichmann. *Neue, durchgehends berichtigte und stark vermehrte auflage : mit 22 kupfer-tafeln. Liegnitz und Leipzig, bey* David Siegert, *1795*. Elle est in-8.°, comme la première : elle a lij pages pour la préface de la première édition, pour celle de la seconde, pour la table des leçons, des mémoires et des planches ; 648 pages pour le texte et la table des matières, et XXII planches.

Dans la préface de la première édition, M. *Wichmann* fait l'historique de l'amélioration des laines de France et l'éloge de *Trudaine* ; il rend compte des travaux de *Daubenton*, d'après l'avertissement mis en tête de l'édition française, et des motifs qui l'ont déterminé à publier cette traduction. Il avait interrogé le public allemand dès la même année où parut l'ouvrage en France ; les réponses encourageantes qu'il reçut, et la liste des souscripteurs insérée dans cette première édition, prouvent tout le cas que faisait de cet ouvrage un pays où le produit des troupeaux a été depuis long-temps un objet considérable de commerce. M. *Wichmann* a cru devoir supprimer dans sa traduction, ce qui ne pouvait être applicable à son pays, comme aussi il a cru devoir ajouter et refondre dans chaque leçon les observations et les expériences qui sont particulières à l'Allemagne, et que *Daubenton* ne pouvait ni connaître ni employer : quelques-unes de ces observations pourraient être utiles à l'amélioration et sur-tout au régime de nos bêtes à laine. Enfin, il fait des vœux pour la destruction du droit de pâturage et des jachères forcées, qui existent encore dans toute l'Allemagne, en général, et dans la Saxe en particulier, et qui s'opposent également à l'établissement des prairies artificielles, au parcage des troupeaux et à leur nourriture à l'étable.

Dans la préface de la seconde édition, il dit un mot des progrès que l'amélioration de nos laines a faits en France après la publication de l'*Instruction pour les Bergers*; progrès qu'il croit avoir été interrompus par notre révolution. Il fait connaître ensuite le bien qu'a produit l'ouvrage de *Daubenton* en Allemagne : c'est principalement dans le duché de Saxe-Cobourg, dans le margraviat d'Anspach et de Baireuth, en Franconie et dans l'évêché de Würtzbourg, que la réforme des abus dans le régime des troupeaux, l'abolition du droit de pacage et l'introduction des beliers d'Espagne à laine fine, ont le plus contribué à l'amélioration des bêtes à laine. En Bohème, en Silésie, en Bavière et en Saxe, quelques particuliers éclairés, possesseurs de grands troupeaux, en ont également profité, sans que le gouvernement y ait contribué par aucune amélioration dans les lois rurales.

« M. *Arthur Young*, ajoute M. *Wichmann*, en
» parlant du *Catéchisme pour les Bergers*, prétend
» qu'une instruction verbale de peu de minutes,
» donnée par un vieux berger à un apprenti, ins-
» truira ce dernier plus sûrement que la lecture de
» ce livre. Cette décision de M. *Arthur Young*,
» continue M. *Wichmann*, est un de ces grands
» mots de peu de sens, que l'on trouve sur presque
» toutes les pages des écrits nombreux de ce demi-
» savant en matière d'économie politique; et il n'est
» pas plus difficile de répondre à M. *Arthur Young*
» sur cet objet, que sur beaucoup d'autres. » *(Préface de la seconde édition allemande, page xxxvj.)*

Les figures de cette seconde édition de la traduction de *M. Wichmann* paraissent usées par le tirage ; et elles ne préviennent ni par le dessin , ni par la gravure. Il y a ajouté quatre mémoires publiés par *Daubenton* depuis l'impression de son ouvrage. Un de ces mémoires , *sur les remèdes purgatifs bons pour les bêtes à laine*, avait déjà été traduit en allemand et inséré dans le premier volume du recueil publié par *M. Ludwig* sous le titre de *Auserlesene beytræge zur thierarzney kunst. Leipzig, 1786*, in-8.°

Les Italiens en publièrent une traduction sous ce titre : *Instruzione per pastori e proprietarj di gregge ; per ben allevar pecore , custodirle , condurle , pascerle , alloggiarle , tenerle monde e sane , guarirne le malattie, migliorarne la lana , castrarle , tosarle ; governar l'ovile , chiuderlo , coprirlo ; stabbiare , ec. Opera utilissima , fondata in replicate sperienze , di M.r Daubenton, della regia accademia delle scienze , della regia societa di medicina ; lettor e professore di storia naturale nel real collegio di Francia, custode e dimostratore del gabinetto di storia naturale del Giardino del re ; delle accademie di Londra, Berlino, Pietroburgo, Vergara , Dijon e Nancy. Tradotta dal Francese. In Venezia , MDCCLXXXVII. Apresso* Gio. Antonio Pezzana ; *con licenza de' superiori, e privilegio.* In-8.° de viij pages pour le titre , l'avis, la table des leçons et les approbations ; 228 pages pour le texte , la table des matières et celle des planches , avec XXII planches meilleures que celles de la traduction allemande. Cette traduction italienne est littérale et sans aucune augmentation à l'édition française. J'ignore le nom du traducteur.

M. *Gonzalez*, professeur à l'école royale

vétérinaire de Madrid, en publia une traduction espagnole sous ce titre : *Instruccion para pastores y gañaderos escritta en Frances por el C. DAUBENTON, profesor de historia natural en el museo de Paris. Traducida de orden del rey y adicionada por* Don Francisco GONZALEZ, *maestro de la real escuela de veterinaria de Madrid ; con superior permiso. Madrid en la Imprenta real, por* D. Pedro Pereyra, *impresor de camara de S. M. Año de 1798*. Petit in-8.° de quatre feuillets non chiffrés pour le titre, l'épitre dédicatoire au prince de la Paix, et la préface ; 335 pages de texte, une page pour l'errata et deux planches : la première représente un belier et une brebis d'Espagne à laine fine ; la seconde est celle de la saignée du mouton, *planche XXI* de *Daubenton*.

Cette traduction, qui, comme on le voit dans le titre, a été faite par ordre du roi, contient seulement les quatorze leçons de l'extrait ; et M. *Gonzalez* a mis à la suite de chacune, des additions qui en rendent l'application bien plus utile à l'Espagne. Quelques-unes de ces additions, celles sur les maladies des bêtes à laine entre autres, ne seraient point étrangères à la France ; et je me propose de les faire connaître plus particulièrement.

Il ne me reste plus qu'à dire un mot sur l'édition que je publie aujourd'hui.

Depuis 1782 jusqu'à l'an 4, *Daubenton* a lu à l'académie royale des sciences, à la société royale de médecine, à la société royale d'agriculture et à l'institut national, plusieurs mémoires sur les draps fabriqués avec nos laines fines, sur la comparaison de ces laines avec les plus belles d'Espagne, sur le parcage des bêtes à laine et sur la suppression des jachères, sur l'amélioration des troupeaux dans les environs de Paris, sur les expériences qui se font sur les moutons au Jardin des plantes, &c. Ces mémoires ont été insérés dans les recueils publiés par ces sociétés; quelques-uns ont été imprimés et publiés séparément par ordre du Gouvernement; mais, comme je l'ai déjà dit des premiers, ils ne sont pas, dans ces volumineux recueils, à la portée de ceux qui doivent les lire, et ils disparaissent et se perdent promptement après leur publication isolée. Il faut donc, pour qu'ils soient constamment utiles, les réunir en un seul corps, comme je l'ai fait, à la suite des autres et dans l'ordre que *Daubenton* leur avait assigné lui-même en arrangeant les matériaux de cette nouvelle édition qui m'ont été remis par Mme *Daubenton* avec les corrections, les changemens et les additions qu'il avait jugé nécessaire d'y faire.

On y trouvera une leçon de plus que dans la première; c'est la XIVe *sur les remèdes les plus nécessaires aux troupeaux :* elle est une des plus importantes de l'ouvrage, sur-tout par la nouvelle méthode de saigner les moutons que *Daubenton* y indique; méthode qui réunit la commodité à la simplicité. *Daubenton* pensait au surplus, avec raison, qu'il était bien plus facile et bien plus avantageux aux propriétaires et à l'État, de prévenir les maladies que de les guérir; et il m'a répété plusieurs fois que le vétérinaire le plus utile n'est pas toujours celui qui guérit, mais bien au contraire celui qui sait prévenir le mal.

Le Ministre de l'intérieur, en me chargeant de mettre des notes à l'ouvrage de *Daubenton*, m'a donné à remplir une tâche peut-être au-dessus de mes forces ; deux de mes collègues avec lesquels je m'occupe successivement, depuis long-temps, de l'administration économique du troupeau de Rambouillet ; les C.ens *Gilbert* et *Tessier*, auraient sans doute rempli les vues du Ministre beaucoup mieux que moi. Mais la perte irréparable du premier, dans une mission uniquement destinée à accroître nos connaissances et nos richesses en ce genre ; et l'historique de l'importation des bêtes à laine fine, en France, dont le Ministre a chargé le second, m'ont laissé seul cette tâche importante : l'ouvrage de *Daubenton* est un bois sacré dans lequel on n'entre qu'avec respect ; et j'ai cru devoir me borner aux notes qui m'ont paru indispensables. J'ai conservé les noms des mois de l'ancien calendrier à côté de ceux du nouveau, et les anciens poids et mesures à côté de ceux qui sont actuellement en usage : les uns et les autres ne pourront de long-temps encore être à la portée des habitans des campagnes. J'ai aussi, comme l'avait déjà fait M. *Wichmann* dans sa traduction, ajouté aux noms français et triviaux des plantes, les noms latins de *Linné*, pour qu'elles puissent être reconnues par tous ceux qui liront l'ouvrage, dans quelque pays que ce soit.

Les corrections, les additions et les augmentations m'ont forcé à refondre entièrement et à augmenter de beaucoup la table générale des matières. Cette table formera un répertoire d'autant plus complet, que j'ai retrouvé dans les papiers de *Daubenton* quelques notes qu'il n'était plus possible de faire entrer dans l'ouvrage, et que j'ai placées, dans la table, aux articles *Agneaux*, *Brebis*, *Chiens*, *Laine*, &c.

Paris, le 1.er pluviôse an 10.

LETTRE

De M. DE TOLOZAN à DAUBENTON.

Du 4 Juin 1784.

J'AI examiné avec attention, Monsieur, les différens mémoires que vous avez publiés sur la manière d'améliorer les troupeaux et de perfectionner les laines, ainsi que votre *Instruction pour les Bergers*. Il m'a paru qu'il y avait des objets sur lesquels vous ne vous expliquez pas assez clairement. J'ai même cru apercevoir des contradictions dans les différentes parties de vos ouvrages. pour vous mettre plus à portée d'éclairer mes doutes, je vais vous exposer les objets sur lesquels ils portent, et je vous prie de m'expliquer positivement votre manière de penser sur ces mêmes objets.

Vous annoncez, *p. 122* (1)

RÉPONSE

De DAUBENTON.

Du 16 Juin 1784.

JE vous suis bien obligé de l'attention que vous avez donnée à la lecture de mes ouvrages sur les bêtes à laine, et des remarques que vous avez faites sur des articles qui ne vous ont pas paru être expliqués assez clairement ; et sur des contradictions que vous avez cru apercevoir dans les différentes parties de mes ouvrages. Je vais éclaircir vos doutes sur les différens objets énoncés dans la lettre que vous m'avez fait l'honneur de m'écrire.

J'ai proposé quatre

---

(1) Première édition ; — *page 116* de celle-ci.

de votre *Instruction aux Bergers*, que par un choix suivi de beliers et de brebis, il est possible d'améliorer une race de bêtes à laine, mais comme ce moyen exige beaucoup de temps, vous conseillez de recourir aux beliers des meilleures races connues, et même à ceux des races étrangères.

En partant de ce point, je vous demande, 1.° si malgré la dépense considérable que l'importation des races étrangères occasionnera au Gouvernement, vous pensez qu'il convienne de préférer ce parti à celui de chercher à améliorer les races que nous avons ? 2.° De quel pays croyez-vous qu'il faille tirer les races étrangères ? 3.° Ne convient-il pas de diversifier les races suivant les différentes provinces du royaume ? Dans le cas où vous croiriez qu'il est à propos d'importer de l'étranger différentes races,

différens moyens d'améliorer les troupeaux, afin que chaque propriétaire employât celui qui lui conviendrait le mieux, suivant les circonstances où il se trouverait : il n'y a pas là d'équivoque, ni de contradiction.

Comme administrateur, vous savez mieux que moi, Monsieur, que dans un État aussi florissant que la France, il convient de racheter le temps par la dépense : d'ailleurs il y a beaucoup à gagner par l'amélioration des laines ; j'en ai donné des preuves bien claires par l'augmentation du prix et de la quantité de la laine.

N'importe de quel pays viennent les beliers, pourvu que leur laine soit de meilleure qualité que celle des troupeaux qu'on veut améliorer. J'ai dit que les beliers du Roussillon seraient bons pour faire des laines superfines, et ceux de Flandre pour des laines longues *.

---

* *Voyez*, relativement à cette assertion de *Daubenton*, la note que j'ai insérée *page 422* (HUZARD).

dans quelle province proposeriez-vous d'établir chacune d'elle ?

Je passe ensuite à un autre genre de questions ; et je demande si, en se bornant à faire venir des beliers pour croiser les races, ce moyen vous paraît suffisant pour perfectionner nos laines. Je demande encore s'il n'y a rien à changer au logement et au régime qui sont en usage dans les différentes provinces du royaume. Si vous pensez qu'il y ait des changemens à faire, quels sont ceux que vous proposeriez de faire les premiers ?

Vous conseillez, *pag. 31* et *34* (1), de ne donner aucun abri aux moutons dans aucune saison. Vous

Je ne considère les différences qu'il y a entre les provinces du royaume que par rapport aux cantons montueux et aux plaines, et je n'ai en vue que l'amélioration de deux races de bêtes à laine, pour produire des laines fines et des laines longues : entre ces deux extrêmes on aura toutes sortes de laines de qualités intermédiaires.

Le moyen le plus sûr pour améliorer une race de bêtes à laine, est d'allier les brebis de cette race avec des beliers de qualité supérieure.

Plus les bêtes à laine auront d'air, mieux elles seront dans toutes les provinces, avec de bonnes nourritures ; ces deux choses sont les plus nécessaires pour l'amélioration des troupeaux.

Il ne faut pas faire sortir les troupeaux dans les très-mauvais temps ; si on les menait au pâturage on les fatiguerait en vain : il

---

(1) Première édition ; — *pages 28* et *30* de celle-ci.

et Réponse de Daubenton. xlv

insistez sur ce parti dans vos Mémoires lus à l'académie des sciences le 13 avril 1768 et le 19 novembre 1769. Cependant, dans la *page 62* (1) de votre *Instruction*, vous dites que lorsque les vents sont très-grands et les pluies très-abondantes, il ne faut pas faire sortir les troupeaux pendant le fort de l'orage, ce qui suppose un abri et même sa nécessité. Vous recommandez, *pages 63, 65, 66, 67* (2) de ne pas faire paître les troupeaux quand l'herbe est mouillée par la rosée, le brouillard et le serein que vous regardez comme nuisibles par leur humidité froide ; mais les fourrages exposés à l'air dans le parc domestique, ne contracteront - ils pas cette humidité froide que vous regardez comme dangereuse ?

Vous cherchez à détruire les craintes que pourraient

vaut mieux les laisser dans le parc domestique, où ils sont moins exposés aux grands vents, et où ils peuvent trouver l'abri d'un mur ou d'une claie, où au moins ils s'abritent les uns les autres.

L'herbe mouillée des pâturages est nuisible aux bêtes à laine ; mais les fourrages qu'on leur donne au râtelier sont trop tôt mangés pour qu'ils aient le temps d'être mouillés : d'ailleurs on est maître de ne les donner que dans des intervalles où la pluie cesse ou se ralentit.

Sur certains moutons, les filamens de la laine

---

(1) Première édition ; —*page 58* de celle-ci.
(2) Idem ; —*pages 58, 60, 61* et *62* de celle-ci.

causer les pluies pour la santé des moutons, en annonçant, *pages 31* et *261* (1), qu'après de grandes pluies, jamais les flocons de laine ne sont ni froids ni mouillés près de la peau, cependant, *page 273* (2), vous dites que vous avez souvent trouvé les bêtes à laine mouillées jusqu'à la peau sur le dos.

s'écartent à droite et à gauche le long du dos, et laissent paraître la peau; la pluie la mouille nécessairement dans ce petit endroit; mais cette exception n'est d'aucune conséquence: je ne l'ai rapportée qu'après avoir dit que la santé de ces moutons mouillés sur le dos, n'en avait pas souffert.

J'observe, de plus, Monsieur, que vous recommandez, *page 34* (3), de faire des essais sur un petit nombre de bêtes avant d'exposer un troupeau en plein air; ce qui semble annoncer de l'incertitude sur le bon effet de ce procédé. Vous dites, *p. 360* (4), que vous présumez que le plein air auquel vos troupeaux sont exposés jour et nuit, en tout temps, a

Je conseille aux propriétaires de troupeaux de se convaincre par leur propre expérience, comme je l'ai fait moi-même, il y a long-temps, sur un petit nombre de moutons; c'est un bon moyen pour déterminer ceux qui n'oseraient pas mettre tous leurs moutons à cette épreuve. Je présume que le grand air a beaucoup influé sur l'amélioration de mes laines; je n'en ai pas de preuves décisives; je ne sais s'il sera possible d'en avoir;

---

(1) Première édition; — *pages 28* et *261* de celle-ci.

(2) Idem; — *page 271* de celle-ci.

(3) Idem; — *page 31* de celle-ci.

(4) Idem; — *page 354* de celle-ci.

beaucoup influé sur l'amélioration de vos laines ; mais que vous n'en avez pas de preuves convaincantes. En avez-vous acquis de nouvelles depuis la publication de ce Mémoire ?

Vous annoncez, *p. 76* et *77* (1), que les meilleurs fourrages secs font dépérir les moutons et nuisent aux bonnes qualités de la laine. Vous insistez sur les inconvéniens de ces fourrages secs, *pages 335* (2) et suivantes ; vous les regardez même, *page 337* (3), comme la cause de la mort d'un grand nombre de moutons que vous avez disséqués. Vous assûrez cependant, *pages 273* et *298* (4), que votre troupeau n'a eu, en hiver, que du fourrage sec, et que même vous n'en avez fait

la présomption la mieux fondée n'est pas une preuve en bonne physique.

Les fourrages secs font dépérir les moutons lorsqu'ils n'ont que cette nourriture pendant trop long-temps ; les miens ont maigri comme les autres en pareil cas ; mais ils se sont mieux rétablis dans la bonne saison ; et le dépérissement de l'hiver n'a pas empêché que l'amélioration de l'année n'ait passé mes espérances.

---

(1) Première édition ; —*pages 71* et *72* de celle-ci.

(2) Idem ; —*page 330* de celle-ci.

(3) Idem ; —*pages 331* et *332* de celle-ci.

(4) Idem ; —*pages 271* et *296* de celle-ci.

aucun choix. Cependant l'amélioration de votre troupeau a passé vos espérances.

Je vous prie d'être bien persuadé, Monsieur, que si je relève ces espèces de contradictions, ce n'est pas par le desir de critiquer. Mon seul et unique objet est de connaître définitivement votre manière de penser sur tous ces points, sur lesquels il paraît nécessaire d'avoir une opinion décidée avant de rien proposer au ministre. Je profite avec empressement de cette occasion pour vous renouveler les assurances de tous les sentimens avec lesquels j'ai l'honneur d'être, Monsieur, votre très-humble et très-obéissant serviteur.

Signé TOLOZAN.

Je suis très-persuadé que votre intention n'est pas de critiquer mon ouvrage, mais de prendre de bonnes informations avant de proposer au ministre un plan d'amélioration pour les bêtes à laine. Il est nécessaire de s'en occuper. Je ne négligerai jamais aucune occasion où je pourrai y contribuer.

J'ai l'honneur d'être avec un respectueux attachement, Monsieur, votre très-humble et très-obéissant serviteur.

Signé DAUBENTON.

AVERTISSEMENT

AVERTISSEMENT
DE L'AUTEUR *.

Jusqu'à présent les laines d'Espagne ont été absolument nécessaires dans les manufactures pour faire des draps fins ; toutes les nations ont été obligées de tirer des laines de ce pays, lorsqu'elles ont voulu fabriquer du drap de première qualité. En 1766, *Daniel-Charles Trudaine*, qui était alors intendant des finances, et qui avait le commerce dans son département, prévoyait que les Espagnols refuseraient de nous fournir de la laine, dès qu'ils auraient établi assez de manufactures pour employer toute celle de leur pays. *Trudaine* sentit le grand préjudice que ce changement causerait à notre commerce, puisque nous ne pourrions plus faire de draps fins. Il s'occupa des moyens de prévenir ce dommage, et de libérer en même temps la France d'une sorte de tribut de plusieurs millions qu'il lui en coûtait chaque année pour avoir des laines d'Espagne. Ce moyen était unique : c'était de faire croître en France des laines aussi fines que celles d'Espagne,

---

* Cet Avertissement a été écrit au commencement de l'an 7.

avec lesquelles on ferait d'aussi beaux draps.

Trudaine me communiqua son projet pour savoir si je croyais qu'il pût réussir. Je dis que je l'espérais, puisque l'état de domesticité avait suffi pour changer le poil du moufflon, qui était le belier sauvage, en laine d'Espagne, et le poil du mâtin, qui était le chien des Gaules, en poil fin de bichon ; qu'en faisant des essais de mélanges médités de différentes races de beliers et de brebis, on ferait plus promptement et plus sûrement l'amélioration de la laine que le hasard n'avait pu la faire. *Trudaine* accepta cet augure, et me demanda si je voudrais me charger de faire les expériences que je croirais nécessaires pour améliorer les laines de France au point de finesse des laines d'Espagne, en me promettant de me procurer tout ce que je croirais bon pour y parvenir. J'avais depuis long-temps des liaisons avec l'homme qui me faisait cette proposition ; je connaissais son intégrité et l'intérêt qu'il prenait aux affaires de son département : je me chargeai avec plaisir d'une entreprise qui devait s'exécuter sous ses auspices. En effet je n'en eus que de la satisfaction : mais je n'en jouis pas long-temps ; un mal de poitrine, qui menaçait ses jours, les termina trop tôt, en 1769. Sa mémoire m'est encore présente avec autant de regret que de vénération.

Avertissement de l'Auteur.

Son fils lui succéda; il me donna les mêmes facilités pour le succès de l'amélioration des laines de France, et y prit le même intérêt: mais son administration dura peu; il fut trop tôt enlevé, à la fleur de son âge, par une mort subite : je le regrette de tout mon cœur.

Je me trouvai alors en relation avec un intendant du commerce. Je sentis bientôt que je n'y aurais pas les mêmes agrémens ; mais heureusement mon entreprise avait déjà réussi au point qu'elle pouvait se passer de protection. En 1777, quoiqu'il y eût déjà onze ans que je faisais des expériences, j'avais nombre de bons beliers à vendre et quantité de belles laines. Ma bergerie se soutint par elle-même, quoique ces expériences soient toujours coûteuses. Mais le produit de la vente des beliers devait diminuer à mesure que je les multipliais ; plusieurs agriculteurs s'en procuraient ; et en suivant ma méthode, ils avaient bientôt eux-mêmes des beliers à vendre au lieu d'être obligés d'en acheter. Il y avait un autre inconvénient que je ne pouvais pas prévoir ; c'était le discrédit des laines fines, qui ne se vendaient pas dans les années dernières, parce qu'on ne faisait que des draps de seconde qualité pour les troupes. Ces deux pertes diminuèrent beaucoup le revenu de ma bergerie, et me firent prendre le parti forcé de mettre fin à mes expériences sur l'amélioration des laines : mais j'y renonçai bien malgré moi, après trente ans que je m'occupais de cet objet intéressant avec autant de succès que de plaisir. Mes amis me conseillèrent de demander à la commission d'agriculture quelque indemnité pour me mettre en état de continuer une expérience qui ne sera jamais répétée aussi long-temps et avec autant d'exactitude ; et ce qui est très-remarquable, c'est que l'amélioration de la laine au point du superfin s'est déjà soutenue depuis plus de trente ans par les descendans des premiers beliers qui furent mis dans la bergerie en 1766 et 1776, sans qu'il y soit jamais entré d'autres étalons depuis ce temps *. Les membres de la commission d'agriculture ayant jugé cette grande expérience importante à plusieurs égards, ma bergerie subsiste en pleine activité.

Quelque utilité qu'ait une innovation, elle ne peut plaire à tous les gens à qui elle cause des pertes. J'ai rencontré des manufacturiers qui ne favorisaient pas l'amélioration à laquelle je travaillais **.

---

* Voyez le *Mémoire sur le premier drap de laine superfine du cru de la France*, page 356.

** On peut répéter encore aujourd'hui les mêmes plaintes que *Daubenton* faisait alors. Trop souvent

Avertissement de l'Auteur, liij

Je n'ai trouvé que difficilement des jeunes gens qui voulussent être bergers dans un pays vignoble, où cet emploi n'est pas en honneur, parce qu'il n'y a pas de grands troupeaux comme dans des pays de plaine, où j'aurais pu trouver des bergers, mais imbus de tant de mauvais préjugés, que j'aimai mieux prendre un vigneron qui n'était plus assez fort pour la culture des vignes, et qui ne savait que peu de choses sur l'éducation des moutons. Je pris aussi au service de ma bergerie une pauvre veuve, avec deux de ses enfans, dont le plus jeune n'était âgé que de dix ans; mais il avait une vocation si décidée pour l'état de berger, qu'il devint bientôt le maître des miens. Je me plaisais à l'instruire. J'ai été fort content de lui pendant vingt-sept ans qu'il a passés à ma bergerie, et je le lui ai toujours témoigné de toutes manières, et encore le mois dernier, par un certificat de bons services que je lui ai donné, et que je suis obligé de rétracter aujourd'hui, parce que j'ai appris qu'il m'avait manqué, depuis plusieurs années, dans une des principales parties de son service, qui était de tenir mes troupeaux en plein air, sans aucun

---

l'intérêt particulier se trouve en contradiction avec l'intérêt général; et jamais, ou presque jamais, le premier n'a fait de sacrifice volontaire au second (HUZARD).

abri, jour et nuit et en toute saison ; ce qui a été exécuté fidèlement jusqu'en 1784 : alors la paille étant fort chère dans le canton de ma bergerie, où elle est toujours rare, mon berger m'écrivit pour me demander la permission de les mettre sous un hangar et dans de petites écuries par les temps humides, pour épargner la litière. J'y consentis, mais sous la condition expresse de les remettre à l'air dans les temps secs et froids. Comme j'avais toujours été obéi ponctuellement, je fus dans la plus grande sécurité jusqu'au mois de brumaire dernier, que l'on m'apprit que mes troupeaux n'avaient point été mis dans le parc domestique depuis sept ans *. Je fus très-surpris et indigné de cette infidélité ; j'écrivis tout de suite pour

---

* Si cette anecdote n'avait été qu'une simple récrimination de *Daubenton* contre son Berger, je n'aurais pas hésité à la supprimer ; mais elle intéresse trop évidemment le succès de ses expériences et l'amélioration, pour que je doive la passer sous silence. On répétait par-tout, et sur-tout les partisans nombreux de l'ancienne méthode, ou plutôt de l'ancienne routine, que les préceptes donnés par *Daubenton*, dans son ouvrage, étaient en contradiction avec sa propre conduite ; qu'il avait été forcé d'y renoncer, et de remettre son troupeau à l'abri comme autrefois, pour le conserver. On respectait le repos et la vieillesse de cet homme vénérable ; on souriait lorsqu'il parlait de son troupeau, et personne ne le détrompait. Ce n'est qu'après une visite faite à Montbard par un de ses amis, qu'il sut la vérité et qu'il se hâta de se justifier (HUZARD).

Avertissement de l'Auteur.

les faire remettre dans le parc domestique, quelle que fût l'humidité du temps et la cherté de la paille. J'ai été d'autant plus sensible à cette infidélité de la part de mon berger, que j'ai toujours suivi la plus exacte vérité en exposant les détails de mes expériences : je me reprochais amèrement d'avoir dit souvent à Paris que mes troupeaux étaient en plein air, tandis qu'il les mettait à l'abri. Cependant mon expérience n'a pas été si long-temps interrompue; car j'ai au Jardin des Plantes, depuis quelques années, plusieurs beliers que j'y ai fait venir de ma bergerie, et qui sont continuellement en plein air.

Au surplus, je n'ai fait *l'Instruction pour les Bergers et pour les Propriétaires de troupeaux*, dont je publie une nouvelle édition, qu'après plus de trente années d'observations; j'ai ajouté à ce que j'ai vu par moi-même, les pratiques les mieux fondées que j'ai apprises des gens de la campagne, ou que j'ai tirées des livres écrits en France ou dans d'autres pays. Je n'ai pas jugé à propos de me citer pour les choses que j'ai découvertes ; ce qui m'est personnel eût été de trop dans cette *Instruction:* j'ai seulement cité la bergerie que j'ai établie dans le département de la Côte-d'Or, près de la ville de Montbard, et où je fais mes expériences sur les moutons et sur les pâturages. Ces citations feront remarquer les principaux résultats du grand nombre d'épreuves que j'ai faites.

J'ai disposé cette *Instruction* par demandes et par réponses, pour la rendre plus facile à entendre et à retenir de mémoire. Je l'ai divisée par leçons : les premières ont pour objet ce que l'on doit se procurer avant de se charger d'un troupeau ; tels sont le logement, les bergers et les chiens : les leçons suivantes contiennent les connaissances nécessaires pour choisir les bêtes à laine, pour les conduire au pâturage, les nourrir, les accoupler, pour perfectionner les laines, &c.

J'ai été obligé d'y joindre des planches gravées, qui étaient nécessaires pour la faire mieux entendre. Il y a des gens de la campagne qui ne sauraient pas faire usage de ces planches ; j'ai expliqué dans la XV.ᵉ leçon la manière dont il faut s'y prendre pour distinguer les objets qui sont à remarquer dans les figures des planches.

Je n'ai rien négligé de ce qui pouvait m'instruire moi-même ; et je continue mes expériences sur les troupeaux de ma bergerie et sur ceux que j'ai au Jardin des Plantes à Paris, pour acquérir de nouvelles connaissances. Je ne me suis pas pressé de publier mon ouvrage : avant de donner des leçons, on ne peut trop s'assurer du succès qu'elles auront dans la pratique. Celui qui m'a paru le plus important et qui m'a fait le plus de plaisir, c'est l'amélioration des laines au degré du superfin, parce qu'il était le principal objet de mes expériences, et qu'il sera le plus utile pour les manufactures. A présent que les laines de mes troupeaux sont superfines, je vais observer ce qui leur arrivera de génération en génération par rapport à leur finesse et à leurs autres qualités.

J'ai mis à la suite de l'*Instruction pour les Bergers*, des mémoires et les extraits de quelques autres que j'ai faits sur les bêtes à laine, sur les laines, sur la fabrication des draps, &c.; ces mémoires et ces extraits seront utiles aux bergers, aux propriétaires de troupeaux, aux commerçans et aux manufacturiers en laine.

TABLE
De ce qui est contenu dans ce Volume.

DISCOURS sur la vie et les ouvrages de Daubenton, par le C.^{en} Lacépède . . Page v.

EXTRAIT du Procès-verbal de la séance de la Convention nationale, du 1.er nivôse an 3 . . . . xxix.

NOTICE historique et bibliographique sur les éditions et les traductions de l'Instruction pour les Bergers, par J. B. Huzard . . xxxj.

LETTRE de M. de Tolozan à Daubenton, et réponse de Daubenton . . . . xlij.

AVERTISSEMENT de l'auteur . . . . xlix.

TABLE des Planches . . . . lxij.

ERRATA . . . . lxiv.

I.^e LEÇON. Sur les Bergers . . . . 1.

IIe LEÇON. Sur les chiens des Bergers et sur les loups . . . . 7.

IIIe LEÇON. Sur le logement, la litière et le fumier des moutons . . . . 21.

IVe LEÇON. Sur la connaissance et le choix des bêtes à laine . . . . 38.

Ve LEÇON. Sur la conduite des troupeaux aux pâturages . . . . 53.

VI.ᵉ Leçon. *Sur les différentes choses qui peuvent servir de nourriture aux moutons* ... 70.

VII.ᵉ Leçon. *Sur la manière de donner à manger aux moutons, de les faire boire et de leur donner du sel* ... 88.

VIII.ᵉ Leçon. *Sur les alliances des bêtes à laine, et sur leur amélioration* ... 102.

IX.ᵉ Leçon. *Sur les brebis* ... 123.

X.ᵉ Leçon. *Sur les agneaux* ... 135.

XI.ᵉ Leçon. *Sur les moutons et les moutonnes.* ... 148.

XII.ᵉ Leçon. *Sur les laines* ... 165.

XIII.ᵉ Leçon. *Sur le parcage des bêtes à laine* ... 186.

XIV.ᵉ Leçon. *Sur les remèdes les plus nécessaires aux troupeaux* ... 205.

XV.ᵉ Leçon. *Explication des Figures, avec des Extraits de mémoires et des Mémoires sur les moutons et sur les laines* ... 214.

Extrait d'un Mémoire *sur la rumination et sur le tempérament des bêtes à laine* ... 245.

Extrait d'un Mémoire *sur des bêtes à laine parquées pendant toute l'année* ... 265.

Extrait d'un Mémoire *sur l'amélioration des bêtes à laine* ... 283.

TABLE.

MÉMOIRE sur les remèdes les plus nécessaires aux troupeaux............299.

MÉMOIRE sur le régime le plus nécessaire aux troupeaux..................317.

EXTRAIT D'UN MÉMOIRE sur les laines de France comparées aux laines étrangères.
........................336.

MÉMOIRE sur le premier drap de laine superfine du cru de la France.........356.

ADDITION à ce Mémoire.........366.

OBSERVATIONS sur la comparaison de la nouvelle laine superfine de France avec la plus belle laine d'Espagne, dans la fabrication du drap................372.

ADDITION à ce Mémoire..........383.

INSTRUCTION sur le parcage des bêtes à laine......................395.

MÉMOIRE sur l'amélioration des troupeaux dans la généralité de Paris et dans les autres provinces de France............412.

EXTRAIT D'UN MÉMOIRE contenant le plan des expériences qui se font au Jardin des Plantes sur les moutons et d'autres animaux domestiques..................425.

MÉMOIRE sur les moyens d'augmenter la

TABLE. lxj

production du blé sur le sol de la République française, par le parcage des moutons et par la suppression des jachères......435.

MÉMOIRE sur les remèdes purgatifs bons pour les bêtes à laine...............447.

SUITE de l'explication des Planches....463.

XVI.ᵉ LEÇON. Sur la manière de trouver dans l'Instruction pour les Bergers les choses qu'ils voudront y chercher.............479.

TABLE générale et alphabétique des matières. ....483.

Fin de la Table.

TABLE DES PLANCHES.

Planche I. *Un Berger avec ses vêtemens, sa houlette, sa panetière et son chien*...P. 217.
Planche II. *La charpente d'un hangar couvert pour mettre les moutons à l'abri de la pluie aux moindres frais possibles*........219.
Planche III. *Un Berger qui visite les dents d'un mouton pour connaître son âge*.......221.
Planche IV. *Un Berger qui visite la veine de l'œil d'un mouton pour savoir si l'animal est en bonne santé*................223.
Planche V. *La bonne et les mauvaises situations des agneaux lorsque les brebis sont en travail pour mettre bas leur portée*.........225.
Planche VI. *Deux brebis en travail pour mettre bas*.................227.
Planche VII. *Un Berger qui secourt une brebis en travail pour mettre bas*..........229.
Planche VIII. *La castration des agneaux mâles pour faire des moutons*.......231.
Planche IX. *La castration des agneaux femelles pour faire des moutonnes*......233.
Planche X. *Le lavage des moutons à dos*.......................235.
Planche XI. *La tonte des moutons*...237.

TABLE DES PLANCHES. lxiij

PLANCHE XII. *Un râtelier et une auge, une claie en bois, une crosse, un maillet, deux chevilles, et une clef pour la construction d'un parc*..................239.

PLANCHE XIII. *La construction d'un parc formé par des claies en bois*............241.

PLANCHE XIV. *Un parc dressé, la cabane du Berger et la loge du chien*........243.

PLANCHE XV. *Les estomacs d'un mouton vus par-dessous et par-dessus, en supposant l'animal debout sur ses jambes*..........463.

PLANCHE XVI. *Les estomacs d'un mouton débarrassés des liens qui les réunissaient en grouppe, et les parois intérieures du bonnet en état de resserrement*..........465.

PLANCHE XVII. *Les parois intérieures du bonnet en état de relâchement* .....467.

PLANCHE XVIII. *Les parois intérieures de la panse.*......................469.

PLANCHE XIX. *Les estomacs d'un mouton ouverts, à l'exception du bonnet, et les estomacs d'un agneau avec une gobbe dans la caillette*..................471.

PLANCHE XX. *Un Berger qui compare des échantillons de laine, avec une loupe, pour connaître leurs différens degrés de grosseur ou de finesse*................473.

PLANCHE XXI. *Un Berger qui saigne un*

mouton; *la veine que l'on ouvre pour faire la saignée, et l'instrument qui sert de lancette, de bistouri et de grattoir.* . . . . 475.

PLANCHE XXII. *Le pansement de la gale des moutons, la boîte à l'onguent et le grattoir.* . . . . 477.

Fin de la Table des Planches.

ERRATA.

Page 26, lignes 3 et 4. Un mètre soixante-sept centimètres [cinq pieds] carrés; *lisez :* Cinquante-deux décimètres carrés [cinq pieds carrés].

Ibid. lignes 20 et 21. Trois mètres trente-six centimètres [dix pieds] carrés; *lisez :* Cent cinq décimètres carrés [dix pieds carrés].

Page 27, ligne 6. Deux mètres [six pieds] carrés; *lisez :* Soixante-trois décimètres carrés [six pieds carrés].

Page 31, lignes 21 et 22. Même faute, même correction.

Page 32, lignes 1 et 2. Trois ou quatre mètres [dix ou douze pieds] carrés; *lisez :* Cent cinq décimètres ou cent vingt-six décimètres carrés [dix ou douze pieds carrés].

Page 33, ligne 9. Ces murs sont; *lisez :* Ces murs sont.

Page 59, ligne 11. Po ur; *lisez :* Pour.

Page 469, ligne 3. Parois extérieures de la panse; *lisez :* Parois intérieures.

INSTRUCTION

INSTRUCTION

POUR LES BERGERS

ET

POUR LES PROPRIÉTAIRES

DE TROUPEAUX.

PREMIÈRE LEÇON.

Sur les Bergers.

D. Quel âge doit avoir un Berger pour gouverner un troupeau ?

R. N'importe quel âge il ait, s'il est assez fort pour transporter les claies du parc, et assez raisonnable pour s'occuper de ses devoirs, au lieu de jouer avec ses camarades.

D. Le métier de Berger peut-il occuper un homme, et le faire vivre honnêtement dans son état ?

R. Un Berger instruit et soigneux, qui gouverne un grand troupeau, est occupé presque continuellement à le bien conduire pendant le jour, à le faire parquer pendant la nuit, à le nourrir dans la mauvaise saison, à le tenir proprement, à traiter ses maladies, &c. : aussi les Bergers ont de bons gages dans les pays où l'on a soin des bêtes à laine ; ils sont bien payés, lorsqu'ils savent leur métier, et qu'ils l'exercent soigneusement.

D. Faut-il savoir beaucoup de choses pour être bon Berger ?

R. Il faut savoir plus de choses pour le métier de Berger que pour la plupart des autres emplois de la campagne. Un bon Berger doit connaître la meilleure manière de loger son troupeau, de le nourrir, de l'abreuver, de le faire pâturer, de le traiter dans ses maladies, de l'améliorer, et de faire le lavage et la tonte de la laine. Il doit savoir conduire son troupeau et le faire parquer, élever ses chiens, les gouverner et écarter les loups.

D. Comment peut-on connaître qu'un jeune homme pourra devenir un bon Berger ?

R. On peut espérer d'en faire un bon Berger, s'il entend et s'il retient ce qu'on lui a

Sur les Bergers.

dit, aussi bien que les autres jeunes gens de la campagne ; s'il est soigneux et patient ; s'il n'a aucune infirmité qui l'empêche de marcher et de rester debout pendant long-temps.

D. Est-il nécessaire qu'un Berger sache lire?

R. Un Berger qui sait lire, a plus de facilité pour s'instruire ; mais cela n'est pas absolument nécessaire : cependant un Berger en vaudra mieux s'il sait lire, écrire et compter.

D. Quelles sont les choses nécessaires à un Berger pour conduire son troupeau dans la campagne ?

R. Un Berger doit être assez bien vêtu pour rester toute la journée dans la campagne sans souffrir beaucoup du froid, et pour s'exposer pendant très-long-temps à la pluie sans être mouillé jusqu'à la peau. Un Berger doit avoir une houlette, un fouet, un grattoir, un couteau, une lancette, de l'onguent pour la gale, dans une petite boîte de fer-blanc, et une panetière.

D. Que doit faire le Berger, s'il avait les pieds, les mains, ou quelque autre partie du corps engourdie par le froid ?

R. Il faut prendre des précautions pour empêcher la gangrène qui pourrait survenir à ces parties ; elle fait des progrès rapides. La partie refroidie pâlit et rougit avec une forte démangeaison ; ensuite elle devient pourprée et noire. Alors elle ne tarde pas à se détacher et à tomber. Pour empêcher cette gangrène, il faut couvrir ou frotter la partie gelée avec de la neige, ou mettre dessus des linges trempés dans l'eau la plus froide; ensuite on frotte cette partie avec des linges pour la réchauffer ; enfin on peut la plonger dans l'eau dégourdie ou l'en bassiner: mais il ne faut pas l'approcher du feu.

D. Qu'est-ce que la houlette, et à quoi sert-elle ?

R. La houlette est un bâton de deux mètres environ [cinq à six pieds] de hauteur, terminé au-dessus par un fer qui a la forme d'une petite bêche, et au-dessous par un crochet recourbé en haut. On peut mettre le crochet à côté du fer plat, et alors il doit être recourbé en bas. Le fer plat de la houlette sert à lancer de la terre près des moutons qui s'écartent du troupeau, pour les faire retourner. Le crochet sert pour

Sur les Bergers.

saisir les moutons en les accrochant, et en les arrêtant par une des jambes de derrière.

D. Qu'est-ce que la panetière, et à quoi sert-elle ?

R. La panetière du Berger est une poche attachée à une courroie qu'il porte en bandoulière. Il met dans sa panetière une provision pour la journée, une boîte d'onguent pour frotter les moutons qu'il voit se gratter dans la campagne, un grattoir pour enlever les croûtes de la gale avant d'appliquer l'onguent ; une lancette pour saigner les moutons qui pourraient en avoir besoin ; un petit couteau pour les écorcher et pour les ouvrir, s'il en mourait dans les champs, &c.

D. Faut-il avoir trois instrumens pour servir de grattoir, de couteau et de lancette ?

R. Il suffit d'un seul instrument ; c'est un petit couteau qui se ferme sur son manche. Le bout du manche étant aplati et aigu fait un grattoir ; la lame est un couteau ; cette lame étant pointue et tranchante des deux côtés près de la pointe, sert de lancette.

D. Que faut-il croire des sortiléges que

I.re LEÇON. *Sur les Bergers.*

l'on soupçonne des Bergers d'employer pour nuire aux troupeaux?

R. C'est très-mal fait de soupçonner injustement des Bergers de vouloir faire des sorcelleries ; mais s'il s'en trouve qui se disent sorciers ou qui tâchent de le faire croire par des menaces, ou qui promettent de guérir des troupeaux par des paroles ou par des moyens extraordinaires, il faut regarder ces Bergers comme de malhonnêtes gens qui veulent tromper ou se faire craindre, ou comme des gens trop crédules qui croient pouvoir faire plus qu'il ne leur est possible. Lorsqu'on a un troupeau languissant ou attaqué de maladie, au lieu de se décourager en croyant que ce mal est l'effet d'un sort jeté sur ce troupeau ou mis dans la bergerie, au lieu de recourir à des gens qui promettraient de le guérir par des paroles, &c., au lieu d'être la dupe de tout cela, il faut redoubler ses soins, et tâcher de guérir le mal par de bonnes nourritures ou de bons remèdes *.

---

* *Daubenton* a fait quelques élèves Bergers dans sa bergerie de Montbard ; mais ses nombreuses et

II.ᵉ LEÇON.

Sur les Chiens des Bergers et sur les Loups.

D. Est-il nécessaire que les Bergers aient des chiens pour la conduite de leurs troupeaux ?

R. Il serait à souhaiter que les Bergers pussent se passer de chiens, parce que ces animaux font souvent beaucoup de mal aux troupeaux ; mais ils sont nécessaires dans les cantons où l'on rencontre souvent des terres emblavées et exposées au dégât. Quand des moutons s'écartent du troupeau, le Berger ne

---

importantes occupations ne lui permettant pas de suivre cet objet comme il méritait de l'être, il nous engagea, *Gilbert* et moi, à proposer à la Commission exécutive d'agriculture, de former des élèves à l'établissement rural de Rambouillet, où est placé le troupeau de bêtes à laine fine d'Espagne, venu en France en 1786. Cette proposition fut acceptée ; des Bergers de Montbard vinrent s'y perfectionner, et sont actuellement répandus chez les principaux cultivateurs français qui s'occupent de l'amélioration de nos bêtes à laine. Rambouillet continue d'être une excellente école pratique de Bergers, où les propriétaires de troupeaux peuvent envoyer des élèves à peu de frais (Huzard).

peut retenir que ceux qui sont près de lui, et à la distance où il peut jeter avec sa houlette de la terre contre eux. Les chiens aident le Berger pour la conduite du troupeau, et défendent les moutons contre les loups, s'ils sont assez forts.

D. Quels sont les cantons où le Berger peut conduire son troupeau sans le secours des chiens ?

R. Dans les pays où les terres sont divisées par grandes soles, il y a toujours beaucoup de terrain en jachère, c'est-à-dire, non emblavé; on peut y conduire un troupeau nombreux sans le secours des chiens. Les moutons vont naturellement tous ensemble; ils ne s'écartent du troupeau que lorsqu'ils aperçoivent une pâture qui leur paraît meilleure que celle où ils sont : cet appât est ordinairement trop éloigné des grandes jachères pour les attirer; mais si le troupeau se trouve à l'un des bouts de la jachère près des terres sujettes au dégât, le Berger se tient du côté de ces terres pour les défendre.

D. Quel mal les chiens peuvent-ils faire aux moutons, et comment l'empêcher ?

Sur les Chiens des Bergers, &c. 9

R. Les chiens trop ardens et mal disciplinés se jettent sur les moutons, les mordent, les blessent et leur causent des abcès. Ils épouvantent les brebis pleines, et en les heurtant ils les font quelquefois avorter; ils renversent les bêtes languissantes qui ont peine à suivre le troupeau; ils les fatiguent toutes, et les échauffent en les menant trop vîte et trop durement. Pour empêcher tous ces inconvéniens, il ne faut employer à la conduite des troupeaux que des chiens d'un naturel doux, bien appris à ne montrer les dents qu'aux loups et jamais aux moutons. Un bon chien, bien dressé, les fait obéir, sans leur nuire; ils s'accoutument à faire d'eux-mêmes ce que le chien leur ferait faire de force. Ils se retirent lorsqu'il s'approche; ils n'avancent pas du côté où ils le voient en sentinelle sur le bord d'un terrain défendu.

D. Comment les chiens servent-ils à diriger la marche d'un troupeau?

R. Lorsqu'un Berger conduit son troupeau devant lui, il peut bien hâter la marche du troupeau, et celle des bêtes qui restent en arrière; mais il ne peut pas empêcher que le troupeau n'aille trop vîte, ou que des bêtes ne s'en éloignent en le devançant, ou en s'écartant à droite ou à gauche; il faut qu'il se fasse aider par des chiens. Il les place autour du troupeau, ou il les y envoie pour y faire rentrer les bêtes qui vont trop vîte en avant, qui restent en arrière, ou qui s'écartent à droite ou à gauche.

D. Comment un Berger peut-il faire exécuter ces différentes manœuvres par ses chiens?

R. Il faut qu'il les dresse de jeunesse, et qu'il les accoutume à obéir à sa voix. Le chien part à chaque signe et va en avant du troupeau pour l'arrêter, en arrière pour le faire avancer, sur les côtés pour l'empêcher de s'écarter; il reste dans son poste, ou il revient au Berger, suivant les signes qu'il entend.

D. Que faut-il faire pour dresser un chien de Berger?

R. Il faut apprendre au chien à s'arrêter, à se coucher, à aboyer, à cesser d'aboyer, à se tenir à côté du troupeau, à en faire le tour et à saisir un mouton par l'oreille au commandement que le Berger lui fait de la voix ou de la main.

D. Comment apprend-on à un chien à s'arrêter, ou à se coucher suivant la volonté du Berger ?

R. En prononçant le mot *arrête,* on présente au chien un morceau de pain ou d'autre aliment qui le fait arrêter, ou on l'arrête de force ; en répétant cette manœuvre, on l'accoutume à s'arrêter à la voix du Berger.

Pour dresser un chien à se coucher lorsqu'on le voudra, il faut le caresser lorsqu'il s'est couché de lui-même, ou après l'avoir fait coucher de force en le prenant par les jambes, et prononcer le mot *couche ;* s'il veut se relever trop tôt, on le frappe pour le faire rester. Lorsqu'il est tranquille on lui donne à manger, et on parvient à le faire obéir en prononçant le mot *couche.*

D. Comment fait-on aboyer un chien lorsqu'on le veut, et comment l'empêche-t-on d'aboyer ?

R. On imite l'aboiement du chien, en lui montrant un morceau de pain qu'on lui donne lorsqu'il a aboyé ; ensuite on prononce le mot *aboie*. On l'accoutume aussi à cesser d'aboyer, lorsqu'on prononce le mot *paix-là*. On menace le chien, et on le châtie lorsqu'il n'obéit pas ; on le caresse et on le récompense lorsqu'il a obéi.

D. A quel âge faut-il dresser les chiens pour les Bergers ?

R. On commence à dresser les chiens à l'âge de six mois, s'ils ont été bien nourris, et s'ils sont forts ; mais s'ils ont peu de force, il faut attendre qu'ils aient neuf mois.

D. Comment apprend-on à un chien à faire le tour d'un troupeau, à le côtoyer, à marcher en avant, à revenir sur ses pas et à rester en place ?

R. Pour apprendre à un chien à tourner autour du troupeau, il faut jeter en avant du chien une pierre pour le faire courir après, et la jeter encore successivement de place en place jusqu'à ce qu'on ait fait avec le chien le tour du troupeau, toujours en prononçant le mot *tourne*.

C'est aussi en jetant une pierre en avant et ensuite en arrière que l'on dresse le chien à côtoyer le troupeau en prononçant le mot *côtoie* : on dit *va*, pour le faire aller en avant ; *reviens*, pour le faire revenir ; et *arrête*, pour le faire rester en place : on emploiera d'autres mots pour faire obéir les chiens, dans les pays où les Bergers auront un autre langage.

D. Comment apprend-on à un chien à saisir un mouton par l'oreille pour le ramener lorsqu'il s'égare, ou pour l'arrêter au milieu du troupeau en attendant le Berger ?

R. On fait tourner un chien autour d'un mouton qui est seul dans un enclos ; ensuite on met l'oreille du mouton dans la gueule du chien pour l'accoutumer à saisir le mouton par l'oreille, ou on attache un morceau de pain à l'oreille du mouton qui est au milieu d'un troupeau ; alors on anime le chien à courir à l'oreille du mouton : il s'accoutume ainsi à la saisir. Par cette manœuvre on apprend au chien à arrêter le mouton que le Berger lui montrera dans un troupeau. Les chiens peuvent aussi arrêter les moutons en les saisissant avec la gueule par une jambe de devant ou par une jambe de derrière au-dessus du jarret ; mais ce dernier moyen n'est pas sans inconvénient ; souvent le jarret reste engourdi, et le mouton boîte pendant quelque temps.

D. Comment le chien fait-il obéir le troupeau ?

R. En courant dessus il fait fuir devant lui les premières bêtes qu'il rencontre, et de proche en proche tout le troupeau prend la même route, si le chien continue de le presser. Lorsqu'une bête n'obéit pas assez vîte à son gré, il l'approche et la menace de la voix.

D. Lorsqu'un chien est bien instruit, ne peut-il pas en instruire un autre ?

R. Il faut moins de temps et de peine pour instruire un jeune chien, lorsqu'il en voit un qui sait conduire le troupeau ; le jeune chien veut prendre les mêmes allures : mais il se trompe souvent ; il ne serait peut-être jamais bien instruit, si le Berger ne lui apprenait pas les choses que l'exemple de l'autre chien ne peut pas lui faire entendre.

D. Quels chiens faut-il prendre pour le service des troupeaux, et combien en faut-il ?

R. Tous les chiens alertes et dociles sont bons pour être dressés au service des troupeaux.

On appelle *chiens de race* ceux dont le père et la mère sont bien exercés à conduire les troupeaux : on croit que ces chiens de race deviennent plus facilement que les autres de bons chiens de Berger. Dans les cantons où les terres exposées aux dégâts des moutons ne se rencontrent que rarement, un seul chien suffit pour cent moutons ; mais lorsque ces terres sont près les unes des autres, et que le troupeau en approche souvent, il faut deux chiens, et même trois ou quatre, parce que deux ne pourraient pas résister toute la journée ou pendant plusieurs jours de suite aux courses presque continuelles qu'ils sont obligés de faire, pour détourner les moutons qui s'approchent des terres défendues. Il faut donc avoir assez de chiens pour les relayer, et leur donner le temps de se reposer lorsqu'ils sont trop fatigués. Dans les cantons où les loups sont à craindre, il faut que les chiens des Bergers soient assez forts pour leur résister, et assez aguerris pour leur donner la chasse. Les chiens bien garnis de poil, supportent mieux le froid et la pluie que les autres.

D. Quelle race de chiens préfère-t-on aux autres dans les cantons où les loups sont peu à craindre ?

R. La race des chiens que l'on appelle *chiens de Berger*, parce que ce sont ceux que l'on emploie le plus communément pour le service des troupeaux ; ils sont naturellement fort actifs, et on les rend aisément très-dociles. On peut aussi dresser des chiens de toute autre race.

D. Quelle est la meilleure race de chiens pour la garde des troupeaux dans les cantons où les loups sont à craindre ?

R. Celle des mâtins. Ces chiens sont forts et courageux ; mais il faut les armer d'un collier de fer hérissé de longues pointes, et les animer contre le loup les premières fois qu'ils ont à le combattre, ou les mettre de compagnie avec d'autres chiens déjà aguerris.

D. Quelle précaution faut-il prendre lorsqu'on est obligé d'employer un chien mal discipliné, qui blesse les moutons ?

R. Il faut lui casser les dents canines, que l'on appelle les crochets, et qui entreraient profondément

profondément dans la chair du mouton, lorsqu'il le mordrait.

D. Comment faut-il nourrir les chiens des Bergers ?

R. Il en coûte très-peu pour les nourrir ; lorsqu'on est près des grandes villes, où il meurt souvent des chevaux, et où l'on fond beaucoup de suif, on donne aux chiens de la chair de cheval, ou ce qui reste après la fonte des suifs : au défaut de ces denrées, on leur fait du gros pain. Il ne faut jamais leur donner à manger de la chair des bêtes à laine : si on les accoutumait à cette nourriture, ils prendraient aussi l'habitude de mordre les bêtes du troupeau, par avidité pour leur sang. On dresse les mâtins comme les autres chiens pour la conduite des moutons.

D. Les Bergers n'ont-ils pas quelque moyen qui leur facilite la conduite des troupeaux lorsqu'ils manquent de chiens ?

R. Ils apprivoisent quelques bêtes du troupeau ; ils leur donnent des noms particuliers, et les accoutument à venir à eux lorsqu'ils les appellent. Pour leur faire prendre cette habitude, ils les font suivre en leur présentant un morceau de pain. Lorsque le Berger veut faire passer le troupeau par un défilé, le faire changer de route ou le rassembler, il fait venir à lui les bêtes apprivoisées; celles qui se trouvent auprès d'elles les accompagnent, les autres viennent après, et bientôt tout le troupeau se trouve disposé à suivre les pas du Berger.

D. Quelles précautions y a-t-il à prendre contre les loups?

R. 1.º On attache au cou d'un certain nombre de moutons, des sonnettes, dont le son fait retrouver les bêtes qui se sont écartées dans les bois et dans quelques endroits où le Berger ne peut pas les apercevoir. Lorsque le loup approche du parc, ou de la bergerie, les bêtes à laine sont ordinairement les premières à le sentir; elles s'effraient et s'agitent de manière à faire bien entendre leurs sonnettes, qui avertissent du danger les chiens et le Berger. Les sonnettes appellent aussi le Berger, lorsqu'il arrive dans la bergerie quelque chose d'extraordinaire qui met les bêtes à laine en mouvement, le jour ou la nuit.

2.º Le Berger fait accompagner son troupeau par des chiens assez forts et assez courageux pour faire face au loup, le mettre en fuite, le poursuivre et même le tuer.

3.º Le Berger veille attentivement sur son troupeau lorsqu'il le conduit près des bois, ou dans des cantons fréquentés par les loups. Il doit avoir la même attention lorsqu'il se trouve près des champs où l'herbe est assez haute pour que les loups puissent y rester cachés. Ils sont par-tout à craindre dans les jours de brouillard, et à l'entrée de la nuit, et sur-tout près des haies et des buissons, où ils se tiennent en embuscade.

4.º On fait des feux, ou au moins de la fumée, près des troupeaux.

D. Que doit faire le Berger lorsque les loups approchent du troupeau, ou lorsqu'ils ont déjà saisi quelque bête à laine ?

R. Lorsque le loup paraît, le Berger rassemble son troupeau et met ses chiens à la poursuite du loup. Il reste auprès de son troupeau ; il observe s'il ne verra point paraître d'autres loups de quelque autre côté ; il crie *au* *loup;* il encourage ses chiens. Mais si le loup a déjà saisi sa proie, le Berger court dessus, sans cependant perdre de vue le troupeau; il anime les chiens au combat; il s'efforce de faire lâcher prise au loup, ce qui arrive souvent *.

---

* Dans les pays où les loups sont communs, et où les troupeaux parquent, le Berger aura un fusil dans sa cabane (HUZARD).

III.ᵉ LEÇON.

Sur le Logement, la Litière et le Fumier des Moutons.

D. Faut-il loger les moutons dans des étables fermées ?

R. Les étables fermées sont le plus mauvais logement que l'on puisse donner aux moutons. La vapeur qui sort de leur corps et du fumier infecte l'air et met ces animaux en sueur. Ils s'affaiblissent dans ces étables trop chaudes et mal-saines ; ils y prennent des maladies. La laine y perd sa force, et souvent le fumier s'y dessèche et s'y brûle. Lorsque les bêtes sortent de l'étable, l'air du dehors les saisit quand il est froid : il arrête subitement leur sueur, et quelquefois il peut leur donner de grandes maladies.

D. Comment faut-il loger les moutons pour les maintenir en bonne santé, et pour avoir de bonnes laines et de bons fumiers ?

R. Il faut donner beaucoup d'air aux

moutons; ils sont mieux logés dans les étables ouvertes que dans les étables fermées, mieux sous des appentis ou des hangars que dans des étables ouvertes : un parc peut leur servir de logement sans aucun abri.

D. Qu'est-ce qu'une étable ouverte ? Quel bien et quel mal fait-elle aux moutons ?

R. Une étable ouverte a plusieurs fenêtres qui ne sont fermées que par des grillages, de même que la porte. Elle vaut mieux qu'une étable fermée, parce qu'une partie de l'air infecté de la vapeur du corps des moutons et de leur fumier, sort par les fenêtres et par la porte, tandis qu'il entre de l'air sain du dehors par les mêmes ouvertures : mais ce changement d'air ne se fait qu'à la hauteur des fenêtres ; l'air qui reste autour des moutons dans la partie basse de l'étable au-dessous des fenêtres, est toujours mal-sain, quoiqu'il soit moins échauffé et moins infect que celui des étables fermées. Celles qui sont ouvertes ne font que diminuer le mal : cependant ce logement est moins mauvais pour les moutons que les étables fermées ; mais il n'est pas bon.

D. Qu'est-ce que les appentis ? Sont-ils un bon logement pour les moutons ?

R. Un appentis est un pan de toit appliqué contre un mur, et soutenu en devant par des poteaux. Ce logement vaut mieux que les étables en partie ouvertes, parce qu'il est entièrement ouvert du côté des poteaux, dans toute sa longueur; mais il est fermé en entier du côté du mur : l'air infecté reste entre les moutons, sur-tout au pied de ce mur. Quoique ces appentis valent mieux pour les moutons que les étables ouvertes, ce n'est cependant pas leur meilleur logement.

D. Qu'est-ce que les hangars ? Sont-ils le meilleur logement pour les moutons ?

R. Un hangar est un toit soutenu tout autour sur des poteaux ; l'air infect en sort, et l'air sain y entre de tous les côtés ; les moutons peuvent en sortir lorsqu'ils y ont trop chaud, et y entrer pour se mettre à l'abri de la pluie. C'est certainement le meilleur logement pour les moutons, puisqu'il est très-sain et très-commode pour eux ; mais il est coûteux pour les propriétaires des troupeaux. Ils peuvent éviter cette dépense en logeant les moutons dans un parc en plein air sans abri : on place ce parc dans une basse cour, et on lui donne le nom de parc domestique, pour le distinguer du parc des champs.

D. Quelle est la manière la moins coûteuse de faire un hangar pour loger des moutons?

R. On peut faire un hangar sans murs. Ayez des poteaux de deux mètres environ [six ou sept pieds] de hauteur ; placez-les de manière qu'ils soient soutenus chacun par un dé, et rangés sur deux files à trois mètres trente-six centimètres [dix pieds] de distance les uns des autres. Assemblez-les avec des solives et des sablières de la même longueur de trois mètres trente-six centimètres [dix pieds], qui porteront un couvert dont les faîtes n'auront aussi que trois mètres trente-six centimètres [dix pieds], et les chevrons seulement deux mètres trente-cinq centimètres [sept pieds]. Au milieu de cet espace on met un râtelier double. De chaque côté du même espace on bâtit un petit appentis qui n'a que soixante-six centimètres [deux pieds] de largeur, et dont le faîte est placé contre les poteaux du bâtiment du milieu, à seize centimètres [un demi-pied] au-dessous de la sablière. Les solives de cet appentis n'ont que soixante-six centimètres [deux pieds] de longueur, et les chevrons un mètre [trois pieds]. Les poteaux qui soutiennent la sablière n'ont aussi qu'un mètre [trois pieds]. Des contrefiches placées à des distances proportionnées à la longueur du bâtiment, et assemblées avec les entraits et les poteaux, empêchent que la charpente ne déverse. On attache contre les poteaux des appentis un râtelier, de sorte que la bergerie a quatre rangs de râteliers sur sa largeur, qui est de quatre mètres soixante-dix centimètres [quatorze pieds].

Si on la couvre en tuile, il suffit que les bois de la charpente aient onze à quatorze centimètres [quatre à cinq pouces] d'équarrissage. Ils peuvent être encore plus petits, si l'on fait la couverture en bardeau, ou en paille.

D. La largeur de quatre mètres soixante-dix centimètres [quatorze pieds] suffirait-elle dans ce hangar pour y loger des moutons de haute taille, ou seulement de taille moyenne ?

R. En donnant à chaque bête cinquante centimètres [un pied et demi] de râtelier, il y a dans la bergerie, pour chacune, un espace d'un mètre soixante-sept centimètres [cinq pieds] carrés ; ce qui suffit d'autant mieux pour les moutons de petite taille, qu'il n'est pas à craindre que l'air s'y échauffe, car elle n'est fermée que par des claies. Les unes servent de portes, et les autres empêchent que les moutons ne passent par-dessous les râteliers des côtés de la bergerie, et soutiennent le fourrage qui est dans ces râteliers. De plus, l'air se renouvelle aussi à tout instant par l'ouverture qui est tout autour de la bergerie au-dessus des appentis. Si l'on destinait cette bergerie à des bêtes de taille moyenne ou de grande taille, il faudrait en augmenter les dimensions, ou supprimer le râtelier double du milieu : dans ce dernier cas, il y aurait pour chaque bête un espace de trois mètres trente-six centimètres [dix pieds] carrés ; ce qui suffirait pour les plus grandes. En augmentant la largeur de la bergerie d'un mètre ou deux [trois ou six pieds], ce qui ferait soixante-six centimètres ou un mètre trente-quatre centimètres [deux ou quatre pieds] pour le bâtiment, et seize ou trente-trois centimètres [un demi-pied ou un pied] pour chacun des appentis, et en laissant le râtelier double, chaque bête aurait un espace de deux mètres [six pieds] carrés et plus; ce qui suffirait pour des moutons de moyenne race. Quant à la longueur de la bergerie, elle serait proportionnée au nombre des bêtes. On pourrait la construire en ligne droite ou en équerre, &c. suivant la figure du terrain.

D. Ce hangar est-il le logement que l'on doive préférer à tout autre pour les moutons ?

R. Quoique la construction de ce hangar soit moins coûteuse que celle des étables et des appentis, cependant elle exige assez de dépense pour qu'il soit à desirer de n'y être pas obligé. Quand même la couverture de ce hangar ne serait que de chaume, il faudrait toujours une charpente assez forte pour résister aux grands vents; et de quelque manière que ce hangar fût construit, on serait sujet aux frais de son entretien. On peut éviter toute cette dépense, en laissant, comme on l'a déjà dit, les moutons dans un parc en plein air, sans aucun couvert.

D. Comment les moutons peuvent-ils résister aux injures de l'air dans nos hivers les plus forts, sans être à couvert.

R. La laine dont ces animaux sont vêtus, les défend assez des injures de l'air : elle a une sorte de graisse, que l'on appelle le *suint,* qui empêche pendant long-temps la pluie de pénétrer jusqu'à la racine ; de sorte que ses flocons ne sont ni froids ni mouillés près de la peau, tandis que le reste est chargé d'eau ou de glace, ou couvert de givre ou de neige. Lorsque les moutons sentent qu'il y a trop d'eau sur leur laine, ils la font tomber en se secouant. Ils peuvent se débarrasser de la neige par le même mouvement. Mais quand ils en seraient couverts, quand même ils s'y trouveraient enfouis pendant quelque temps, ils n'y périraient pas.

D. Comment les parties du corps des moutons sur lesquelles il n'y a point de laine, peuvent-elles résister au grand froid, sans abri ?

R. La laine préserve du froid, des fortes

gelées, toutes les parties du corps des moutons qui en sont couvertes : mais le grand froid pourrait faire du mal aux jambes, aux pieds, au museau et aux oreilles, si ces animaux ne savaient les tenir chauds. Étant couchés sur la litière, ils rassemblent leurs jambes sous leur corps; en se serrant plusieurs les uns contre les autres, ils mettent leur tête et leurs oreilles à l'abri du froid dans les petits intervalles qui restent entre eux, et ils enfoncent le bout de leur museau dans la laine. Les temps où il fait des vents froids et humides, sont les plus pénibles pour les moutons exposés à l'air; les plus faibles tremblent et serrent les jambes, c'est-à-dire qu'étant debout, ils approchent leurs jambes plus près les unes des autres qu'à l'ordinaire, pour empêcher que le froid ne gagne les aines et les aisselles, où il n'y a ni laine, ni poil. Mais dès que l'animal prend du mouvement ou qu'il mange, il se réchauffe, et le tremblement cesse.

D. Quelle preuve a-t-on que les bêtes à laine peuvent passer l'hiver en plein air ?

R. On a tenu en plein air, jour et nuit,

pendant toute l'année, sans aucun couvert, près de la ville de Montbard, dans le département de la Côte-d'Or, depuis plus de trente ans, un troupeau d'environ trois cents bêtes, qui n'a eu d'autre logement, pendant tout ce temps, qu'une basse-cour fermée de murs. Les râteliers sont attachés aux murs sans aucun couvert; les brebis y ont mis bas; les agneaux y sont toujours restés; et toutes les bêtes s'y sont maintenues en meilleur état qu'elles n'auraient fait dans des étables fermées, quoiqu'il y ait eu pendant le temps de leur séjour à l'air plusieurs années très-pluvieuses et des hivers très-froids, sur-tout celui de 1776. On sait d'ailleurs qu'en Angleterre les bêtes à laine restent en plein champ pendant tout l'hiver. Il y en a eu dans ce pays-là qui ont passé plusieurs jours enfoncées sous la neige, et qui en ont été retirées saines et sauves. Mais dans la saison où les brebis agnèlent, les Bergers veillent pendant les nuits froides, pour empêcher que les agneaux ne gèlent, principalement ceux des mères jeunes, faibles ou mal nourries : cet accident est peu à craindre lorsqu'on n'a donné le belier aux brebis qu'en vendémiaire [septembre]. Avant d'exposer un grand troupeau en plein air, on peut faire un essai sur un petit nombre de bêtes, comme on l'a fait près de Montbard.

D. Dans un troupeau logé en plein air, que fait-on des bêtes malades, et des agneaux faibles et languissans, pendant la mauvaise saison?

R. Lorsqu'il y a des bêtes malades, et lorsqu'on voit que les injures de l'air augmentent leur mal, il faut les mettre à couvert de la pluie et à l'abri des mauvais vents, dans quelque coin d'appentis, d'écurie, ou de quelque autre bâtiment, jusqu'à ce quelles soient fortifiées ou guéries.

D. Quelle étendue faut-il donner à un parc domestique?

R. Lorsque la litière est rare, on est obligé de resserrer le parc domestique, afin d'avoir assez de litière pour en mettre par-tout; mais il faut qu'il y ait au moins deux mètres [six pieds] carrés pour chaque mouton de race moyenne. Lorsqu'on peut donner plus de litière, il est bon d'agrandir le parc domestique jusqu'à ce qu'il y ait trois ou quatre mètres [dix ou douze pieds] carrés pour chacun des moutons : les endroits couverts de fiente y sont plus éloignés les uns des autres que dans un parc moins grand ; les moutons y salissent moins leur laine ; ils peuvent s'y mouvoir plus librement ; ils y endommagent moins leur laine en se frottant les uns contre les autres ; les brebis pleines et les agneaux nouveau-nés y sont moins exposés à être blessés.

D. Quelle situation faut-il donner à un parc domestique ?

R. Les meilleures expositions sont celles du midi, du sud-ouest et du sud-est, parce que les murs du parc mettent le troupeau à l'abri des vents de bise et de galerne. Les moutons y résistent comme aux autres expositions, mais ils y sont plus fatigués. Des bêtes à laine qui seraient répandues dans la campagne, comme les animaux sauvages, y trouveraient des abris ; il faut donc placer leur parc dans le lieu le plus abrité de la basse-cour. Il faut aussi que le terrain du parc soit en pente, afin que les eaux des pluies aient de l'écoulement.

D. Quelle

D. Quelle hauteur faut-il donner à la clôture d'un parc domestique, pour mettre les moutons en sûreté contre les loups?

R. Des murs de deux mètres trente-cinq centimètres [sept pieds] de hauteur ont empêché les loups d'entrer dans un parc domestique près de Montbard, où il y a beaucoup de moutons et des chiens depuis plus de trente ans. Ces murs sont bâtis de pierres sèches; il y a nécessairement entre ces pierres, des joints ouverts qui donneraient aux loups la facilité de grimper au-dessus des murs; mais ils sont terminés par de petites pierres amoncelées en dos-d'âne, de la hauteur de vingt-deux centimètres [huit pouces]; quelques-unes de ces pierres tomberaient si le loup mettait le pied dessus pour arriver sur le mur. On ne s'est aperçu d'aucun dérangement qui ait fait soupçonner des tentatives de la part des loups pour entrer dans le parc, quoique l'on ait reconnu les traces de ces animaux qui avaient rôdé tout autour.

D. Comment faut-il faire les râteliers des bêtes à laine?

R. On donne soixante-six centimètres [deux pieds] de longueur aux barreaux, et on les place à sept centimètres [deux pouces et demi] de distance les uns des autres, si c'est pour une petite race de moutons; on éloigne davantage les barreaux, si la race est plus grande, parce que le museau est plus gros : mais plus les barreaux sont éloignés les uns des autres, plus les moutons perdent de fourrage; car ils ne ramassent pas celui qu'ils font tomber sur le fumier en le tirant du râtelier. On fait des râteliers simples pour les attacher contre les murs ou contre les claies, et des râteliers doubles en forme de berceau, pour les placer au milieu du parc.

D. Comment faut-il placer les râteliers dans le parc domestique ?

R. Si l'enclos dont on veut faire un parc est petit, et si le troupeau est nombreux, on met des râteliers contre tous les murs, et un râtelier double au milieu du parc. Mais ordinairement on fait le parc dans une basse-cour, dont il n'occupe qu'une partie ; et pour le former, on place un rang de claies vis-à-vis les murs à une distance convenable, et on attache les râteliers au mur. On peut aussi en attacher aux claies; dans ce cas il faut laisser entre les claies et le mur une plus grande distance que s'il n'y avait qu'un rang de râteliers, afin que les moutons aient chacun dans le parc le nombre de mètres carrés qui leur est nécessaire. Il faut toujours mettre par préférence les râteliers contre les murs, parce que les moutons se réfugient au pied pour avoir un abri.

D. Ne faut-il pas des auges dans le parc domestique ?

R. On met des auges sous les râteliers pour recevoir les graines et les brins de fourrage qui tombent du râtelier, et que les moutons ne voudraient pas manger, s'ils se mêlaient avec la litière et le fumier. On fait ces auges avec des voliges : on peut leur donner seize centimètres [six pouces] de profondeur, trente-trois centimètres [un pied] de largeur au-dessus, et seize centimètres [six pouces] au fond.

Lorsqu'on veut donner aux moutons des

racines, du grain ou d'autres choses qui passeraient à travers les râteliers, on les met dans les auges.

D. Les fumiers d'un parc domestique sont-ils aussi bons que ceux d'une étable ?

R. Les fumiers qui se font en plein air, ne sont pas sujets, comme ceux des étables, à se trop échauffer, à blanchir et à perdre de leur force, parce que les brouillards, la neige et les pluies les humectent, et en font un engrais meilleur que les fumiers qui ont été pendant long-temps à couvert.

D. Faut-il toujours donner de la litière aux moutons dans le parc domestique ?

R. Tant qu'il y a du fumier dans le parc domestique, il faut nécessairement de la litière pour empêcher que les moutons ne salissent leur laine et ne soient dans la boue. Mais si l'on n'avait plus de litière à leur donner, il faudrait mettre le fumier hors du parc, ensuite le balayer tous les matins, et enlever les ordures. On a fait cette épreuve près de Montbard, pendant plusieurs années, sur un troupeau qui s'est bien passé de litière ; mais dans ce cas il faut sabler le parc si le terrain n'est pas solide, et lui donner beaucoup de pente pour l'écoulement des eaux.

D. Les eaux de pluie qui lavent le fumier d'un parc domestique et qui s'écoulent au dehors, ne dégraissent-elles pas le fumier?

R. On ne s'est pas aperçu que ce lavage eût diminué la force du fumier ; il a fait autant d'effet sur les terres que celui des étables. Mais pour ne rien perdre, il faut tâcher de conduire l'égout du parc sur un terrain en culture, ou dans une fosse dont on retire l'engrais qui s'y est amassé.

IV.ᵉ LEÇON.

Sur la connaissance et le choix des Bêtes à laine.

D. Quelles sont les principales différences à remarquer entre les bêtes à laine ?

R. Les bêtes à laine diffèrent les unes des autres par le sexe, par l'âge, par la hauteur de la taille, et par les qualités de la laine et de la chair.

D. Comment connaît-on l'âge ?

R. Par les dents du devant de la mâchoire de dessous : elles sont au nombre de huit. Elles paraissent toutes dans la première année de l'animal, qui porte alors le nom d'*agneau* mâle ou femelle. Ces dents ont peu de largeur, et sont pointues.

Dans la seconde année, les deux du milieu tombent, et sont remplacées par deux nouvelles dents que l'on distingue aisément par leur largeur qui surpasse de beaucoup celle des six autres : durant cette seconde année, le belier, la brebis et le mouton portent le nom d'*antenois* ou de *primet*.

Dans la troisième année, deux autres dents pointues, une de chaque côté de celles du milieu, sont remplacées par deux larges dents ; de sorte qu'il y a quatre larges dents au milieu et deux pointues de chaque côté.

Dans la quatrième année, les larges dents sont au nombre de six ; et il ne reste que deux dents pointues, une à chaque bout de la rangée.

Dans la cinquième année il n'y a plus de dents pointues ; elles sont toutes remplacées par de larges dents.

On peut donc, par l'état de ces huit dents, s'assurer de l'âge des bêtes à laine pendant leurs cinq premières années. Ensuite on l'estime par l'état des dents machelières : plus elles sont usées et rasées, plus l'animal est vieux. Enfin, les dents du devant tombent ou se cassent à l'âge de sept ou huit ans. Il y a des bêtes à laine qui perdent quelques dents de devant dès l'âge de cinq ou six ans.

D. Comment désigne-t-on les bêtes à laine de divers pays, qui diffèrent les unes des autres ?

R. On les distingue en diverses races ou

branches qui diffèrent entre elles par la hauteur de la taille, par les qualités de la laine, &c.

D. Quelles sont les différences de la taille des bêtes à laine, et comment les connaît-on ?

R. Il faut prendre la hauteur de chaque bête, depuis terre jusqu'au garrot, comme on mesure les chevaux. On dit qu'il y a des races de bêtes à laine qui n'ont que trente-trois centimètres [un pied] de hauteur ; ce sont les plus petites : d'autres ont jusqu'à un mètre vingt-deux centimètres [trois pieds huit pouces] ; ce sont les plus grandes. Ainsi les races moyennes de toutes les bêtes à laine connues, ont environ soixante-dix-sept centimètres [deux pieds quatre pouces] de hauteur, suivant les mesures qui en ont été données. Mais il n'y a en France que les bêtes à laine flandrines qui aient plus de soixante-dix-sept centimètres [deux pieds quatre pouces] ; ainsi parmi les autres races la petite taille va depuis trente-trois centimètres [un pied] jusqu'à quarante-six centimètres [dix-sept pouces] ; la taille moyenne, depuis cinquante centimètres [dix-huit pouces] jusqu'à soixante centimètres [vingt-deux pouces]; et la grande taille, depuis soixante-trois centimètres [vingt - trois pouces] jusqu'à soixante-quinze centimètres [vingt-sept pouces]. On est dans l'usage de mesurer les bêtes à laine depuis les oreilles jusqu'à la naissance de la queue; mais cette mesure est sujette à varier dans les différentes situations de la tête de l'animal. On peut juger de l'une de ces mesures par l'autre; car la hauteur d'une bête à laine a un tiers de moins que sa longueur : par exemple, un mouton qui est long d'un mètre [trois pieds], n'a que soixante-six centimètres [deux pieds] de hauteur.

D. Quelles sont les principales différences des laines?

R. Les laines sont :

Blanches, ou de mauvaise couleur ;

Courtes, ou longues ;

Fines, ou grosses ;

Douces, ou rudes ;

Fortes, ou faibles ;

Nerveuses, ou molles.

D. Quelles sont les mauvaises couleurs des laines?

R. Il n'y a que les laines blanches qui reçoivent des couleurs vives par la teinture. Les laines jaunes, rousses, brunes, noirâtres, ou noires, ne sont employées dans les manufactures qu'à des ouvrages grossiers, ou pour les vêtemens des gens de la campagne, lorsqu'elles sont de mauvaise qualité; mais celles qui sont fines, servent pour des étoffes qui restent avec leur couleur naturelle, sans passer à la teinture.

D. Qu'est-ce que les mèches de la laine, et quelles différences y a-t-il dans leurs longueurs ?

R. Les mèches de la laine sont composées de plusieurs filamens qui se touchent les uns les autres par leurs extrémités. Chaque mèche forme dans la toison un flocon de laine séparé des autres par le bout. Les laines les plus courtes n'ont que trois centimètres [un pouce] de longueur, les plus longues ont jusqu'à trente-neuf centimètres [quatorze pouces] et davantage; il y en a de toutes longueurs depuis trois centimètres [un pouce] jusqu'à trente-neuf centimètres [quatorze pouces], et même jusqu'à soixante centimètres [vingt-deux pouces].

D. Quelle différence y a-t-il dans les grosseurs des filamens de la laine ?

R. Il y a des filamens très-fins dans toutes les laines, même dans les plus grosses ; mais quelle que soit la finesse ou la grosseur d'une laine, ses filamens les plus gros se trouvent au bout des mèches. En examinant ces filamens dans un grand nombre de races de moutons, on a distingué différentes sortes de laines ; on peut les réduire à cinq dans l'ordre suivant :

Laines superfines ;
Laines fines ;
Laines moyennes ;
Laines grosses ;
Laines supergrosses.

D. Comment peut-on reconnaître ces différentes sortes de laines ?

R. Il faut avoir des échantillons de chaque sorte pour leur comparer la laine dont on veut connaître la finesse ou la grosseur. Pour faire cet examen, on prendra une mèche sur le garrot du mouton, où se trouve toujours la plus belle laine de la toison. Ensuite on séparera un peu les filamens de l'extrémité de cette mèche les uns des autres pour les mieux voir ; on les mettra à côté des échantillons sur une étoffe noire pour les faire mieux paraître. Alors on verra facilement auquel des échantillons ils ressembleront le plus.

D. Est-il nécessaire d'avoir des échantillons des différentes sortes de laines, pour savoir si la laine d'un mouton est plus ou moins fine que celle d'un autre ?

R. Pour savoir si la laine d'un belier est plus ou moins fine que celle des brebis avec lesquelles on veut le faire accoupler, il faut couper le bout d'une mèche sur le garrot du belier, et en placer les filamens sur une étoffe noire ; on mettra sur la même étoffe, des filamens pris au bout des mèches du garrot de quelques brebis, et l'on reconnaîtra aisément si leur laine est plus ou moins fine que celle du belier.

D. Comment connaît-on les laines douces et les laines rudes ?

R. Il suffit de toucher un flocon de laine ;

on sent aisément si elle est douce et moelleuse sous la main, ou rude et sèche; ou l'on étend une mèche entre deux doigts, et, en frottant légèrement ses filamens, on connaît s'ils sont doux ou rudes.

D. Comment sait-on si la laine est forte ou faible ?

R. On prend des filamens de laine et on les tend en les tenant des deux mains par les deux bouts. S'ils cassent aisément, c'est une preuve que la laine est faible. Plus ils résistent, plus la laine a de force.

D. Comment connaît-on que la laine est nerveuse ou molle ?

R. On prend une poignée de laine et on la serre; ensuite on ouvre la main. Alors si la laine est nerveuse, elle se renfle autant qu'elle l'était avant d'avoir été comprimée dans la main. Au contraire, si la laine est molle, elle reste affaissée ou se renfle peu.

D. Quelles sont les bonnes et les mauvaises qualités des laines ?

R. Les laines blanches, fines, douces, fortes

et nerveuses sont les meilleures. Les laines qui ont une mauvaise couleur, et qui sont grosses, rudes, faibles ou molles, sont de moindre qualité. Les laines mêlées de beaucoup de jarre, sont les plus mauvaises.

D. Qu'est-ce que le *jarre* ?

R. Le jarre est un poil mêlé avec la laine et qui en diffère beaucoup; il est dur et luisant; il n'a pas la douceur de la laine, et il ne prend aucune teinture dans les manufactures. Une laine jarreuse ne peut servir qu'à des ouvrages grossiers : plus il y a de jarre dans la laine, moins elle a de valeur. On voit du jarre dans les laines superfines, et il s'en trouve d'aussi fin que ces laines.

D. Quels sont les signes de la mauvaise santé des bêtes à laine ?

R. Des parties du corps dégarnies de laine, le regard triste, la mauvaise haleine, les gencives et la veine pâles, &c.

D. Quelles sont les proportions du corps qui font reconnaître un bon belier ?

R. On dit qu'il faut choisir des beliers qui

aient la tête grosse, le nez camus, les naseaux courts et étroits, le front large, élevé et arrondi, les yeux noirs, grands et vifs, les oreilles grandes et couvertes de laine, l'encolure large, le corps élevé, gros et alongé, le rable large, le ventre grand, les testicules gros, et la queue longue.

D. Quelles sont les proportions du corps qui font reconnaître les bonnes brebis?

R. Il faut choisir des brebis qui aient le corps grand, les épaules larges, les yeux gros, clairs et vifs, le cou gros et droit, le dos large, le ventre grand, les tetines longues, les jambes menues et courtes, et la queue épaisse.

D. A quel signe peut-on reconnaître les bons moutons?

R. Il faut choisir ceux qui n'ont point de cornes, qui sont vigoureux, hardis et bien faits dans leur taille, qui ont de gros os et la laine douce, grasse, nette et bien frisée.

D. Quel choix faut-il faire pour avoir de bonnes bêtes à laine?

R. Il faut choisir celles qui ont la laine la

meilleure et la plus abondante pour en tirer plus de produit ; celles qui sont de la plus haute taille, parce qu'elles fournissent plus de laine et plus de chair ; celles qui sont dans l'âge le plus convenable pour produire beaucoup et pour durer long-temps ; enfin celles qui sont les plus saines et les mieux proportionnées pour être robustes et vigoureuses.

D. Comment connaît-on la laine sur le corps de l'animal ?

R. On la connaît au doigt et à l'œil, en la touchant sur le corps de l'animal, et en écartant ses flocons pour la voir jusqu'à la racine. On en arrache aussi de petites mêches pour mieux reconnaître les qualités de leurs filamens.

D. Doit-on toujours préférer les bêtes à laine de la plus haute taille ?

R. Non. Une bête à laine de taille médiocre et même petite, est préférable à une plus grande lorsqu'elle a de meilleure laine ; mais lorsque la qualité de la laine est la même, il faut choisir les bêtes les plus grandes, parce qu'elles sont d'un meilleur produit par les toisons et par

par la vente que l'on fait de l'animal pour la boucherie, et aussi parce qu'elles sont plus fortes et plus robustes.

D. Les plus grandes races sont-elles préférables dans tous les pays?

R. Non, parce qu'il faut des pâturages très-abondans pour suffire à la nourriture des bêtes à laine de grande race, telle que la flandrine. Elles ne trouveraient pas assez de nourriture dans les terrains secs et élevés, où l'herbe est rare et fine; ils conviennent mieux aux petites espèces, qui demandent moins de nourriture. On ne met pas des moutons de grande race sur des terrains humides, parce qu'ils y sont plus sujets à la maladie de la pourriture que les moutons de petite race. D'ailleurs si les petits étaient attaqués de ce mal, il y aurait moins à perdre que sur les grands.

D. A quel âge faut-il prendre les bêtes à laine pour former un troupeau?

R. Il faut prendre les beliers à deux ans: c'est l'âge où ils commencent à avoir assez de force pour produire de bons agneaux; ils sont bons beliers jusqu'à l'âge de huit ans; mais plus vieux, ils ne peuvent plus être de bon service dans un troupeau. Il faut aussi prendre des brebis de l'âge de deux ans, et préférer celles qui n'ont pas porté, s'il est possible d'en trouver. A cinq ans les brebis sont encore plus propres à produire de bons agneaux, si elles n'ont jamais porté, ou au moins si elles n'ont pas porté avant l'âge de dix-huit mois ou deux ans. A sept ou huit ans elles s'affaiblissent, parce que les dents de devant leur manquent pour brouter. On prend les moutons à l'âge de deux ou trois ans, pour en tirer les toisons jusqu'à l'âge de sept ans; et alors on les engraisse pour la boucherie.

D. Quels sont les signes de la bonne santé des bêtes à laine ?

R. La tête haute, l'œil vif et bien ouvert, le front et le museau secs, les naseaux humides sans mucosité; l'haleine sans mauvaise odeur, la bouche nette et vermeille, tous les membres agiles, la laine fortement adhérente à la peau qui doit être rouge, douce et souple; le bon appétit, la chair rougeâtre, et principalement la veine bonne et le jarret fort.

Sur la connaissance des Bêtes &c.

D. Comment connaît-on que la veine est bonne et le jarret fort ?

R. Pour connaître la veine, le Berger met le mouton entre ses jambes, ce qu'on appelle *enfourcher* : il empoigne la tête avec les deux mains ; il relève avec le pouce de la main droite la paupière du dessus de l'œil, et avec le pouce de la main gauche il abaisse la paupiere du dessous. Alors il regarde les veines du blanc de l'œil : si elles sont bien apparentes, s'il les voit d'un rouge vif, et si les chairs qui sont au coin de l'œil du côté du nez ont aussi une belle couleur rouge, c'est un signe que l'animal est en bonne santé. Pour savoir si le jarret est bon, il faut saisir le mouton par l'une des jambes de derrière : s'il fait de grands efforts pour retirer sa jambe, si l'on est obligé d'employer beaucoup de force pour la retenir, c'est une preuve que l'animal est fort et vigoureux.

D. Quelle attention faut-il avoir par rapport au terrain, lorsqu'on prend des moutons dans un pays pour les faire passer dans un autre ?

R. Il faut les prendre dans un pays sec;

il serait à craindre que les moutons d'un pays dont le terrain est humide ou marécageux, n'eussent des dispositions à la maladie de la pourriture *.

---

* On a cependant généralement observé que les moutons transplantés d'un pays sec dans un pays plus humide, prennent assez facilement cette maladie; tandis, au contraire, qu'un des moyens de la prévenir ou de la guérir, quand elle en est encore susceptible, est la migration des animaux d'un pays humide dans un pays plus sec (HUZARD).

V.ᵉ LEÇON.

Sur la conduite des Troupeaux aux pâturages.

D. QUELLES sont les principales règles que les Bergers doivent suivre pour faire paître les moutons ?

R. On peut les réduire à sept :

1.º Faire paître les moutons tous les jours, s'il est possible ;

2.º Ne les pas arrêter trop souvent en pâturant, excepté dans les pâturages clos ;

3.º Empêcher qu'ils ne fassent du dommage dans les terres exposées au dégât ;

4.º Éviter les terrains humides et les herbes chargées de rosée ou de gelée blanche ;

5.º Mettre les moutons à l'ombre durant la plus grande ardeur du soleil, et les conduire le matin sur des côteaux exposés au couchant, et le soir sur des côteaux exposés au levant, autant qu'il est possible ;

6.º Éloigner les moutons des herbes qui peuvent leur être nuisibles ;

7.º Les conduire lentement, sur-tout lorsqu'ils montent des collines.

D. Pourquoi faire paître les moutons tous les jours ?

R. Parce que la manière la plus naturelle et la moins coûteuse de nourrir les moutons, est de les faire pâturer, et qu'on n'y supplée qu'imparfaitement en leur donnant des fourrages au râtelier. En pâturant, ils choisissent leur nourriture à leur gré, et la prennent dans le meilleur état; l'herbe leur profite toujours mieux que le foin et la paille. Quand même ils ne trouveraient point de pâture dans les champs, l'exercice qu'ils prendraient en marchant, leur donnerait de l'appétit pour les fourrages secs.

D. Pourquoi laisse-t-on marcher les moutons en pâturant ?

R. On les gênerait en les arrêtant lorsqu'ils paissent; leur allure naturelle est de vaguer de place en place pour paître : cet exercice entretient leur vigueur.

D. Pourquoi ne pas laisser paître les troupeaux en liberté dans les pâturages clos comme dans ceux des champs ?

R. Parce que les bêtes à laine gâtent plus d'herbe avec les pieds qu'elles n'en broutent, lorsqu'on les laisse parcourir en liberté un pâturage abondant. Pour conserver l'herbe, on ne livre, chaque jour, au troupeau que celle qu'il peut consommer. On le retient dans un parc où il se trouve assez d'herbe pour le nombre des moutons ; le lendemain on change le parc, et successivement le troupeau tient tout le pâturage.

D. Pourquoi éviter les terrains humides ? Ce sont ceux où l'herbe est la plus abondante.

R. L'humidité est contraire aux moutons lorsqu'il y en a trop dans le sol qu'ils habitent ou qu'ils parcourent, et dans les herbes qu'il produit. Cette humidité, lorsqu'elle est froide, comme celle des rosées, peut causer la maladie appelée la *pourriture*, le *foie pourri*, la *maladie du foie*, le *gamer*, &c. * L'humidité cause aussi aux moutons des coliques très-dangereuses :

---

* On trouvera la description et le traitement détaillés de cette maladie dans le tome II des *Instructions et observations sur les maladies des animaux domestiques*, rédigées par les C.^{ens} Chabert, Flandrin et Huzard.

leur instinct les porte à attendre d'eux-mêmes dans les champs, avant de pâturer, que la rosée ou la gelée blanche soit dissipée.

D. Pourquoi la rosée fait-elle plus de mal aux bêtes à laine, que la pluie ou le serein?

R. Ordinairement la rosée est plus froide que la pluie ou le serein. Les bêtes à laine pâturent avec moins d'appétit lorsque l'herbe est mouillée, excepté dans le temps où la pluie arrivant après une grande sécheresse, humecte l'herbe et la rend plus douce et plus appétissante.

D. Pourquoi mettre les bêtes à laine à l'ombre, et les faire marcher le matin du côté du couchant, et le soir du côté du levant?

R. Parce que la grande chaleur est plus à craindre pour les moutons que le grand froid. Leur laine, qui empêche que l'air ne les refroidisse en hiver, empêche aussi que l'air ne les rafraîchisse en été, et augmente la chaleur de leur corps au point de les empêcher de pâturer : c'est pourquoi il faut les mettre à l'ombre durant la grande ardeur du soleil, qui les échaufferait à l'excès sous leur laine. D'ailleurs ces animaux ont le cerveau faible; les rayons du soleil, tomban à plomb sur leur tête, peuvent leur causer des vertiges qui les font tourner, et le mal appelé la *chaleur*, qui les fait périr promptement, si l'on n'y remédie par la saignée. Il faut les mettre à l'ombre d'un mur ou d'un arbre dans le milieu du jour; le matin on doit les conduire du côté du couchant, et le soir du côté du levant, pour que leur tête soit à l'ombre du corps, tandis qu'ils la tiennent baissée en pâturant.

D. Lorsque les moutons se serrent les uns contre les autres, et que chacun d'eux baisse le cou et place sa tête sous le ventre de son voisin, n'est-elle pas assez garantie de l'ardeur du soleil ?

R. Il est vrai que la tête du mouton est à l'ombre, mais cette situation est plus dangereuse que l'ardeur du soleil, parce que la tête est penchée et environnée d'un air chargé de poussière et infecté par la vapeur du corps des moutons, qui l'échauffe et qui empêche qu'il ne se renouvelle. Aussi les moutons ne cachent leur tête que pour mettre leurs naseaux à l'abri de la persécution des mouches qui les cherchent pour y pondre leurs œufs : dans ce cas il faut conduire le troupeau dans un lieu frais.

D. Quels sont les temps où l'on ne doit pas mener paître les troupeaux ?

R. Les moutons ne peuvent pâturer lorsque la terre est couverte d'une assez grande épaisseur de neige pour empêcher qu'ils ne découvrent l'herbe avec les pieds. Alors on ne les conduit dans la campagne que pour les faire boire et pour les promener. Mais lorsque les vents sont très-grands, et les pluies très-abondantes, il ne faut pas faire sortir les troupeaux pendant le fort de l'orage.

D. A quelle heure faut-il mener paître les troupeaux le matin ?

R. Au lever du soleil, lorsqu'il n'y a point de rosée ou de brouillard. Lorsqu'il y en a, il faut attendre qu'ils soient dissipés.

D. A quelle heure et comment faut-il mettre le troupeau à l'ombre, dans le milieu du jour ?

R. Lorsque la chaleur commence à fatiguer les moutons dans la campagne, ils cessent de pâturer, ils s'agitent, ils s'arrêtent, les mouches les tourmentent, &c. C'est alors qu'il faut les mettre à l'ombre dans un lieu frais et bien exposé à l'air, où ils soient éloignés des mouches, et où ils puissent ruminer à leur aise. Il serait dangereux de les faire entrer en trop grand nombre dans une étable fermée ; ils pourraient y périr, suffoqués par l'air qu'ils auraient échauffé et par la vapeur de leurs corps.

D. Qu'est-ce que la rumination des moutons ?

R. Lorsqu'ils pâturent dans la campagne ou lorsqu'ils mangent au râtelier, ils ne mâchent leur nourriture que pour la mettre en état d'être avalée ; alors elle tombe dans la panse, qui est le plus grand de leurs estomacs. Lorsque l'animal se repose après avoir mangé, il fait revenir dans sa gueule, à différentes fois, ce qui était dans la panse, et le mâche de nouveau ; c'est ce qu'on appelle *ruminer* ou *ronger* : ensuite il avale cette nourriture, qui va dans un autre estomac, au lieu de tomber dans la panse comme la première fois.

D. Comment voit-on qu'un mouton rumine ?

R. On le voit mâcher sans recevoir aucune nourriture du dehors. Lorsqu'il a mâché un peu de temps, on s'aperçoit que quelque chose descend sous la peau, depuis la gorge le long du cou ; c'est l'herbe qu'il a mâchée, et qui forme une pelote grosse comme une noix. Un moment après le corps se resserre par un effort, et l'on voit qu'une autre pelote remonte le long du cou jusqu'à la gorge ; ensuite l'animal recommence à mâcher. Tout cela se répète jusqu'à ce qu'il ait fini de ruminer.

D. A quelle heure faut-il remener paître les troupeaux, après les avoir tenus à l'ombre dans le milieu du jour ?

R. On les remène au pâturage lorsque le soleil commence à baisser, et que le fort de la chaleur est passé.

D. A quelle heure faut-il ramener les troupeaux le soir ?

R. On peut laisser pâturer les troupeaux jusqu'à la fin du jour, et même pendant quelques heures de nuit dans les cantons où l'herbe est assez grande et assez abondante pour être saisie facilement : mais lorsqu'elle est mouillée par le serein, il faut retirer le troupeau du pâturage. Quoique beaucoup de gens croient que le serein n'est pas nuisible aux bêtes à laine, ou qu'il l'est moins que la rosée, cependant c'est la même humidité froide ; elle doit produire à-peu-près le même effet le soir que le matin.

D. Les moutons mangent-ils les herbes qui leur sont nuisibles ?

R. Ils ne mangent pas les herbes qui pourraient leur être nuisibles par elles-mêmes. Quand on met quelques-unes de ces herbes dans leur râtelier, ils restent auprès pendant toute la journée sans y toucher, quoiqu'ils n'aient aucune autre nourriture : on a fait plusieurs fois cette épreuve dans une bergerie près de Montbard. Mais il y a des herbes qui sont de bonne qualité par elles-mêmes, et que les moutons mangent avec avidité, qui cependant peuvent leur faire beaucoup de mal dans certaines circonstances.

D. Quelles sont les bonnes herbes qui peuvent faire du mal aux moutons ?

R. Ces bonnes herbes sont les trèfles (1), la luzerne (2), le froment (3), le seigle (4),

---

(1) *Trifolium.* L.
(2) *Medicago sativa.* L.
(3) *Triticum hybernum.* L.
(4) *Secale cereale hybernum.* L.

l'orge (1), la sanve (2), le coquelicot (3), et en général toutes celles que les moutons mangent avec le plus d'avidité, ou qui sont trop succulentes; les herbes trop tendres et trop aqueuses, telles que celles des regains, celles qui se trouvent dans des sillons humides, et celles qui sont à l'ombre des bois; les herbes qui sont dans leur plus grande vigueur, ou chargées de rosée ou de l'eau des pluies froides.

D. Comment ces herbes font-elles du mal aux moutons ?

R. Lorsque ces herbes sont en trop grande quantité dans la panse, elles la font enfler, au point de rendre l'animal plus gros qu'il ne devrait être, et lui donnent le mal qu'il faut appeler *colique de panse :* on le nomme ordinairement *écouffure, enflure, enflure de vents, fourbure, gonflement de vents, &c.* Alors le mouton reste debout sans manger; il souffre, il s'agite; sa respiration est gênée; il bat des flancs. Lorsqu'on frappe le ventre avec la main,

---

(1) *Hordeum vulgare.* L. (3) *Papaver rhœas.* L.
(2) *Sinapis arvensis.* L.

il raisonne sans que l'on entende aucun mouvement d'eau. Enfin les animaux attaqués de ce mal, tombent et meurent suffoqués, quelquefois en grand nombre.

D. Comment peut-on prévenir ce mal ?

R. On doit attendre qu'il n'y ait plus de rosée ou de gelée blanche sur les herbes, avant de faire paître les moutons. Il ne faut pas les conduire le matin, lorsqu'ils sont affamés, dans des pâturages abondans et succulens. Au contraire, il faut laisser passer leur grosse faim dans des pâturages maigres, les mener ensuite dans de plus gras, et ne les y pas laisser assez long-temps pour qu'ils y prennent trop de nourriture. Il ne faut pas faire boire les moutons après qu'ils ont mangé des pois, des fèves ou d'autres légumes farineux.

D. Que doit faire le Berger lorsqu'il voit enfler les moutons par la colique de panse ?

R. Il doit amener promptement son troupeau dans un autre lieu où il n'y ait point d'herbes nuisibles, et secourir sur-le-champ les animaux qui sont enflés. On les fait trotter jusqu'à ce qu'ils aient fienté, et que l'enflure diminue.

Il ne faut pas manquer de les faire aller en suivant le cours du vent; car si on les menait à contre-vent, ils auraient plus de peine à respirer, et le vent contribuerait, avec l'enflure de la panse, à les suffoquer.

On peut aussi les guérir en les faisant nager dans l'eau, s'il y en a dans le voisinage; dès qu'ils y ont fienté, le mal se passe.

D. N'y a-t-il pas d'autres remèdes contre la colique de panse?

R. Il y en a plusieurs autres; mais lorsque le Berger est dans la campagne avec son troupeau, il ne peut choisir que parmi les remèdes suivans:

On presse le ventre pour faire sortir les vents.

On fait une saignée.

On tire la fiente du fondement, avec le doigt, ou avec une petite cuiller de bois, pour faire passer les vents.

On bride les moutons en leur mettant dans la gueule une petite branche de saule, ou une ficelle que l'on noue derrière la tête, de façon que la gueule reste ouverte: dans cet état,

l'animal

l'animal saute, se débat, rend de la fiente et les vents qui l'enflaient *.

D. Pourquoi le Berger doit-il conduire son troupeau toujours lentement, et sur-tout lorsqu'il monte des collines ?

R. Parce que, en conduisant son troupeau trop vîte, sur-tout en montant, il risquerait d'échauffer plusieurs de ses moutons, au point de les rendre malades, et même de les faire périr.

D. Comment le Berger doit-il gouverner son troupeau ?

R. Il doit empêcher qu'aucune bête ne s'écarte du troupeau, en allant trop en avant, en restant en arrière, ou en s'éloignant à droite ou à gauche.

D. Comment le Berger peut-il faire tout cela ?

R. A l'aide de son fouet, de sa houlette et de ses chiens. Lorsqu'il fait marcher le troupeau devant lui, il chasse, avec le fouet, les

---

* On trouvera la description et le traitement des différentes indigestions des bestiaux, dans le tome III des *Instructions et observations sur les maladies des animaux domestiques*, déjà citées.

E

bêtes qui restent en arrière. Le chien est en avant du troupeau, et retient les bêtes qui vont trop vîte. Le Berger menace avec la houlette celles qui s'éloignent à droite ou à gauche, pour les faire revenir au troupeau : ou s'il a un chien derrière lui, il l'envoie aux bêtes qui s'écartent, pour les ramener, ou il les fait retourner en jetant vers elles un peu de terre; mais il ne faut jamais rien jeter sur leur corps.

D. Comment le Berger arrête-t-il son troupeau ?

R. S'il est derrière le troupeau, il commence par s'arrêter lui-même; en même temps il parle au chien qui est au-devant du troupeau, pour que ce chien s'arrête et empêche les premières bêtes d'avancer.

D. Comment le Berger remet-il le troupeau en marche ?

R. Il parle au chien qui est au-devant du troupeau pour le faire avancer, et ensuite il chasse devant lui les dernières bêtes. Le Berger peut aussi faire aller son troupeau en avant, ou le faire revenir, en parlant sur différens tons auxquels il l'a accoutumé.

D. Le Berger peut-il conduire son troupeau en allant devant ?

R. Le Berger peut conduire son troupeau en allant devant, lorsqu'il a au moins un chien dont il est assez sûr pour ne pas craindre que ce chien, étant derrière le troupeau, n'en laisse écarter quelques bêtes, soit en arrière, soit à côté. Le troupeau suit le Berger encore mieux que le chien ; mais il faut que le Berger regarde souvent en arrière pour y prendre garde.

D. Comment le Berger fait-il passer son troupeau dans un défilé, ou dans un mauvais pas ?

R. Le Berger se fait suivre de quelques bêtes qui sont accoutumées à venir à sa voix. Il passe le premier, et il les appelle pour les engager à le suivre ; les premières qui passent sont suivies de toutes les autres. S'il n'y avait, dans le troupeau, aucune bête qui connût la voix du Berger, il présenterait un morceau de pain à celles qui en seraient avides, et il se ferait suivre par ce moyen.

D. Comment le Berger empêche-t-il que son troupeau ne fasse du dommage dans des terres ensemencées ?

R. Lorsque le troupeau est près de ces terres, il envoie un chien sur le bord du champ ensemencé, pour empêcher qu'aucune bête n'en approche. S'il y a d'un autre côté encore un champ ensemencé, il envoie un autre chien; s'il n'a pas deux chiens, il y va lui-même.

D. Comment fait le Berger lorsqu'il n'a point de chien, et lorsqu'il y a deux champs à garder ?

R. Tandis qu'il garde l'un des champs, il parle aux bêtes qui entrent dans l'autre, pour les en faire sortir. Si elles n'obéissent pas, il doit courir après pour les chasser dehors. Mais il faut qu'un Berger qui conduit un troupeau dans un canton où il y a des terres ensemencées, ait au moins un chien. Cela n'est pas si nécessaire dans les grands cantons de jachères.

D. Que peut faire le Berger pour retenir long-temps son troupeau dans un endroit où la pâture est bonne ?

R. Il engage son troupeau à rester en place, s'il y reste lui-même avec ses chiens, et s'il joue de quelque instrument, tel que le flageolet, la flûte, le hautbois, la musette, &c. Les bêtes à laine se plaisent à entendre le son des instrumens ; elles paissent tranquillement tandis que le Berger en joue.

VI.ᵉ LEÇON.

Sur les différentes choses qui peuvent servir de nourriture aux Moutons.

D. Quelle est la meilleure nourriture pour les moutons ?

R. La meilleure de toutes les nourritures pour les moutons, est l'herbe des pâturages, broutée sur pied : mais tous les pâturages ne sont pas également bons.

D. De quoi dépend la bonté des pâturages ?

R. Elle dépend de la situation et de la qualité du terrain, de l'état et de la propriété des herbes.

D. Quels sont les meilleurs pâturages pour la situation et la qualité du terrain ?

R. Les terrains les plus élevés, les plus en pente, les plus légers et les plus secs, sont les meilleurs pour les pâturages des moutons.

D. En quel état doivent être les herbes pour faire les meilleurs pâturages ?

R. Les meilleures herbes sont celles qui ont déjà pris de l'accroissement, qui approchent de la floraison, ou qui commencent à fleurir. Les herbes trop jeunes n'ont pas été assez nourries par l'air et par le soleil, pour faire une bonne nourriture; elles sont trop aqueuses, et pour ainsi dire trop crues. Celles qui ont pris tout leur accroissement, qui portent graine, ou qui sont trop vieilles, n'ont pas assez de suc et sont trop dures.

D. Peut-on avoir des pâturages dans la mauvaise saison, après la gelée?

R. Il y a des herbes qui résistent à la gelée, et qui sont presque aussi fraîches dans le fort de l'hiver que dans la bonne saison : telles sont la pimprenelle (1) et le pastel (2) : on peut en faire des pâturages pour l'hiver.

D. Lorsque l'herbe des pâturages manque, ne peut-on pas donner une bonne nourriture aux moutons en fourrages secs?

R. Les meilleurs fourrages secs font dépérir les moutons, et sur-tout les brebis pleines, celles qui allaitent, et leurs agneaux. Ce mauvais effet de la nourriture sèche sur les bêtes

---

(1) *Sanguisorba offici-* (2) *Isatis tinctoria.* L. *nalis.* L.

à laine, vient de ce qu'elles sont accoutumées à vivre d'herbes fraîches pendant la bonne saison. Les fourrages secs ne sont pas aussi convenables à leur tempérament ; ils les échauffent, les nourrissent moins, et nuisent à l'accroissement et aux bonnes qualités de la laine.

D. Comment peut-on empêcher le mauvais effet des fourrages secs ?

R. Lorsque les bêtes à laine restent pendant plusieurs jours de suite sans aller au pâturage, il faut tâcher d'avoir quelques nourritures fraîches à leur donner, seulement une fois dans la journée; cela suffit pour empêcher le mauvais effet des nourritures sèches.

D. Quelles sont les nourritures fraîches que l'on peut avoir pour les moutons, dans la mauvaise saison ?

R. On peut avoir du colza (1), des choux de bouture (2), des choux cavaliers (3) et des choux frisés (4); ils résistent à la gelée, et

---

(1) *Brassica campestris*. L.
(2) *Brassica perennis*. L.
(3) *Brassica oleracea silvestris*. L. *Brassica sempervirens*. J.
(4) *Brassica oleracea sabellica*. L. *Brassica fimbriata*. B.

Sur la nourriture des Moutons. 73

on peut cueillir les feuilles de ces plantes, qui sont hautes, et que la neige laisse à découvert dans les temps où elle couvre le pastel et la pimprenelle.

D. Le colza et les choux, qui sont des plantes grasses et aqueuses, ne peuvent-ils pas faire du mal aux moutons ?

R. Ces plantes seraient mauvaises pour les moutons, dans la bonne saison, lorsqu'ils ne mangent que de l'herbe fraîche ; mais, dans l'hiver, lorsqu'ils n'ont, soir et matin, que du fourrage sec, les colzas et les choux qu'on leur donne dans le milieu du jour, ne peuvent que leur faire du bien.

D. Qu'est-ce que le chou de bouture ?

R. C'est une variété de l'espèce du chou, inconnue aux botanistes; je l'ai vue dans de petits jardins de la commune de Montbard. Ce chou jette des branches latérales : les plus basses de ces branches se courbent en bas jusqu'à terre, et se dirigent en haut dans le reste de leur étendue; la partie qui touche la terre, y prend racine et produit de nouveaux choux qui se perpétuent chaque année, et qui forment un si gros massif, que l'on est obligé d'en détruire une partie. On l'a nommé chou de bouture, parce qu'on le plante de cette manière sans l'avoir semé. On en détache des branches que l'on donne aux moutons : il ne pomme pas ; mais il produit beaucoup de feuillage lorsqu'il est dans un bon terrain bien fumé *.

D. N'y a-t-il pas, en hiver, des nourritures fraîches meilleures que le colza et les choux ?

R. On peut avoir des racines de carottes (1), de panais (2), de salsifis (3) et de chervis (4); des raves (5) et des navets (6); des pommes de terre (7) et des topinambours (8). Ces racines sont plus nourrissantes que les feuilles

---

* Cette dénomination de *chou de bouture* est incertaine. Diverses espèces de choux, même bisannuelles, se reproduisent de bouture. Le chou frisé du nord [*Brassica oleracea sabellica.* L.] qui résiste aux grands froids, est un de ceux qu'on doit préférer pour ce genre de culture (HUZARD).

(1) *Daucus carotta.* L.
(2) *Pastinaca sativa.* L.
(3) *Tragopogon porrifolium.* L.
(4) *Sium sisarum.* L.
(5) *Brassica rapa.* L.
(6) *Brassica napus.* L.
(7) *Solanum tuberosum.* L.
(8) *Helianthus tuberosus.* L.

des choux et du colza. On peut encore leur donner des racines de disette ou betterave champêtre (1).

D. Ne peut-on pas donner aux bêtes à laine, dans la mauvaise saison, des choses plus nourrissantes que des racines?

R. Les grains, les graines et les légumes, sont plus nourrissans que les racines.

D. Quels grains donne-t-on aux moutons?

R. L'avoine (2), l'orge et le son de froment leur profitent beaucoup. Une petite poignée d'orge ou d'avoine donnée chaque jour à un mouton, suffirait pour le préserver du mauvais effet des fourrages d'hiver.

D. Quelles graines donne-t-on aux moutons?

R. De la bourre de foin, du chenevis (3), de la graine de genêt (4), des glands, des pains ou tourteaux de chenevis, de navette (5) et de colza.

D. Qu'est-ce que la bourre de foin?

R. C'est le résidu qu'on ramasse au pied des

---

(1) *Beta cicla altissima.* L.
(2) *Avena sativa.* L.
(3) *Cannabis sativa.* L.
(4) *Ulex europæus.* L.
(5) *Napus silvestris.* L.

meules et dans les greniers, lorsqu'on a enlevé le foin.

D. Qu'est-ce qu'il y a de bon dans la bourre de foin?

R. Les graines de plusieurs sortes de plantes: ces graines sont nourrissantes, et il s'en trouve qui fortifient l'estomac et qui aident la digestion.

D. Quel est l'effet du chenevis?

R. Il réchauffe, et il donne des forces aux bêtes à laine; il les anime pour l'accouplement.

D. Comment fait-on pour avoir et pour préparer la graine de genêt que l'on veut donner aux bêtes à laine?

R. Lorsque la graine des genêts est bien mûre, on secoue les branches pour la faire tomber sur des draps. On donne, en hiver, quelques poignées de cette graine avec d'autres nourritures. On peut aussi couper, en prairial et en messidor [juin et juillet], de petites branches de genêt, avec leurs cosses et leurs graines; on les fait sécher au soleil, et on les garde pour les donner, en hiver, aux bêtes à laine; elles s'accoutument bientôt au goût amer de cette graine. On pourrait la mettre tremper dans l'eau, ou même l'y faire bouillir un moment, pour lui ôter son amertume.

D. Quel est l'effet des glands?

R. Ils sont nourrissans, mais ils donnent le dévoiement aux bêtes à laine, et ils les altèrent lorsqu'elles en mangent beaucoup ; il ne faut leur en donner qu'une fois par jour et en petite quantité.

D. Qu'est-ce que les pains ou tourteaux de chenevis, de navette, de colza, de noix et de lin?

R. C'est le marc qui reste après que l'on a tiré l'huile du chenevis, de la navette, du colza, des noix et du lin. On fait, avec ce marc, des pains qui servent à la nourriture du bétail.

D. Quel est l'effet de ces pains sur les bêtes à laine?

R. Le pain de chenevis nourrit, réchauffe et anime les bêtes à laine ; mais il les altère et leur donne le dévoiement, lorsqu'elles en mangent en trop grande quantité. Le pain de navette et de colza les échauffe et les altère moins. Le pain de graine de lin et de noix les nourrit et les engraisse plus que les autres pains.

D. Quels sont les légumes que l'on donne aux bêtes à laine ?

R. Les féveroles (1) et les vesces (2) : on pourrait aussi leur donner des lentilles (3), des pois (4) et des haricots (5), s'il y en avait de trop pour la nourriture des hommes.

D. Les moutons ne mangent-ils pas des lupins (6) ?

R. Les moutons mangent les lupins après qu'on les a fait tremper dans de l'eau pour en ôter l'amertume.

D. Qu'est-ce que les gerbées que l'on donne aux bêtes à laine dans la mauvaise saison ?

R. Ce sont des bottes de paille battue, dans laquelle on a laissé du grain ; ce qui fait que les gerbées sont une très-bonne nourriture.

D. Quelles sont les meilleures gerbées pour les bêtes à laine ?

---

(1) *Faba minor sive equina.* C. B.
(2) *Vicia sativa.* L.
(3) *Ervum lens.* L.
(4) *Pisum sativum.* L.
(5) *Phaseolus vulgaris.* L.
(6) *Lupinus albus.* L.

Sur la nourriture des Moutons. 79

R. La gerbée d'avoine, parce que le grain et la paille y sont plus tendres, et par conséquent meilleurs que dans les gerbées de seigle, d'orge, et des grains mêlés que l'on appelle *brelée.* Dans quelques pays, les gerbées de froment et de méteil, ou *conseau* ou *conseigle*, qui est un mélange de froment et de seigle, seraient les meilleures de toutes : mais ces grains sont trop chers ; ils doivent être réservés pour la nourriture des hommes.

D. Ne fait-on pas des gerbées avec des légumes ?

R. On en fait avec des vesces, des lentilles, des pois et des haricots. On recueille ces plantes avant que le fruit soit mûr ou après sa maturité ; mais ces fourrages sont plus tendres et plus nourrissans, lorsqu'ils ont été recueillis avant leur maturité.

D. Qu'est-ce que les gerbées de *maucorne* ou *moncorne*, et de *dragée* ou *dranie* ?

R. Le maucorne est un mélange de pois et de vesce semés ensemble. La dragée est un mélange d'avoine et de vesce d'été ou de pois. On appelle aussi dragée le mélange de l'avoine avec des pois, de la vesce, des lentilles, des lupins ou du fenugrec (1).

D. Qu'est-ce que les feuillées que l'on donne aux bêtes à laine ?

R. Ce sont des branches d'arbres garnies de leurs feuilles : on coupe ces branches après la sève de thermidor (août), avant que les feuilles se dessèchent ; on les laisse un peu faner, et ensuite on en fait des fagots.

D. Quelles sont les meilleures feuillées ?

R. Les feuillées d'aunes (2), de bouleaux (3), de charmes (4), de frênes (5), de peupliers (6), de saules (7), &c. On en peut faire de presque toutes les sortes d'arbres et d'arbrisseaux *.

---

(1) *Trigonella fœnum græcum.* L.
(2) *Betula alnus.* L.
(3) *Betula alba.* L.
(4) *Carpinus betulus.* L.
(5) *Fraxinus excelsior.* L.
(6) *Populi.* L.
(7) *Salices.* L.

* Dans les pays à bois, où on cultive peu de grains et où on récolte peu de paille, on ramasse avec soin les feuilles, au moment où elles tombent; on les fait sécher rapidement, lorsqu'elles en ont besoin, soit au soleil, soit derrière le four; on les serre dans le grenier pour l'hiver. Elles ménagent les pailles pour les grands animaux (HUZARD).

D. Quels

D. Quels sont les meilleurs foins ?

R. Les foins des prés où l'eau de la mer monte, et que l'on appelle *prés salés,* sont les meilleurs pour les bêtes à laine, parce que l'eau de la mer y laisse du sel. Les foins des prés secs, où l'eau ne croupit jamais, sont aussi très-bons, parce qu'ils sont fins, délicats et agréables au bétail. Les foins qui ont été fauchés avant d'être trop mûrs, et qui ont été peu fanés, sont les plus friands pour les bêtes à laine.

D. Quels sont les plus mauvais foins ?

R. Les prés bas et marécageux donnent des foins grossiers, parce que leurs herbes sont rudes et désagréables aux moutons. Les herbes qui croissent au bord des étangs et des rivières, les joncs des marais, les roseaux, &c. sont encore plus mauvais pour faire du foin. Celui qui a été fauché lorsqu'il était trop mûr, ou qui a été trop fané, a perdu son suc ; il est peu nourrissant. Le foin qui a été mouillé pendant la fenaison, perd sa couleur et ses bonnes qualités ; il ne se garde pas ; il est sujet à s'échauffer et à se pourrir dans le fenil. Le foin qui a reçu quelque mauvaise odeur des

F

étables, ou qui a été mouillé et moisi, dégoûte les bêtes à laine. Celui qui a été rouillé est très-mauvais, parce qu'il donne à ces animaux des maladies de poitrine; ils ne le mangent que lorsqu'ils y sont forcés par la faim.

D. N'y a-t-il pas des prés dont les herbes sont meilleures pour faire de bon foin, que celles d'autres prés?

R. Les herbes bonnes à faire du foin pour les bêtes à laine, se trouvent en plus grand nombre dans les prés hauts et secs, que dans les prés bas et humides, et les autres herbes y sont moins mauvaises; mais il y a toujours du mélange d'herbes de différentes qualités.

D. Ne peut-on pas avoir du foin de bonnes herbes, sans mélange de mauvaises?

R. Pour avoir une prairie qui ne porte que des herbes de bonne qualité et d'un bon rapport, il faut nécessairement commencer par détruire, par la culture, toutes les herbes qui y sont, et ensuite en semer d'autres bien choisies pour le terrain où on les met et pour l'emploi que l'on en veut faire. C'est par ce moyen que l'on a des prairies artificielles.

Sur la nourriture des Moutons. 83

D. Quelles sont les herbes dont on fait des prairies artificielles pour les moutons ?

R. On fait des prairies artificielles avec le fromental (1), la coquiole (2), le ray-grass (3), &c. On donne le nom de *graminées* à ces herbes et à toutes celles qui ont des feuilles longues et étroites, qui poussent un long tuyau, et qui portent un épi. On fait aussi des prairies artificielles avec la luzerne, les trèfles, le sainfoin, la pimprenelle, &c. On sème ces herbes séparément les unes des autres, ou plusieurs mêlées ensemble.

D. Quelles sont les qualités du fromental ?

R. Le fromental s'élève à une plus grande hauteur que toute autre herbe des pâturages; il vient dans toutes sortes de terrains; mais il produit plus d'herbes dans les bonnes terres que dans les mauvaises. On le fauche de bonne heure; son herbe et son foin sont très-bons pour les moutons.

D. Quelles sont les qualités de la coquiole?

R. Les terrains légers conviennent à cette

---

(1) *Avena elatior.* L.   (3) *Lolium perenne.* L.
(2) *Festuca ovina.* L.

F 2

herbe. Elle est fine et très-bonne pour les moutons, tant en vert qu'en sec.

D. Quelles sont les qualités du ray-grass ?

R. Le ray-grass vient dans les terres fortes et dans les terres froides. Il fait une très-bonne nourriture pour les moutons ; mais ses tuyaux sont sujets à se durcir, lorsqu'on ne le fauche pas assez tôt.

D. Quelles sont les qualités de la luzerne ?

R. La luzerne est d'un très-grand rapport dans les bons terrains en plaine ; les terres humides ne lui conviennent pas. L'herbe et le foin de la luzerne sont très-nourrissans ; mais l'herbe, prise en trop grande quantité ou lorsqu'elle est mouillée, fait enfler les moutons, et le foin peut les faire périr de gras-fondu ou d'autres maladies : il faut le mêler avec du foin ordinaire, du sainfoin ou de la paille.

D. Quelles sont les qualités du trèfle ?

R. Les terres douces, grasses et humides, et sur-tout celles que l'on peut arroser, conviennent au trèfle. Il est très-nourrissant, et sujet à-peu-près aux mêmes inconvéniens que la luzerne, tant en herbe qu'en foin.

Sur la nourriture des Moutons.

D. Quelles sont les qualités du sainfoin ?

R. Le sainfoin vient dans les plaines, sur les côteaux et en montagne ; mais il est d'un meilleur rapport dans les terrains qui ont du fond et dans les bonnes terres. Il est très-sain, mais trop nourrissant si on ne le mêle avec de la paille pour le donner aux moutons. Ses tiges sont trop dures lorsqu'on le fauche tard.

D. Quelles sont les qualités de la pimprenelle ?

R. La pimprenelle vient dans toutes sortes de terrains ; mais elle est d'un meilleur rapport dans les bonnes terres fraîches. Cette herbe fortifie les moutons. Elle est toujours verte ; on peut la faire pâturer en hiver, et la couper pour la donner aux agneaux dans des auges.

D. Les moutons ne mangent-ils pas des écorces d'arbres ?

R. On enlève l'écorce des peupliers, des sapins (1) et d'autres arbres ; on la fait sécher et on la brise pour la donner aux moutons dans les auges ; mais on ne fait usage de cette nourriture que lorsqu'il n'y en a point de meilleure.

---

(1) *Pinus picea.* L.

D. Ne peut-on pas nourrir les moutons avec des marrons d'inde (1) ?

R. Les moutons mangent non-seulement les marrons d'inde, lorsqu'ils sont coupés en deux ou trois parties, mais aussi l'écorce qui les enveloppe, quoiqu'elle ait des pointes dures et piquantes.

D. Qu'est-ce que les *chaillats!*

R. Les chaillats sont les tiges, les feuilles et les gousses des pois, des haricots, des vesces, des lentilles et des féveroles, après que ces plantes ont été battues. Lorsqu'on les bat, il s'en casse des parcelles que l'on ramasse, et que l'on appelle de la *bourre*. Les bêtes à laine aiment mieux le chaillat que la paille ; il est plus nourrissant. Le chaillat de pois a moins d'humidité que celui des haricots. On a aussi donné au chaillat de pois le nom de *pesat,* et au chaillat de féves le nom de *favat*.

D. Quelles sont les meilleurs pailles ?

R. La paille d'avoine est la meilleure, parce qu'elle est la plus tendre. La paille de seigle

---

(1) *Æsculus Hippocastanum.* L.

vaut mieux que celle de froment, parce qu'elle n'est pas si dure, et qu'il reste dans les épis quelques grains que l'on appelle des *éperons*. La paille d'orge barbue (1) peut être nuisible, à cause des barbes qui s'attachent à la laine lorsqu'elles tombent dessus. Les moutons ne mangent que l'épi, le bout du tuyau et les feuilles de la paille. Cette nourriture ne suffit pas pour entretenir un troupeau en bon état ; il faut y ajouter quelque chose de plus nourrissant.

D. Quel usage peut-on faire, pour les moutons, de la balle des grains, que l'on appelle aussi *menue paille*, *bouffe* ou *paille de van* !

R. Les moutons mangent les balles d'avoine, de froment et de seigle ; mais ils ne mangent pas la balle d'orge ?

D. Qu'est-ce que la paille du lin (2) ?

R. C'est ce qui reste de la tige du lin, après qu'elle a été teillée : les moutons mangent cette paille de lin ; mais c'est la plus mauvaise de toutes les pailles.

---

(1) *Hordeum hexastichon.* L.

(2) *Linum usitatissimum.* L.

VII.ᵉ LEÇON.

Sur la manière de donner à manger aux Moutons, de les faire boire, et de leur donner du sel.

D. En quel temps est-on obligé de donner à manger aux moutons ?

R. Lorsque les moutons ne trouvent plus assez de pâture dans la campagne ni dans les enclos, ou lorsque les mauvais temps les empêchent de sortir, il faut leur donner des fourrages au râtelier ou dans les auges.

D. En quel mois commence-t-on à donner des fourrages aux moutons ?

R. Dans les départemens où l'hiver est rude, on commence à donner du fourrage aux moutons en vendémiaire et en brumaire [octobre et novembre].

D. En quel temps du jour faut-il donner le fourrage ?

R. Le matin, lorsque la gelée blanche empêche, pendant quelques heures, le troupeau d'aller paître dans la campagne ; et le soir,

Manière de nourrir les Moutons.

lorsqu'il revient du pâturage sans être assez rempli.

D. Que faut-il faire lorsque la neige empêche, pendant toute la journée, le troupeau de sortir?

R. On lui donne, le matin et le soir, du fourrage sec; mais il faut tâcher d'avoir à lui donner, dans le milieu du jour, une nourriture fraîche, telle que des feuilles de chou, des racines de carottes, de panais, de chervis, des raves, des navets, des pommes de terre, des topinambours, des betteraves, des marrons d'inde, du gland, &c.

D. Quelle quantité de feuilles de chou faut-il donner à un mouton pour un repas?

R. On a éprouvé qu'un mouton de taille médiocre mange environ deux kilogrammes cinq hectogrammes [cinq livres] de feuilles de chou en un jour, ainsi il faut en donner au moins sept hectogrammes [une livre et demie] pour un repas. Lorsque les feuilles sont tendres, comme celles des choux cabus (1), il les mange

---

(1) *Brassica oleracea capitata.* L.

en entier ; mais lorsqu'elles sont dures, comme celles du chou de bouture, il laisse des côtes qui font près d'un tiers du poids des feuilles : pour y suppléer, il faut donner au moins un kilogramme [deux livres] de ces feuilles pour un repas.

D. Pourquoi faut-il donner aux moutons de la nourriture fraîche, au moins une fois chaque jour ?

R. C'est parce que la nourriture fraîche des herbes et des racines est l'aliment naturel des moutons ; ils s'y sont accoutumés pendant toute la bonne saison. Lorsqu'on change entièrement cette nourriture en ne leur donnant que de la paille, ils ne sont plus assez nourris ; ils maigrissent peu à peu. Les Bergers disent alors qu'ils perdent leur graisse, leur suif, c'est-à-dire, qu'ils dépérissent. La nourriture sèche les altère ; ils boivent beaucoup d'eau qui peut leur donner plusieurs maladies, sur-tout celle de la pourriture. Un repas, chaque jour, de nourriture fraîche, les empêche de dépérir et d'être trop altérés.

D. Lorsqu'on n'a point de nourriture fraîche à donner aux moutons, dans la mauvaise saison, quelle autre nourriture peut les empêcher de dépérir ?

R. Des grains, des légumes, des gerbées, une poignée d'avoine ou d'autre grain, suffisent pour empêcher les moutons de dépérir.

D. Au mois de vendémiaire ou de brumaire [octobre ou novembre], lorsque les moutons commencent à avoir besoin de manger au râtelier, quelle nourriture faut-il leur donner la première ?

R. Il faut leur donner les choses qui ne se gardent pas long-temps, ou qui se gâteraient parce qu'elles ne sont pas bien conditionnées. On commence par celles qui leur sont le moins agréables, comme la paille de froment, de seigle et de conseau *; parce que, si l'on commençait par leur donner de la paille d'avoine, qu'ils aiment le mieux, ils répugneraient dans la suite à manger les autres.

D. Quelle quantité de paille faut-il donner aux moutons ?

---

* On a vu ci-devant que le *conseau* ou *conseigle*, est un mélange de froment et de seigle (HUZARD).

R. La quantité de paille nécessaire pour la nourriture d'un mouton, dépend de la hauteur de la taille de l'animal et de la qualité de la paille. Il faut donner, chaque jour, à un mouton de taille médiocre, douze hectogrammes [deux livres et demie] de paille d'avoine, si l'on a soin de remettre au râtelier celle qui en est tombée. Le mouton mange chaque jour, suivant les épreuves qui en ont été faites, un peu plus d'un kilogramme [deux livres] de cette paille, et il en reste près de trois hectogrammes [une demi-livre] qu'il ne trouve pas bonne à manger, et qui se mêle avec la litière. Il reste encore plus des pailles qui sont plus dures que celle de l'avoine. On peut compter qu'il ne faut, par jour, qu'un fagot de paille d'avoine, pesant vingt-cinq kilogrammes [cinquante livres], pour vingt moutons de taille médiocre, si on relève, après chaque repas, celle qui est tombée du râtelier.

D. Quelle quantité de foin faut-il donner aux moutons?

R. La quantité de foin nécessaire à un mouton, dépend, comme la quantité de la paille, de la hauteur de la taille de l'animal et de la qualité du foin. Il faut donner chaque jour, à un mouton de taille médiocre, un kilogramme [deux livres] de foin commun, tiré d'une bonne prairie. Cette quantité suffit, si l'on a soin de remettre au râtelier le foin qui en est tombé. Le mouton mange chaque jour, suivant les épreuves qui ont été faites près de Montbard, un kilogramme [deux livres] de foin, moins environ neuf décagrammes [trois onces] qu'il ne trouve pas bons à manger. Il en resterait plus ou moins, si le foin était plus gros ou plus fin que celui qui a été employé pour cette épreuve. Ainsi, on peut compter qu'il faut une botte de foin du poids de cinq kilogrammes [dix livres], tirée d'une bonne prairie, pour cinq moutons, si on relève, après chaque repas, celui qui est tombé du râtelier.

D. Dans les hivers où il n'y a point de neige qui empêche les bêtes à laine d'aller pâturer dans la campagne, suffit-il de leur donner de la paille?

R. Cette nourriture ne leur suffirait que jusqu'au mois de nivôse [janvier], dans les pays où l'hiver est rude, parce qu'alors il n'y a plus guère de bonnes herbes dans la campagne. Il faut y suppléer, en mêlant avec la paille un peu de foin ou d'autres bonnes nourritures, telles que les chaillats de pois, de haricots, de vesce ou de lentilles. On a remarqué, depuis long-temps, que le chaillat de féves est plus sec que le chaillat de pois, et qu'il faut le donner aux bêtes à laine, le soir, dans les temps humides et pluvieux.

D. En quel temps cesse-t-on de donner à manger aux moutons?

R. On cesse de donner du fourrage aux moutons dans le printemps, lorsqu'ils commencent à trouver dans la campagne une suffisante quantité d'herbes pour leur nourriture, et lorsqu'ils sont bien ronds, c'est-à-dire, bien remplis, en revenant, le soir, à la bergerie; mais tant que l'on voit qu'ils n'ont pris à la campagne qu'une partie de la nourriture qui leur est nécessaire, il faut suppléer à ce qui leur manque, en leur donnant du fourrage au râtelier.

D. Quelle quantité d'herbe un mouton mange-t-il en un jour?

Manière de nourrir les Moutons. 95

R. Un mouton de taille médiocre a mangé chaque jour, suivant l'épreuve qui en a été faite, près de quatre kilogrammes [huit livres] d'herbe tirée d'un bon pré. On a fait perdre à cette herbe environ les trois quarts de son poids en la faisant faner ; quatre kilogrammes [huit livres] d'herbe se sont réduites à environ un kilogramme [deux livres] de foin. Ainsi, des moutons de taille médiocre mangent à-peu-près quatre kilogrammes [huit livres] d'herbe en un jour, ou environ un kilogramme [deux livres] de foin dans le même espace de temps. Mais lorsqu'ils ne mangent que de l'herbe, ils ne boivent que peu ou point du tout ; et lorsqu'ils sont au sec, ils boivent une plus grande quantité d'eau.

D. Quelle est la meilleure eau pour les moutons ?

R. L'eau des rivières et des ruisseaux qui coulent continuellement, est la meilleure. L'eau des lacs et des étangs coule en partie ; elle est préférable à l'eau des marais, qui ne coule point du tout : il n'y faut abreuver les moutons que lorsqu'il est impossible d'avoir de meilleure eau. La plus mauvaise est celle qui croupit dans les marais, dans les mares, dans les fossés, les sillons, &c. Lorsqu'on est obligé de donner aux moutons de l'eau de puits ou de citerne, il faut l'exposer à l'air pendant quelque temps avant de la leur donner. Les eaux croupies et corrompues sont très-nuisibles aux moutons, et peuvent les faire mourir.

D. Quelle quantité d'eau les moutons boivent-ils ?

R. Ils boivent peu quand ils sont en bonne santé. Lorsqu'on voit un mouton courir à l'eau avec trop d'avidité, c'est signe qu'il est malade ou qu'il le deviendra bientôt. Les moutons ne boivent que très-peu dans les temps où les herbes sont le plus succulentes; ils boivent davantage dans les grandes sécheresses, les grandes chaleurs, les grands froids, et lorsqu'on ne leur donne que des nourritures sèches. Alors un mouton d'environ cinquante-quatre centimètres [vingt pouces] de hauteur, boit depuis cinq hectogrammes [une livre] jusqu'à deux kilogrammes [quatre livres] d'eau par jour; mais il y a des jours où il n'en
boirait

Manière de nourrir les Moutons. 97

boirait point, quoiqu'on lui en présentât. On sait, par des expériences faites près de Montbard, que plusieurs moutons nourris d'un mélange de paille et de foin, au fort de l'hiver, sont restés dans une étable fermée, pendant trente jours, sans boire, et qu'on ne leur a reconnu d'autre incommodité que la soif.

D. En quel temps fait-on boire les moutons ?

R. Il y a, sur cela, des pratiques bien différentes les unes des autres : dans plusieurs pays on les fait boire deux fois le jour; dans d'autres pays, on les abreuve une fois chaque jour ; dans d'autres, une fois en deux jours, ou en quatre jours, ou en six, huit, dix ou quinze jours, &c. : ces pratiques changent suivant les saisons et les différentes nourritures ; mais il n'y a point de règle établie sur de bonnes raisons. Cependant on a reconnu, par des expériences, qu'il ne fallait pas abreuver les moutons deux fois le jour, parce qu'ils boivent plus d'eau chaque jour, en plusieurs fois, qu'en une seule. Lorsqu'il y a de l'eau dans le voisinage, et lorsque le troupeau est sain, conduisez-le à l'eau une fois chaque jour ; mais

G

ne l'arrêtez pas ; menez-le doucement. Les bêtes qui auront besoin de boire s'arrêteront ; les autres passeront sans boire. Moins une bête à laine boit, mieux elle se porte.

D. Comment faut-il faire lorsque l'eau est si loin que l'on ne peut pas y conduire le troupeau sans le fatiguer ?

R. Il suffit d'y conduire le troupeau une fois en deux ou trois jours, suivant la nourriture et la saison. Mais il ne faut jamais trop tarder à abreuver les moutons, parce qu'ils boivent en un jour presque autant d'eau qu'ils en auraient bu dans les jours précédens qu'ils ont passés sans boire. Cette grande quantité d'eau prise tout-à-la-fois leur fait plus de mal que s'ils l'avaient prise en plusieurs fois et à différens jours. Cet excès cause les épanchemens d'eau auxquels les bêtes à laine sont très-sujettes par leur tempérament.

D. La neige que mangent les moutons leur fait-elle du mal ?

R. Non. On l'a éprouvé de la manière suivante. On a gardé des moutons, près de Montbard, pendant plusieurs jours de suite,

Manière de nourrir les Moutons. 99

dans une étable fermée, sans les laisser sortir : on ne les a nourris, pendant ce temps, que de paille et de foin, sans leur donner à boire; ensuite on les a menés dans la campagne pendant plusieurs jours, lorsqu'elle était couverte de neige. Ils en ont mangé beaucoup, parce qu'ils étaient fort altérés; ils n'en ont eu aucun mal.

D. Pourquoi la rosée ou la gelée blanche, qui sont sur l'herbe, font-elles du mal aux moutons, tandis que la neige ne leur en fait point ?

R. Il paraît que la neige ne fait point de mal aux moutons, parce qu'ils n'en trouvent que dans les temps où ils sont altérés et échauffés par des nourritures sèches. Au contraire, il n'y a de rosées et de gelées blanches que dans les temps où les bêtes à laine, se nourrissant d'herbes fraîches, ne sont ni altérées ni échauffées : alors les herbes chargées de rosée ou de gelée blanche, les refroidissent, leur causent des indigestions, ou leur donnent le dévoiement; ils répugnent à les manger, mais ils mangent la neige avec avidité.

D. Faut-il donner du sel aux moutons ?

R. Les moutons qui sont dans un pays sec, et qui se portent bien, peuvent se passer de sel. On voit des troupeaux en très-bon état dans les pays où on ne donne point de sel aux moutons. Mais dans les pays marécageux, où ils sont sujets à la pourriture et aux autres maladies causées par l'eau, et dans tous les pays, lorsque les bêtes à laine sont attaquées de ces maladies, le sel pourrait peut-être les en préserver ou les guérir.

D. Quels sont les effets du sel sur les moutons?

R. Le sel leur donne de l'appétit et de la vigueur; il les réchauffe et il les fait digérer; il empêche les obstructions, et il fait couler les eaux superflues, qui sont la cause de la plupart de leurs maladies.

D. En quel temps faut-il donner du sel aux moutons?

R. Lorsqu'ils sont languissans et dégoûtés; ce qui arrive le plus souvent dans les temps de brouillard, de pluie, de neige ou de grands froids, et lorsqu'ils n'ont que des nourritures sèches.

Manière de nourrir les Moutons.

D. Faut-il donner souvent du sel aux moutons ?

R. Dans quelques pays on leur donne du sel tous les quinze jours ; dans d'autres, tous les huit jours pendant l'hiver ; mais il vaut mieux ne leur en donner que lorsqu'on voit qu'ils en ont besoin.

D. Combien donne-t-on de sel chaque fois ?

R. Une petite poignée à chaque bête tous les quinze jours, cinq hectogrammes [une livre] pour vingt, tous les huit jours ; c'est environ deux décagrammes [six gros] pour chaque bête. Si l'on en donnait tous les jours, ce serait assez de la moitié ; trop de sel pourrait les échauffer et leur faire du mal.

D. Comment donne-t-on le sel aux moutons ?

R. On l'étend dans les auges, après l'avoir un peu broyé. Dans quelques pays, on le met sur des pierres plates, dans la campagne où l'on mène paître le troupeau. On répand le sel sur le fourrage, ou l'on arrose ce fourrage avec de la saumure, ou de l'eau dans laquelle on a fait fondre du sel.

VIII.ᵉ LEÇON.

Sur les alliances des Bêtes à laine, et sur leur amélioration.

D. Quelles précautions faut-il prendre pour tirer un bon produit des alliances des bêtes à laine ?

R. Il ne faut donner le belier aux brebis que dans le temps qui est le plus favorable pour l'accouplement, et qui répond le mieux à la saison où les agneaux prennent un bon accroissement. On doit choisir les beliers et les brebis les plus propres à perfectionner l'espèce, soit pour la taille, soit pour la laine. Il faut séparer les beliers des brebis, lorsqu'il est à craindre qu'ils ne s'accouplent trop tôt.

D. Quel est le temps le plus favorable pour l'accouplement des bêtes à laine, et qui répond le mieux à la saison où les agneaux prennent un bon accroissement ?

R. Ce temps n'est pas le même par-tout; il dépend du froid des hivers et de la chaleur des étés dans les différens pays où sont les troupeaux.

Alliances des Bêtes à laine.

D. Quelles règles faut-il suivre dans ces différens pays pour le temps des alliances ?

R. Plus les hivers sont rigoureux, plus il faut retarder le temps des accouplemens. On ne doit les permettre, dans nos départemens septentrionaux, qu'en fructidor ou vendémiaire [septembre ou octobre], afin que les agneaux ne naissent qu'aux mois de pluviôse et ventôse [février et mars], et ne soient pas exposés aux grands froids, qui retarderaient leur accroissement dans le premier âge, parce qu'ils n'auraient que de mauvaises nourritures s'ils étaient nés plutôt. Au contraire, dans les pays où les hivers sont doux et les étés fort chauds, il faut avancer les accouplemens en donnant les beliers aux brebis dès le mois de prairial ou de messidor [juin ou juillet], afin d'avoir des agneaux dans le mois de vendémiaire ou de brumaire [octobre ou novembre]. Ils n'ont rien à craindre de l'hiver ; ils trouvent une bonne nourriture dans cette saison, et ils deviennent assez forts pour résister aux grandes chaleurs de l'été. Ils ont beaucoup plus de laine dans le temps de la tonte, et ils sont beaucoup plus grands à la fin de l'année, que s'ils n'étaient venus qu'après l'hiver.

D. Peut-on faire accoupler les beliers et les brebis quand on veut, pour avoir des agneaux plutôt ou plus tard en différens pays?

R. Les approches du belier disposent les brebis à le recevoir; elles y sont disposées d'elles-mêmes beaucoup plutôt dans les pays chauds que dans les pays froids. Quoique les beliers soient toujours dans les troupeaux, il est rare, dans les départemens septentrionaux, de voir des agneaux au mois de nivôse [janvier] : la plupart ne viennent qu'au mois de pluviôse [février]. Dans les départemens méridionaux, il y en a dès le mois de vendémiaire [octobre], et ils sont presque tous nés avant le mois de nivôse [février].

D. Lequel de ces usages, qui sont bons, les uns pour les pays chauds, et les autres pour les pays froids, faut-il suivre dans les pays tempérés où l'hiver est doux dans quelques années, et très-froid dans d'autres?

R. Le plus sûr est d'attendre le mois de vendémiaire [octobre] pour donner le belier aux

Alliances des Bêtes à laine.

brebis, parce que l'on courrait le risque de perdre beaucoup d'agneaux, si l'hiver était très-froid, et qu'ils vinssent à naître dans les mois de frimaire ou de nivôse [décembre ou janvier].

D. Les beliers qui n'ont point de cornes sont-ils aussi bons que ceux qui en ont?

R. On doit préférer les beliers qui n'ont point de cornes, parce qu'ils tiennent moins de place au râtelier, et qu'on a moins à craindre qu'ils ne blessent quelqu'un, qu'ils ne soient blessés eux-mêmes en se battant à coups de tête les uns contre les autres, et qu'ils ne fassent du mal aux autres bêtes du troupeau, sur-tout aux brebis pleines. D'ailleurs, les agneaux qu'ils produisent ont la tête moins grosse que ceux qui viennent des beliers cornus, et fatiguent moins la mère lorsqu'elle met bas. Mais dans les pays où l'on enferme les moutons par des clôtures de haies, on préfère ceux qui ont des cornes, parce qu'elles les empêchent de passer à travers les haies, et de perdre de leur laine en les traversant.

D. A quel âge les beliers sont-ils en état de produire de bons agneaux?

R. Depuis l'âge de dix-huit mois jusqu'à sept ou huit ans; c'est à trois ans qu'ils sont le plus vigoureux. Lorsqu'on fait accoupler des beliers de dix-huit mois ou deux ans, il faut choisir les plus forts. Dès l'âge de six mois ils pourraient saillir les brebis; mais n'ayant pas encore pris assez d'accroissement, ils ne produiraient que de faibles agneaux : passé huit ans, ils sont trop vieux.

D. Combien faut-il donner de brebis à un belier ?

R. Il faut donner plus de brebis aux beliers jeunes et vigoureux qu'à ceux qui sont vieux et faibles. On dit qu'un bon belier peut servir cinquante ou soixante brebis : mais pour conserver un belier sans l'affaiblir, et pour avoir de forts agneaux qui ne dégénèrent pas de l'espèce du belier, il ne lui faut donner que quinze ou vingt brebis *.

---

* Ce nombre est trop peu considérable. On a l'exemple d'un belier qui, enfermé par hasard dans une bergerie de soixante brebis, les féconda toutes en une seule nuit; ainsi, en prenant un terme moyen, on peut au moins donner trente ou quarante brebis à chaque belier (HUZARD).

Alliances des Bêtes à laine.

D. Quelles précautions faut-il prendre pour que le belier ne donne point de mauvaises qualités aux agneaux qu'il produit?

R. Il faut n'employer que des beliers de bonne taille, bien sains et couverts de bonne laine.

D. A quel âge faut-il faire saillir les brebis?

R. Depuis l'âge de dix-huit mois jusqu'à huit ans. Dès l'âge de six mois elles donnent des signes de chaleur et elles peuvent recevoir le mâle; mais elles sont trop jeunes pour produire de bons agneaux, et passé huit ans elles sont trop vieilles: cependant on en voit qui font de bons agneaux dans un âge plus avancé *. Les brebis sont dans leur plus grande force à quatre ans.

D. Quels défauts et quels vices la brebis peut-elle communiquer à son agneau?

R. Ceux de sa taille et de sa laine, et plusieurs maladies. L'agneau participe aux mauvaises qualités de la brebis et du belier dont

---

* Nous avons vu, à la bergerie de Rambouillet, des brebis venues d'Espagne en 1786, et qui avaient alors au moins deux ans, donner encore des agneaux de bonne qualité en l'an 6 et 7: elles avaient alors au moins seize à dix-sept ans (HUZARD).

il vient. Il faut choisir pour l'accouplement les bêtes blanches, ou celles qui n'ont que la face et les pieds tachés.

D. Que faut-il faire pour relever la taille des bêtes à laine ?

R. Il faut choisir les brebis les plus grandes du troupeau, et leur donner des beliers qui soient encore plus grands qu'elles. Dès la première génération les agneaux deviendront plus grands que les mères, presqu'aussi grands que les pères, et quelquefois plus grands.

D. Quelles preuves a-t-on de cet accroissement de la taille des bêtes à laine ?

R. On a fait accoupler des beliers de soixante-dix-sept centimètres [vingt-huit pouces] de hauteur avec des brebis de cinquante-quatre centimètres [vingt pouces]; les agneaux qu'ils ont produits sont parvenus en grandissant jusqu'à soixante-quatorze centimètres [vingt-sept pouces] de hauteur.

D. Comment peut-on améliorer la laine ?

R. Il y a deux sortes d'améliorations pour les laines : on peut les rendre plus longues ou plus fines.

Alliances des Bêtes à laine.

D. Que faut-il faire pour rendre les laines d'un troupeau plus longues?

R. Il faut choisir dans le troupeau les brebis qui ont la plus longue laine, et les faire accoupler avec des beliers qui aient la laine encore plus longue; celle des agneaux qu'ils produiront, deviendra plus longue que la laine des mères, et quelquefois plus longue que celle des pères.

D. Quelle preuve a-t-on de cet accroissement de la laine en longueur?

R. On a donné des beliers dont la laine avait seize centimètres cinq millimètres [six pouces] de longueur, à des brebis dont la laine n'était lougue que de huit centimètres [trois pouces]: celle des bêtes qui sont venues de ces alliances, avait jusqu'à quinze centimètres [cinq pouces et demi] de longueur. En donnant aux brebis, à toutes les générations, des beliers dont la laine était plus longue que la leur, on est parvenu, en Angleterre, à avoir des laines longues de soixante centimètres [vingt-deux pouces]. On aurait peine à croire cette grande amélioration, si l'on n'avait vu cette laine et mesuré la longueur de ses filamens.

D. Comment peut-on rendre la laine plus fine ?

R. Il faut choisir dans le troupeau que l'on veut améliorer, les brebis qui ont la laine la moins grosse, et leur donner des beliers qui aient une laine plus fine. Les bêtes qu'ils produisent ont la laine moins grosse que celle des mères, et quelquefois aussi fine et même plus fine que la laine des pères.

D. Quelle preuve a-t-on de cette amélioration de la laine, en finesse ?

R. On a donné des beliers qui avaient une laine fine à des brebis à laine grosse : celle des agneaux qu'ils ont produits, est devenue de qualité moyenne entre le fin et le gros. Des brebis à laine moyenne ayant été alliées avec des beliers à laine superfine, leurs agneaux ont eu une laine fine. Quelquefois la laine des agneaux a surpassé en finesse celle des beliers qui les avaient produits.

D. Quelles races de bêtes à laine a-t-on améliorées par ces alliances, et à quel degré de finesse ?

R. On a amélioré au degré de superfin, des races d'Angleterre, des départemens du Nord,

Alliances des Bêtes à laine.

de la Côte-d'Or, des Pyrénées-orientales et du royaume de Maroc, par des beliers du département des Pyrénées-orientales, sans avoir des beliers d'Espagne.

D. Peut-on faire voir les preuves d'une amélioration si importante?

R. Il y en a des preuves convaincantes dans un troupeau de trois cents bêtes de différentes races qui ont des laines superfines, quoiqu'elles viennent de brebis à grosses laines, la plupart jarreuses : ces brebis ont été accouplées avec des beliers du département des Pyrénées-orientales. Le troupeau ainsi amélioré est dans le département de la Côte-d'Or, près de la ville de Montbard.

D. Les agneaux améliorés avaient donc été mieux nourris et mieux soignés que leurs pères?

R. Ils n'avaient pas été mieux nourris ; mais on les avait laissés à l'air, nuit et jour, pendant toute l'année, au lieu de les renfermer dans des étables.

D. Comment peut-on rendre la production de la laine plus abondante?

R. Pour augmenter le poids des toisons il

faut avoir des beliers qui portent plus de laine que ceux du troupeau qu'on veut améliorer : la toison des agneaux qui en viendront sera proportionnée à celle de leurs pères.

D. Quelles preuves a-t-on de cette amélioration de la laine, en quantité?

R. On a fait les expériences suivantes dans un canton où les pâturages sont maigres, et où les moutons et les beliers ne portent communément que cinq à six hectogrammes [une livre ou cinq quarterons] de laine lavée à dos, et les brebis deux hectogrammes sept décagrammes [trois quarterons].

On a donné à ces brebis des beliers qui avaient environ un kilogramme cinq hectogrammes [trois livres] de laine; leurs agneaux en ont eu à la seconde année un kilogramme [deux livres], et jusqu'à un kilogramme deux hectogrammes [deux livres et demie].

Un belier flandrin dont la toison pesait deux kilogrammes sept hectogrammes cinq décagrammes [cinq livres dix onces], ayant été allié à une brebis du département des Pyrénées-orientales qui n'avait qu'un kilogramme quatre décagrammes

Alliances des Bêtes à laine. 113

décagrammes [deux livres deux onces] de laine, a produit un agneau mâle qui, dans sa troisième année, en portait deux kilogrammes six hectogrammes [cinq livres quatre onces six gros]. Ce belier avait été bien nourri ; car il ne faut pas espérer qu'avec des pâturages et des fourrages peu abondans, les moutons puissent avoir des toisons d'un grand poids.

D. Peut-on faire produire par des brebis jarreuses, des agneaux qui n'aient point de jarre?

R. Si l'on fait accoupler une brebis médiocrement jarreuse avec un belier qui n'ait point de jarre, l'agneau qu'ils produiront ne sera pas jarreux. Si la brebis a beaucoup de jarre, son agneau en aura aussi, mais en moindre quantité. Si cet agneau est une femelle qui soit accouplée dans la suite avec un belier sans jarre, leur agneau n'en aura point. On a eu plusieurs preuves de cette amélioration après avoir fait accoupler exprès des brebis jarreuses avec des beliers sans jarre *.

---

* Lorsque le troupeau à laine fine est arrivé d'Espagne à Rambouillet, en 1786, une grande partie des animaux

D. Peut-on rendre l'amélioration des bêtes à laine plus prompte et plus profitable, en achetant des beliers de haut prix ?

R. Pour toutes les améliorations des bêtes à laine, les beliers les plus parfaits améliorent le plus promptement et donnent le plus de profit : il ne faut donc pas épargner l'argent pour faire venir des beliers de loin. On peut compter d'avance ce que l'on pourra gagner sur les agneaux qu'ils produiront, par l'amélioration de leur taille et de leur laine en quantité et en qualité : on ne sera pas surpris qu'un belier dont la laine avait jusqu'à soixante-trois centimètres [vingt-trois pouces] de longueur, ait été vendu douze cents francs en Angleterre. Jamais l'amélioration des troupeaux ne se soutiendra dans un pays où les bons beliers ne seront pas de grand prix : il faudrait au moins

---

avaient du jarre; il a disparu dans les générations suivantes. La colonie qui vient d'arriver en ce moment à Rambouillet, et qui fait partie du troupeau à laine fine acheté par *Gilbert*, a aussi du jarre, qui disparaîtra certainement comme le premier. Ce fait prouve que, même sans croisement, avec des soins multipliés, on peut faire disparaître le jarre dans les espèces à laine fine (HUZARD).

qu'ils se vendissent plus cher que les plus beaux moutons, afin d'engager les propriétaires de troupeaux à garder les meilleurs agneaux pour en faire des beliers. On serait plus sûr d'avoir ces beliers, si l'on donnait des arrhes au propriétaire pour l'empêcher de faire couper ou de vendre les agneaux que l'on aurait choisis : il vaudrait encore mieux les acheter, afin de les bien nourrir jusqu'au temps où ils seraient en état de servir. Il faudrait aussi que les communes missent de bons beliers dans leurs troupeaux.

D. Pourquoi les bons beliers sont-ils plus nécessaires que les bonnes brebis pour l'amélioration des troupeaux ?

R. Un belier produit chaque année au moins quinze ou vingt agneaux *, tandis qu'une brebis n'en a ordinairement qu'un seul : il faudrait donc quinze ou vingt fois plus de brebis qu'il ne faut de beliers pour avoir la même amélioration.

---

* On a vu ci-devant que la production des beliers était au moins du double (HUZARD).

D. Peut-on améliorer une race de bêtes à laine sans faire de dépense ?

R. On peut éviter la dépense ; mais il faut beaucoup de temps ; l'amélioration se fait peu à peu. Si l'on choisit tous les ans les meilleurs agneaux mâles pour être des beliers lorsqu'ils seront en bon âge, et les meilleurs agneaux femelles pour les accoupler dans la suite avec les beliers de choix, chaque génération sera meilleure que celle qui l'aura précédée ; mais les progrès seront lents.

D. Y a-t-il un moyen d'amélioration plus prompt avec peu de dépense ?

R. Il faudrait acheter des beliers d'une race meilleure que celle que l'on veut améliorer : on peut trouver de ces beliers dans le voisinage ; alors il n'en coûte pas beaucoup. Si l'on est obligé de les aller chercher un peu plus loin, ce n'est encore qu'une petite dépense ; cependant on y gagne bien du temps pour l'amélioration, parce que ces beliers ayant des qualités supérieures à celles des brebis les mieux choisies de la race que l'on veut perfectionner, et étant accouplés avec elles, produisent des agneaux

Alliances des Bêtes à laine. 117

qui ont de meilleures qualités que s'ils étaient venus des beliers de la race de leurs mères.

D. L'amélioration des bêtes à laine peut-elle être plus prompte par une plus grande dépense?

R. Si l'on fait venir des beliers des meilleures races qui soient en France ou dans les pays étrangers, la dépense sera plus grande, mais l'amélioration ira beaucoup plus vîte. Les beliers auront de meilleures qualités que ceux que l'on aurait eus à moindres frais de pays moins éloignés, et ils perfectionneront mieux la race qui viendra des brebis avec lesquelles ils seront accouplés.

D. Les agneaux qui viennent de brebis de qualité inférieure à celle des beliers, sont-ils tous de meilleure qualité que leurs mères?

R. Ils ne réussissent pas tous également; il y a dans leur amélioration beaucoup de différences : elles viennent de celles qui se trouvent dans la santé des pères et des mères et même des agneaux, dans la quantité et la qualité de leurs nourritures, dans la saison plus ou moins chaude ou froide, plus ou moins pluvieuse;

et d'autres circonstances qui peuvent faire que l'agneau dégénère au lieu de s'améliorer ; mais l'amélioration ne manque pas si elle n'est arrêtée par des circonstances malheureuses.

D. Comment faut-il faire pour continuer l'amélioration d'une race de bêtes à laine, de génération en génération ?

R. On choisira parmi les femelles de la première génération, celles qui sont le plus améliorées, pour les accoupler avec le belier qui les a produites ; si l'on peut avoir pour cet accouplement un autre belier plus parfait, il doit être préféré : on agira de même à chaque génération. Il ne faut pas faire servir le même belier pour plus de deux ou trois générations ; mais on ne le changera que pour un autre qui soit meilleur ou au moins aussi bon.

D. Lorsqu'une race de bêtes à laine est améliorée au point que l'on desirait, comment peut-on la maintenir dans cet état ?

R. Il faut la bien loger, la bien nourrir, guérir les maladies, tâcher de les prévenir. Il faut aussi avoir grand soin de ne faire accoupler que les meilleurs beliers et les meilleures brebis, tant pour la taille, pour la quantité et la qualité de la laine, que pour la bonne santé ; car il n'y a rien de bon à espérer d'une brebis, et principalement d'un belier, qui sont faibles ou de mauvaise santé.

D. Quand une race de bêtes à laine a été améliorée dans un canton, comment faut-il faire pour la répandre dans tout le pays ?

R. Il faut prendre dans ce canton des beliers et même des brebis de la race améliorée pour les établir en différens endroits du pays.

D. Ne faudrait-il pas aussi faire venir des brebis avec les beliers lorsqu'on voudrait avoir une race d'un pays éloigné ou d'un pays étranger ?

R. La dépense serait plus grande que si l'on ne faisait venir que des beliers : il est vrai que l'on gagnerait du temps, puisque l'on aurait la race parfaite dès la première génération ; mais il y aurait plus de risque pour le succès de l'entreprise, que si l'on ne faisait venir que des beliers sans brebis. Il faut que non-seulement les beliers, mais aussi les brebis, ne trouvent dans le pays où ils ont été amenés, rien qui leur soit nuisible, ni aux agneaux qu'ils produiront : au lieu qu'en accouplant des beliers étrangers avec des brebis du pays, il n'y a de risque que pour les beliers ; les agneaux qui viennent de ce mélange ont déjà le tempérament à demi fait au pays, puisque leurs mères en sont.

D. A quel âge et en quelle saison faut-il faire voyager les bêtes à laine ?

R. Le meilleur âge pour faire voyager les bêtes à laine, est celui où elles ont pris la plus grande partie de leur accroissement : c'est à deux ans. La meilleure saison est lorsqu'il ne fait pas trop chaud, lorsque la terre n'est ni gelée ni mouillée, lorsqu'il y a de l'herbe sur les chemins pour servir de pâture, et lorsque les brebis ne sont pas pleines et n'allaitent pas leurs agneaux. D'après ces considérations, il faut prendre le temps le plus favorable, par rapport à la longueur de la route et au pays que les moutons doivent traverser.

D. Comment faut-il gouverner les bêtes à laine lorsqu'on les fait passer d'un pays dans un autre ?

Alliances des Bêtes à laine.

R. Il faut les mener doucement sans les échauffer ni les fatiguer. On doit les faire reposer à l'ombre dans le milieu du jour, lorsqu'il fait chaud. Il faut les laisser paître chemin faisant. Quand ces animaux sont arrivés au gîte, on leur donne du fourrage s'ils n'ont pas le ventre assez rempli, et de l'avoine pour les fortifier. Ils peuvent faire deux ou trois myriamètres [quatre, cinq ou six lieues moyennes] chaque jour ; mais lorsqu'ils paraissent fatigués, il est nécessaire de les faire séjourner pour les reposer.

D. Comment faire manger le fourrage aux moutons lorsqu'il n'y a point de râteliers ?

R. On attache plusieurs bottes à une corde par un nœud coulant, et on les suspend à la hauteur des moutons : ils se placent autour du fourrage ; à mesure qu'ils en mangent, le nœud se serre et empêche que le reste du foin ne tombe.

D. Quelles précautions faut-il prendre lorsqu'on établit des bêtes à laine dans un pays nouveau pour elles ?

R. Si elles ne viennent pas de loin, il y a

peu de précautions à prendre ; mais si on les a tirées d'un pays éloigné, on doit s'informer de la manière dont elles y étaient nourries et conduites au pâturage. Il faut tâcher de les gouverner de la même manière, et de leur donner les mêmes nourritures. Si l'on est obligé à quelque changement, on ne le fera que peu à peu et avec prudence.

On voit par les préceptes contenus dans cette Leçon, que l'usage de laisser les beliers dans les troupeaux est assez général, et que *Daubenton* indique même de les en séparer lorsqu'on craint que l'accouplement n'ait lieu trop tôt. Je dois dire ici que cette méthode, quelque répandue qu'elle soit, est mauvaise. Les beliers fatiguent les brebis, soit avant la monte, soit pendant qu'elles portent leurs agneaux ; ils les font venir souvent en chaleur. Il y a toujours plus de brebis infécondes et plus d'avortemens dans les troupeaux où les beliers restent toute l'année avec les brebis, que dans ceux où ils sont séparés. Les beliers eux-mêmes se fatiguent beaucoup plus et s'usent plus vîte que lorsqu'ils sont tenus à part. Cette mesure est donc indispensable, sur-tout pour les troupeaux à laine fine, ou en amélioration, et elle est généralement en usage aujourd'hui. Si elle exige quelque dépense de plus, les propriétaires en sont bien dédommagés par la plus longue durée des animaux, et par le plus grand nombre d'agneaux qu'ils obtiennent annuellement (HUZARD).

IXe LEÇON.

Sur les Brebis.

D. Quelles précautions faut-il prendre pour l'accouplement des bêtes à laine?

R. On doit faire un bon choix des beliers et des brebis pour améliorer les races ou pour les empêcher de dégénérer. Il faut sur-tout ne prendre pour l'accouplement que des bêtes en bonne santé et en bon âge. Si l'on s'aperçoit que des brebis refusent le mâle, on peut leur donner quelques poignées d'avoine ou de chenevis, ou une provende composée d'un oignon (1) ou de deux gousses d'ail (2), coupés en petits morceaux et mêlés avec deux poignées de son et quinze grammes [une demi-once] de sel, ce qui fait deux pincées. Il faut traiter de même les beliers lorsqu'ils ne sont pas assez ardens?

D. Quel soin faut-il avoir des brebis après l'accouplement?

R. Il faut les préserver de tout ce qui peut

---

(1) *Allium cepa.* L.   (2) *Allium sativum.* L.

faire mourir l'agneau dans le ventre de la mère ou la faire avorter. La mauvaise nourriture, la fatigue, les sauts, la compression du ventre, la trop grande chaleur, la frayeur, peuvent causer ces accidens, qui ne sont que trop fréquens.

D. Comment peut-on prévenir les accidens qui causent l'avortement?

R. On ne peut pas prévenir la frayeur que cause un coup de tonnerre, ou l'approche d'un loup; mais on peut empêcher que les chiens, les beliers ou d'autres animaux n'épouvantent les brebis. Il faut les bien nourrir, les conduire doucement, ne les pas mettre dans le cas de sauter des fossés, des rochers, des haies, &c. de se serrer les unes contre les autres, ou de se heurter contre des portes, des murs, des pierres ou des arbres.

D. Combien de temps les brebis portent-elles?

R. Environ cent cinquante jours, qui font à peu près cinq mois.

D. Comment connaît-on qu'une brebis est près de mettre bas?

R. On le connaît par le gonflement des

Sur les Brebis.

parties naturelles, par celui du pis qui se remplit de lait, et par un écoulement de sérosité et de glaires qui sortent des parties naturelles, et que les Bergers appellent *les mouillures.*

D. Combien de temps les mouillures durent-elles avant que la brebis mette bas ?

R. Vingt-cinq jours, et quelquefois un mois et plus.

D. Que faut-il faire lorsqu'une brebis souffre trop long-temps sans pouvoir mettre bas ?

R. Il faut tâcher de savoir si les forces lui manquent, ou si au contraire elle a trop de chaleur et d'agitation : dans ce dernier cas il est bon de la saigner. Mais si elle est faible, il faut lui faire boire deux verres de piquette, ou de boisson, ou de bière, ou de cidre, ou de poiré : de tous ces breuvages on doit préférer celui qui est le moins cher dans le pays où l'on se trouve. On peut aussi donner à la brebis la provende qui a été conseillée pour exciter la chaleur dans le temps de l'accouplement. Mais avant d'employer ces remèdes, il faut être bien sûr que l'accouchement n'est retardé que par la faiblesse de la mère ; ils lui seraient très-contraires, si au lieu d'être trop faible elle était trop agitée.

D. Par quels signes peut-on connaître qu'une brebis est trop échauffée et trop agitée ?

R. Par les oreilles plus chaudes et le pouls plus prompt que dans les autres brebis, par la langue et les lèvres sèches, le battement des flancs, &c.

D. Que faut-il faire lorsqu'une brebis agnèle ?

R. Il n'y a rien à faire si l'agneau se présente bien et sort facilement ; mais s'il reste trop long-temps au passage, il faut l'aider à sortir en le tirant peu à peu et doucement. On ne doit le tirer que dans le temps où la brebis fait elle-même des efforts pour le pousser au-dehors.

D. Que faut-il faire lorsque l'agneau se présente mal ?

R. Il faut tâcher de changer sa mauvaise situation, et de le retourner pour le mettre en état de sortir.

D. Quelle doit être la situation de l'agneau dans le ventre de la mère, près du terme, pour qu'il sorte aisément ?

R. Il faut qu'il présente le bout du museau à l'ouverture de la matrice ou portière, et qu'il ait les deux pieds de devant au-dessous du museau et un peu en avant ; ses deux jambes de derrière sont repliées sous son ventre et s'étendent en arrière à mesure qu'il sort de la matrice.

D. Quelles sont les mauvaises situations les plus fréquentes qui empêchent l'agneau de sortir de la matrice ?

R. 1.º La mauvaise situation de la tête, lorsque l'agneau, au lieu de présenter le bout du museau à l'ouverture de la matrice, présente quelque partie du sommet ou des côtés de la tête, tandis que le bout du museau est tourné de côté ou en arrière.

2.º La mauvaise situation des jambes de devant, qui au lieu d'être étendues en avant de façon que les pieds se trouvent à l'ouverture de la matrice avec le museau, sont pliées sur le cou ou étendues en arrière.

3.º La mauvaise situation du cordon ombilical lorsqu'il passe devant l'une des jambes.

D. Que peut faire le Berger pour changer ces mauvaises situations ?

R. Lorsqu'il sent à l'ouverture de la matrice toute autre partie de la tête de l'agneau que le museau, il doit tâcher de repousser la tête en arrière et d'attirer le museau à l'ouverture de la matrice. Il est nécessaire que le Berger frotte ses doigts avec de l'huile pour faire cette opération sans blesser la brebis ni l'agneau. S'il ne voit pas les pieds de devant, il faut qu'il tâche de les trouver et de les attirer à l'ouverture de la matrice. Si les jambes de devant sont étendues en arrière, il faut que le Berger tâche de faire sortir la tête, ensuite qu'il essaie d'attirer les deux jambes de devant ensemble ou seulement l'une après l'autre, pour empêcher que les épaules ne forment un trop grand obstacle à la sortie du corps de l'agneau. Si les jambes de devant restaient étendues en arrière, on serait obligé de tirer l'agneau avec tant de force pour faire passer les épaules, que l'on courrait risque de le faire mourir. Lorsque le Berger reconnaît que le cordon passe devant l'une des jambes, il doit tâcher de le rompre sans attirer le *délivre*. Le cordon se rompt de lui-même dès que l'agneau est sorti.

D. Qu'est-ce que le *délivre ?*

R. Le délivre est composé des membranes qui enveloppaient l'agneau dans le ventre de la mère; elles tombent quelque temps après que l'agneau est né. Si le délivre ne sort pas de lui-même, le Berger doit tâcher de le tirer doucement; s'il le tirait avec force, il risquerait de le casser, ou de déchirer la matrice, ou de l'attirer au-dehors avec le délivre. Lorsqu'il est sorti, on l'écarte de la mère pour empêcher qu'elle ne le mange.

D. Que faut-il faire à une brebis après qu'elle a mis bas?

R. Quelques heures après que la brebis a mis bas, il faut lui donner un peu d'eau blanche tiède, du son, de l'orge ou de l'avoine, et la meilleure nourriture que l'on pourra trouver dans la saison. On la laisse avec son agneau pendant quelques jours. Tant qu'elle allaite, il faut la bien nourrir.

D. Que faut-il faire pour que la brebis allaite son agneau et le soigne?

R. On comprime les mamelons de la mère, c'est-à-dire les bouts du pis, afin de les déboucher en faisant sortir un peu de lait. Il faut prendre garde si la mère lèche son agneau pour le sécher : lorsqu'elle ne le fait pas, on répand un peu de sel en poudre sur l'agneau et on l'approche de la mère pour l'engager à le lécher par l'appât du sel. Lorsque la saison est humide et froide, on peut, s'il est nécessaire, aider la mère à sécher son agneau, en essuyant cet agneau avec du foin ou avec un linge. Les brebis qui agnèlent pour la première fois, sont plus sujettes que les autres à négliger leurs agneaux ; pour les rendre plus attentives, on les sépare du troupeau et on les enferme quelque part avec leur agneau. Lorsqu'un agneau ne cherche pas de lui-même la mamelle, c'est-à-dire le pis, pour teter, il faut l'en approcher et faire couler du lait de la mamelle dans sa gueule. Lorsqu'une brebis rebute son agneau, l'empêche de teter et le fuit, il faut la tenir en place, et lever une jambe de derrière pour mettre les mamelles à portée de l'agneau.

D. Combien les brebis font-elles d'agneaux d'une même portée ?

R. Ordinairement un seul, quelquefois deux, et très-rarement trois. Il y a des races de brebis qui portent deux fois l'an. On dit que celles des comtés de Juliers et de Clèves portent deux fois, et donnent deux ou trois agneaux chaque fois ; cinq brebis produisent jusqu'à vingt-cinq agneaux en un an *.

D. Que faut-il faire lorsqu'une brebis fait plus d'un agneau d'une même portée ?

R. Si la mère est grasse, si les mamelles sont grosses et bien remplies, si la saison commence à être bonne pour les pâturages, on peut laisser à la mère deux agneaux ; mais il

---

* On sent qu'une pareille fécondité est toujours au détriment des mères, et qu'il suffit, pour l'opérer, d'avoir un plus grand nombre de beliers. Dans les pays où les bêtes à laine sont mal soignées, et où les beliers restent toute l'année dans le troupeau, il y a des agneaux en tout temps, et les brebis font assez constamment deux portées. Cette marche peut être suivie par les propriétaires qui font des agneaux pour la boucherie ; mais elle ne le sera jamais par ceux qui améliorent les espèces et les laines (HUZARD).

faut lui ôter le troisième : on lui ôte même le second si elle est faible, si elle n'a que peu de lait, ou si la saison est mauvaise.

D. Comment fait-on venir du lait aux mères brebis qui n'en ont pas assez ?

R. On leur donne de l'avoine ou de l'orge mêlées avec du son, des raves et des navets, des carottes, des panais ou des salsifis, des pois cuits, des féves cuites, des choux ou du lierre (1), &c.; on les mène dans les meilleurs pâturages. On a remarqué que le changement de pâturage leur donne de l'appétit et leur fait grand bien, pourvu qu'on ne les fasse pas sortir d'un bon pâturage pour les mettre dans un moindre.

D. En quel temps peut-on traire les brebis ?

R. Lorsque l'agneau qu'allaitait une mère brebis, ne peut pas la teter, on tire le lait de la mamelle pour le faire boire à l'agneau. On peut aussi traire les brebis lorsque les agneaux sont morts ou sevrés. Il y a des Bergers allemands qui sèvrent les agneaux à un mois et

---

(1) *Glechoma hederacea.* L.

demi ou deux mois, et qui traient ensuite les mères pendant toute l'année. Dès que les agneaux peuvent paître, il y a des gens qui les séparent des mères sans les sevrer entièrement. Le matin, après avoir trait les mères, ils font venir les agneaux pour teter le peu de lait qui est resté dans les mamelles. Ensuite ils éloignent les agneaux pendant toute la journée. Le soir ils les font revenir pour teter encore après que l'on a trait les brebis. On dit que le peu de lait qui reste à chaque fois, joint à l'herbe des pâturages, suffit pour la nourriture de ces agneaux ; mais si l'herbe n'était pas assez nourrissante, cet usage pourrait être nuisible aux agneaux.

D. Qu'arrive-t-il aux brebis que l'on trait, ou qui allaitent trop long-temps ?

R. L'écoulement du lait les préserve de plusieurs maladies qui pourraient venir d'humeurs trop abondantes ; mais lorsqu'il dure trop long-temps, les brebis maigrissent et dépérissent ; leur laine est en moindre quantité.

D. Quelles sont les brebis que l'on peut traire ?

IX.ᵉ LEÇON. *Sur les Brebis.*

R. On ne risque rien de traire les brebis dont la laine est de mauvaise qualité et de peu de produit. Mais il ne faut pas traire les brebis qui ont de bonne laine, et principalement celles dont on veut relever ou maintenir la race ; cependant, si elles étaient soupçonnées de maladies produites par des humeurs trop abondantes, on pourrait les traire deux ou trois fois par décade [une ou deux fois par semaine] pour faire couler ces humeurs. On croit que cette précaution les préserve de la pulmonie, de la pourriture, &c. Mais il faudrait jeter ce lait comme mal-sain.

D. Que fait-on du lait de brebis ?

R. On l'emploie comme celui de vache ; il rend moins de petit lait ; il est plus gras et plus agréable au goût. Il a plus de parties propres à faire du fromage ; on en fait de très-bons et de très-recherchés, principalement le fromage de Roquefort dans le département de l'Aveyron.

X.ᵉ LEÇON.

Sur les Agneaux.

D. Que faut-il faire lorsqu'un agneau est nouveau né ?

R. Il faut visiter le pis de la mère pour couper la laine, s'il y en a dessus, pour savoir s'il est assez plein de lait, et pour en faire sortir des mamelons afin de voir s'il est bon. Ensuite il faut prendre garde si la mère lèche son agneau, et si l'agneau lui-même la tète.

D. Comment connaît-on si le lait est bon ?

R. On peut croire que le lait est bon, lorsque la mère est en bonne santé, et lorsqu'il est blanc et de bonne consistance, c'est-à-dire, assez épais. Mais lorsqu'il est gluant, bleuâtre, jaunâtre ou clair, il est mauvais.

D. Que faut-il faire si la mère n'a point ou pas assez de lait, si son lait paraît être mauvais, si elle est malade, ou si elle est morte en agnelant ?

R. Il faut donner à l'agneau, pour l'allaiter, une autre mère qui aura perdu le sien, ou une chèvre qui aura du lait.

DIXIÈME LEÇON.

D. Que faire lorsqu'une brebis ne veut pas allaiter un agneau qui ne vient pas d'elle?

R. On dit que l'on peut la tromper en couvrant cet agneau pendant une nuit avec la peau de celui qui est mort, si cette peau est encore fraîche ; quoiqu'on l'ôte le matin, la brebis croit déjà avoir retrouvé son propre agneau. Mais on a éprouvé un moyen plus facile, c'est de frotter seulement l'agneau mort contre celui que l'on veut faire teter à sa place.

D. Que faut-il faire lorsqu'on n'a ni brebis ni chèvre pour allaiter un agneau qui n'a point de mère?

R. On fait boire à cet agneau du lait tiède de brebis, de chèvre ou de vache, d'abord par cuillerée, ensuite par le moyen d'un biberon dont le bec est garni d'un linge, afin que l'agneau puisse sucer ce linge à-peu-près comme le mamelon d'une brebis. On lui présente le biberon aussi souvent qu'il aurait teté la brebis. On le tient dans un lieu un peu chaud pour suppléer à la chaleur qu'il aurait reçue de sa mère, s'il avait été couché contre elle. Il y a des agneaux qui au bout de trois jours peuvent

Sur les Agneaux.

se passer de biberon et boire dans un vase. On commence par faire boire du lait aux agneaux quatre fois par jour, ensuite trois fois, et enfin deux fois, jusqu'à ce qu'ils soient assez forts pour manger de l'herbe.

D. Si l'on n'avait point de lait ou si l'on voulait l'épargner, ne pourrait-on pas donner quelque autre boisson à un agneau ?

R. On pourrait lui donner de l'eau tiède, mêlée de farine d'orge : mais cette boisson est moins nourrissante que le lait.

D. Quelle attention faut-il avoir en faisant boire un agneau au biberon ?

R. Il faut prendre garde que le museau ne soit pas trop élevé, parce que dans cette posture le lait pourrait suffoquer l'agneau en entrant dans le poumon par la trachée-artère, que les Bergers appellent *le cornet*.

D. Que faut-il faire lorsqu'on s'aperçoit qu'un agneau est triste, faible ou maigre ?

R. Le Berger doit observer si la mère est en bonne santé, si son lait est bon, si l'agneau la tète, ou s'il vient quelque autre agneau lui dérober son lait. Il y a des agneaux gourmands qui tètent plusieurs mères les unes après les autres, tandis que les agneaux de ces brebis manquent de nourriture. Il faut veiller soigneusement à ce que tous les agneaux, principalement les plus faibles, tètent leurs mères, et à ce qu'ils aient de bon lait et en suffisante quantité. La plupart des agneaux qui périssent, meurent de faim, ou n'ont eu que de mauvais lait.

D. Quelles preuves a-t-on qu'un grand nombre d'agneaux meurent de faim ?

R. De quarante-trois agneaux qui ont été ouverts à Montbard avant le mois d'Avril, en 1767, vingt-un étaient morts de faim ; car on n'a point trouvé d'alimens dans les estomacs, ni de matière dans les boyaux.

D. Après la faim et le mauvais lait, qu'est-ce qu'il y a de plus à craindre pour les agneaux?

R. La laine qu'ils avalent et qui forme dans la caillette, des pelotes que les Bergers ont appelées des *gobbes :* il arrive souvent qu'elles ferment l'entrée des boyaux, qu'elles empêchent les alimens de passer, et font mourir les agneaux. Lorsque le pis de la mère est couvert de laine, l'agneau saisit cette laine au lieu du mamelon ou avec le mamelon, arrache la laine et l'avale : c'est pourquoi le Berger doit visiter le pis des mères et couper la laine qu'il trouve dessus. Quand les agneaux mangent au râtelier, s'il tombe sur leur corps de la bourre de foin, elle s'engage dans la laine et y reste : les agneaux voyant des brins de foin sur eux ou sur les autres agneaux, ou sur leurs mères, veulent manger ce foin, et arrachent en même temps des filamens de laine qu'ils avalent et qui forment des gobbes. Il faut que les râteliers soient fort bas pour qu'il ne tombe point de bourre sur les agneaux ; et si le berger en voit dans leur laine ou dans celle des mères, il doit la faire tomber. Nous parlerons dans la suite, de la manière de reconnaître et de soulager les bêtes à laine engobbées.

D. Que faut-il faire aux agneaux qui sont engourdis par le froid ?

R. Lorsqu'un agneau a beaucoup souffert du froid, il faut le réchauffer en l'enveloppant de linges chauds, en le couchant auprès d'un feu doux, et en le disposant de manière que la tête soit à l'ombre du corps. En Angleterre on met ces agneaux refroidis dans une meule de foin ou dans un four chauffé seulement avec de la paille ; on en a sauvé qui avaient tant souffert du froid, qu'ils donnaient à peine quelques signes de vie. On fait prendre à l'agneau une petite cuillerée de lait tiède, ou, s'il est nécessaire, une cuillerée de bière ou de vin mêlé d'eau. On le nourrit au coin du feu pendant quelques jours s'il est faible ; ensuite on le met avec sa mère dans un lieu couvert et même fermé, jusqu'à ce qu'il soit rétabli.

D. Que faut-il faire des agneaux qui ne viennent qu'à la fin de germinal [avril] ou en floréal [mai] ?

R. On ne les garde pas pour les troupeaux, parce qu'ils sont faibles et petits ; on les engraisse pour les manger. Il est facile de les engraisser, parce qu'ils naissent dans une saison où il y a déjà de l'herbe. Ces agneaux sont les premiers des jeunes brebis, ou les derniers qui viennent des vieilles. Nous leur donnons le nom de *tardons* ou *tardillons,* parce qu'ils sont venus trop tard ; on les appelle en Angleterre *agneaux coucous,* parce qu'ils naissent dans la saison où cet oiseau chante.

D. Comment engraisse-t-on les agneaux?

R. On les garde à la bergerie, où ils tètent les mères soir et matin et pendant la nuit. Dans le jour, tandis que leurs mères sont aux champs, on leur fait teter des *marâtres,* c'est-à-dire, des brebis qui ont perdu leurs agneaux. On donne de la litière fraîche une ou deux fois en vingt-quatre heures aux agneaux que l'on engraisse.

On met auprès d'eux une pierre de craie pour qu'ils la lêchent : la craie les préserve du dévoiement auquel ils sont sujets et qui les empêcherait d'engraisser.

Lorsque les agneaux mâles que l'on engraisse ont quinze jours, il faut les couper, c'est-à-dire, les châtrer, comme il sera expliqué en parlant des moutons : les agneaux mâles coupés ont la chair aussi bonne que celle des agneaux femelles ; mais ils ne deviennent pas si gros que ceux qui n'ont pas été coupés. La plupart des gens qui engraissent des agneaux pour les vendre, aiment mieux ne les pas couper et qu'ils soient plus gros ; quoique leur chair n'ait pas si bon goût, il les vendent mieux.

D. A quel âge les agneaux peuvent-ils prendre d'autres nourritures que le lait ?

R. Il y a des agneaux qui commencent à manger dans l'auge et au râtelier, et à brouter l'herbe, à l'âge de dix-huit jours. Alors on peut leur donner les choses suivantes dans des auges :

De la farine d'avoine seule ou mêlée avec du son : on dit que le son leur donnerait trop de ventre, s'il n'était pas mêlé avec d'autres nourritures ;

Des pois ; les bleus sont plus tendres et plus nourrissans que les blancs et les gris. Si l'on fait crever les pois dans l'eau bouillante, et si on les mêle avec du lait, ils sont plus tendres et plus appétissans. On peut aussi les mêler avec de la farine d'avoine ou d'orge ; mais la farine d'orge dégoûte les agneaux, parce qu'elle reste entre leurs dents ;

De l'avoine ou de l'orge en grain. * L'avoine

---

* Ou, ce qui vaut encore mieux, passées à un ou deux tours de meule (HUZARD).

est la nourriture que les agneaux aiment le mieux; c'est aussi la plus saine et celle qui les engraisse le plus promptement;

Du foin le plus fin;

De la paille battue deux fois, pour la rendre plus douce;

Du trèfle sec, des gerbées d'avoine, &c. et principalement du sainfoin;

Les herbes des prés bas, et toutes celles qui sont bonnes pour l'engrais des moutons, comme on le verra dans la onzième Leçon.

D. A quel âge les agneaux sont-ils bons à manger?

R. On mange les agneaux à l'âge de deux décades [trois semaines] au plutôt, à un mois, à un mois et demi, à deux mois au plus tard.

D. Quelles sont les précautions que demandent les agneaux jusqu'à ce qu'ils soient sevrés?

R. Il ne faut pas tenir trop chaudement ceux que l'on est obligé de mettre à couvert à cause des grands froids; on doit leur donner de l'air, et les faire sortir le plus souvent qu'il est possible, pour les fortifier. Lorsqu'un agneau a huit jours, il peut déjà suivre sa mère près de la bergerie. Lorsque les agneaux sont malades, il faut les traiter suivant leur maladie et leur âge.

D. Quand faut-il sevrer les agneaux ?

R. Au temps où le lait de la mère commence à tarir : alors l'agneau a environ deux mois. C'est vers le 1.er floréal [mai] pour les agneaux qui viennent à la fin de pluviôse [février], ou au commencement de ventôse [mars]. Lorsque les agneaux naissent plutôt, on est obligé de les laisser teter plus de deux mois, afin qu'ils puissent avoir de bonne herbe lorsqu'on les sèvre. Par exemple, un agneau qui vient en frimaire [décembre], ne pourrait avoir de bonne herbe en pluviôse [février] : dans les pays où l'hiver est rude, il faut attendre les mois de ventôse ou de germinal [mars ou avril] pour les sevrer. Il y a des gens qui ne sèvrent les agneaux qu'au temps de la tonte ; quelques-uns ne reconnaissent plus leurs mères après qu'elles ont été dépouillées de leur toison ; il arrive plus souvent que la mère ne reconnaît son agneau que difficilement

après

après qu'il a été tondu. Si l'agneau reste toujours avec sa mère, elle le sèvre d'elle-même lorsque le lait lui manque, ou lorsqu'elle entre en chaleur; alors elle repousse son agneau et lui fait perdre l'habitude de teter : quelquefois aussi les agneaux s'en dégoûtent lorsqu'ils ont de bons pâturages.

D. Comment sèvre-t-on les agneaux ?

R. On les sépare des mères, et, s'il est possible, on les éloigne assez pour qu'ils ne puissent pas entendre la voix des mères ni leur faire entendre la leur. Pour qu'ils s'oublient de part et d'autre plus promptement, on met les agneaux jusqu'au nombre de quarante avec une vieille brebis, pour les conduire et les empêcher de s'écarter. On les fait paître dans des prairies de trèfle, de mélilot (1) ou de ray-grass, &c. On peut aussi les mettre dans des prairies ordinaires, qui ne soient pas humides. On a trouvé un moyen de sevrer les agneaux sans les séparer de leurs mères : on leur met une sorte de cavesson ou muselière assez lâche

---

(1) *Trifolium melilotus officinalis.* L.

pour leur laisser la liberté de manger, et garni sur le nez de pointes ou d'épines qui piquent les mamelles de la mère lorsque l'agneau veut teter, et l'obligent à le repousser; mais il faut que ces piquans soient assez doux pour ne pas blesser les mamelles.

D. Faut-il raccourcir la queue des agneaux?

R. Il s'attache beaucoup d'ordures à la queue des bêtes à laine, principalement lorsqu'elles ont le dévoiement : celles dont la queue a été coupée sont plus propres.

Les moutons qui n'ont point de queue paraissent avoir la croupe plus large.

On dit que l'on ne raccourcit la queue des agneaux, que pour empêcher qu'elle ne se charge de boue par l'extrémité, et que cette boue étant durcie, ne blesse les pieds de la bête ou ne l'excite à courir. Lorsqu'elle a commencé à doubler le pas, la pelotte de terre dure attachée au bout de la queue, frappe de plus en plus sur le bas des jambes : ces coups redoublés animent la bête au point qu'il est difficile de l'arrêter. Il est à propos de couper le bout de la queue des agneaux dans les pays où la terre est de nature à s'attacher et à se durcir à l'extrémité de leurs queues.

D. Comment faut-il couper la queue des agneaux ?

R. On fait cette opération par un temps doux, lorsque l'agneau a un mois ou deux, ou dans l'automne qui suit sa naissance : on coupe la queue à l'endroit d'une jointure entre deux os, et l'on met des cendres sur la plaie : si les cendres ne suffisaient pas seules, on les mêlerait avec du suif.

D. Faut-il couper la laine de la queue ?

R. Il est bon de couper la laine de la queue et même des fesses, lorsqu'elle est chargée d'ordures qui pourraient causer des démangeaisons et la gale.

XI.ᵉ LEÇON.

Sur les Moutons et les Moutonnes.

D. Pourquoi fait-on des moutons?

R. C'est pour rendre la chair de l'animal plus tendre, et pour lui ôter un mauvais goût qu'elle aurait naturellement si on le laissait dans l'état de belier; pour le disposer à prendre plus de graisse; pour rendre la laine plus fine et plus abondante. En même temps on rend l'animal plus doux et plus aisé à conduire?

D. Comment fait-on des moutons?

R. En châtrant des agneaux. On les appelle *moutons* lorsqu'ils sont âgés d'un an.

D. A quel âge faut-il châtrer les agneaux?

R. A huit ou quinze jours après leur naissance : on est aussi dans l'usage de ne les châtrer qu'à l'âge de deux décades [trois semaines], ou de cinq ou six mois; mais leur chair n'est jamais si bonne que s'ils avaient été châtrés à huit jours : plus on retarde cette opération, plus elle fait périr d'agneaux. Ceux qui ont été châtrés n'ont pas la tête aussi belle et ne deviennent pas aussi gros que les autres.

D. Comment faut-il châtrer les agneaux ?

R. Lorsqu'on les châtre à huit ou dix jours, la manière la plus simple est de faire une ouverture par incision au bas des bourses, de faire sortir les testicules par l'ouverture, et de couper les cordons qui sont au-dessus des testicules : c'est ce qu'on appelle *châtrer en agneau*. Lorsque les agneaux sont plus âgés, on incise les bourses de chaque côté de leur fond, on fait sortir un testicule par chacune de ces ouvertures, et on coupe le cordon qui est au-dessus de chaque testicule : on appelle cette opération *châtrer en veau*, parce que c'est ainsi que l'on châtre les veaux *.

---

* Il y a encore une autre manière plus simple et plus prompte de châtrer les agneaux.

On pratique une seule ouverture au bas des bourses ; on fait sortir d'abord un testicule par cette ouverture ; le Berger le saisit avec les dents et l'arrache, pendant qu'avec les deux mains il appuie sur les bourses. Il fait ensuite sortir le second testicule par la même ouverture, et l'arrache de la même manière.

Quelques personnes, après avoir fait sortir le testicule,

D. Quelles précautions faut-il prendre avant et après ces opérations?

R. Pour les faire, il faut choisir un temps qui ne soit ni trop chaud ni trop froid : la grande chaleur pourrait causer la gangrène dans la plaie ; le trop grand froid l'empêcherait de se guérir. Après l'opération, on frotte les bourses avec du saindoux : on tient les agneaux en repos pendant deux ou trois jours, et on les nourrit mieux qu'à l'ordinaire.

D. N'y a-t-il pas encore d'autres manières de faire des moutons?

---

tordent doucement le cordon, qui s'arrache alors plus facilement, et avec la main ; on court moins le risque d'occasionner quelque déchirement intérieur.

On ferme l'ouverture en pressant doucement les bords de la plaie avec les doigts, sans y mettre aucune espèce de graisse ; la cicatrice se fait promptement.

Toutes ces manières de châtrer les agneaux réussissent également, et il est rare qu'elles soient suivies d'accidens. Celui qu'on remarque quelquefois est le *tetanos* ou *serrement des mâchoires*. Les Bergers, pour l'éviter, quand ils ont remis les agneaux sur pieds, après l'opération, leur passent le doigt dans la gueule pour les faire mâchonner un peu, et leur desserrer les mâchoires (Huzard).

Sur les Moutons et les Moutonnes. 151

R. Il y en a deux autres : l'une est de lier fortement avec une ficelle les bourses au-dessus des testicules ; on laisse la ligature pendant huit jours ; ensuite on coupe les bourses au-dessous. C'est ce que l'on appelle *billonner :* cette opération ne se fait qu'à l'âge de dix-huit mois ou de deux ans.

Par l'autre manière de châtrer, on empoigne les bourses au-dessus des testicules et en les tordant ; ensuite on remonte les testicules jusqu'au ventre, et enfin on fait une ligature au-dessus des bourses pour empêcher que les testicules ne retombent, et on laisse la ligature pendant plusieurs jours. C'est ce que l'on appelle *bistourner* ou *tourner :* cette opération se fait sur les beliers, trois mois avant de les tuer.

D. Qu'est-ce que des *moutonnes !*

R. Les moutonnes sont des brebis auxquelles on a ôté les ovaires, dans leur premier âge, pour les empêcher d'engendrer. A cause de cette castration on les appelle *brebis châtrices ;* mais il vaut mieux leur donner le nom de moutonnes, parce qu'elles sont dans le même cas que les moutons.

K 4

D. Pourquoi fait-on des moutonnes?

R. On fait des moutonnes pour rendre les brebis aussi utiles que les moutons, par le produit de la laine et par la qualité de la chair.

D. A quel âge fait-on les moutonnes?

R. On attend que les agneaux femelles aient environ quatre décades [six semaines], parce qu'il faut que les ovaires soient à-peu-près gros comme des féves de haricot, afin que l'on puisse les reconnaître aisément en les cherchant avec le doigt.

D. Comment fait-on les moutonnes?

R. Le Berger qui fait l'opération, commence par coucher l'agneau sur le côté droit près du bord d'une table, afin que la tête soit pendante hors de la table. Ensuite il place à sa gauche un aide qui étend la jambe gauche de derrière de l'agneau et qui l'empoigne, avec la main gauche, à l'endroit du canon, c'est-à-dire, au-dessus des ergots, pour la tenir en place. Un second aide, placé à la droite de l'opérateur, rassemble les deux jambes de devant de l'agneau avec la jambe droite de derrière, et les contient en les empoignant toutes les trois de la main droite à l'endroit des canons. L'agneau étant ainsi disposé, l'opérateur soulève la peau du flanc gauche avec les deux premiers doigts de la main gauche, pour former un pli à égale distance de la partie la plus haute de l'os de la hanche, et du nombril. L'aide du côté gauche alonge ce pli, aussi avec la main gauche, jusqu'à l'endroit des fausses côtes. Alors l'opérateur coupe le pli avec un couteau bien tranchant, de façon que l'incision n'ait que quatre à cinq centimètres [un pouce et demi] de longueur, et suive une ligne qui irait depuis 'a partie la plus haute de l'os de la hanche jusqu'au nombril. L'ouverture étant faite, en coupant peu à peu toute l'épaisseur de la chair jusqu'à l'endroit des boyaux, sans les toucher, l'opérateur introduit le doigt index, c'est-à-dire, celui qui est près du pouce, dans le ventre de l'agneau, pour chercher l'ovaire gauche; lorsqu'il l'a senti, il l'attire doucement au dehors de l'ouverture. Les deux ligamens larges, la matrice et l'autre ovaire sortent en même-temps. L'opérateur coupe les deux ovaires, et fait rentrer les ligamens et la matrice. Ensuite il fait trois points de couture à l'endroit de l'ouverture pour la fermer ; il ne passe l'aiguille que dans la peau sans qu'elle entre dans la chair. Il laisse sortir au-dehors les deux bouts du fil, et il met un peu de graisse sur la plaie.

Après dix ou douze jours, lorsque la peau est cicatrisée, on coupe le fil au point de couture du milieu et on tire les deux bouts qui passent au-dehors, pour enlever le fil afin d'empêcher qu'il ne cause une suppuration. Lorsque cette opération est bien faite, les agneaux ne s'en sentent que le premier jour; ils ont les jambes un peu raides ; ils ne tètent pas; mais dès le second jour ils sont comme à l'ordinaire.

D. Quel est le terrain qui convient le mieux aux moutons ?

R. En général les terrains secs et élevés conviennent mieux aux bêtes à laine que les terrains bas et humides, principalement aux beliers et aux moutons de garde, c'est-à-dire, aux moutons que l'on ne veut pas engraisser. Mais l'humidité des pâturages contribue à engraisser les moutons et les brebis destinés à la boucherie, et les beliers bistournés.

Sur les Moutons et les Moutonnes.

D. En quél terrain faut-il mettre les moutons de différens âges ?

R. Des moutons de trois et de quatre ans ne profitent que dans les terrains où il y a beaucoup d'herbages ; mais les moutons d'un an et de deux ans peuvent profiter dans des terrains où les pâturages sont moins fournis.

D. Lorsqu'on a mis de jeunes moutons dans des pâturages peu abondans, qu'en fait-on lorsqu'ils deviennent plus âgés ?

R. On lés vend à des gens qui ont des pâturages plus abondans, et qui revendront dans la suite les mêmes moutons à d'autres gens qui auront des herbages encore meilleurs. Par ce moyen chacun retire tout le produit possible de ses pâturages, en achetant chaque année les moutons de l'âge qui convient le mieux à la qualité du terrain où l'on veut les mettre. On a le produit de la tonte et le profit que l'on fait sur chaque mouton, en le vendant au bout de l'année plus cher qu'il n'a été acheté, parce qu'il est devenu plus grand.

D. Quand trouve-t-on des moutons gras dans les troupeaux ?

R. En visitant les troupeaux, on trouve souvent en automne des moutons qui sont gras sans que l'on ait pris soin de les engraisser. Quoiqu'ils n'aient pas autant de graisse que ceux que l'on a forcés de nourriture, ils sont préférables, parce que leur graisse est plus ferme, et leur chair plus saine : c'est leur bonne santé qui leur a fait prendre plus d'embonpoint que n'en ont les autres moutons du même troupeau. Si on ne les tuait pas, ils perdraient cet embonpoint dans l'hiver et ils le reprendraient l'année suivante. Ce n'est pas une maladie comme le gras des moutons que l'on a engraissés, et qui les ferait mourir quand même on ne les aurait pas livrés au boucher.

D. Que faut-il faire pour engraisser les moutons ?

R. Il y a trois manières de les engraisser. L'une est de les faire pâturer dans de bons herbages ; c'est ce que l'on appelle *l'engrais d'herbe*, ou la *graisse d'herbe*. L'autre manière est de leur donner de bonnes nourritures au râtelier et dans des auges : c'est *l'engrais de pouture*, ou la *graisse sèche*, la graisse produite par des fourrages secs. La troisième manière est de commencer par mettre les moutons dans les herbages en automne, et ensuite à la pouture.

D. Combien faut-il de temps pour engraisser les moutons par les engrais d'herbages ?

R. Cela dépend de l'abondance et de la qualité des herbages : lorsqu'ils sont bons, on peut engraisser des moutons en deux ou trois mois, et faire par conséquent trois engrais par an, dans le même pâturage, en commençant dès le mois de ventôse [mars]. Lorsque les pâturages sont moins bons, il faut plus de temps pour engraisser les moutons.

D. Quels soins les moutons demandent-ils lorsqu'ils sont à l'engrais d'herbe ?

R. Il faut les laisser en repos le plus qu'il est possible, les mener très-doucement, prendre garde qu'ils ne s'échauffent, les faire boire le plus que l'on peut, et prendre bien garde qu'ils n'aient le dévoiement, qui est ordinairement causé par la rosée.

D. Comment conduit-on les moutons pour les engraisser dans les herbages ?

R. Cet engrais ne se fait qu'au printemps, en été et en automne, dans les pays où les gelées détruisent l'herbe. On mène les moutons au pâturage de grand matin avant que le soleil ait séché l'herbe : on les met au frais et à l'ombre pendant la chaleur du jour, et on les fait boire ; on les remène sur le soir dans des pâturages humides, et on les y laisse jusqu'à la nuit.

D. Quels sont les meilleurs herbages pour l'engrais des moutons ?

R. La luzerne est l'herbe la plus nourrissante ; c'est la meilleure pour engraisser promptement ; mais on dit qu'elle donne à la graisse des moutons une couleur jaunâtre et un goût désagréable ; d'ailleurs elle peut les faire enfler, et par conséquent les faire mourir. Les trèfles sont presqu'aussi nourrissans et aussi dangereux que la luzerne ; on prétend qu'ils rendent la graisse jaunâtre, mais qu'elle a bon goût. Le sainfoin est fort bon pour engraisser, et l'on n'a rien à en craindre.

D. Quels sont les autres herbages qui peuvent servir à l'engrais des moutons ?

R. Le fromental, la coquiole ou graine d'oiseau, le thimothy (1), le ray-grass, les herbes des prés, sur-tout des prés bas et humides, et, dans certains pays, les chaumes après la moisson, et les herbages des bois, sont de bons engrais pour les moutons; mais ils ne les engraissent pas si promptement que la luzerne, le trèfle et le sainfoin.

D. Comment se fait l'engrais de pouture?

R. Cet engrais se fait pendant la mauvaise saison, par exemple en frimaire [décembre]. Après avoir tondu les moutons, on les renferme dans une étable, et on ne les laisse sortir qu'à midi, pendant que l'on met de la nourriture dans leurs auges. Le matin et le soir on leur donne à manger au râtelier, et même pendant les nuits longues.

D. Comment nourrit-on les moutons en pouture?

R. On leur donne de bons fourrages et des grains ou d'autres choses fort nourrissantes, suivant les productions du pays et le prix des

---

(1) *Phleum pratense.* L.

denrées : car il faut prendre garde que les frais de l'engrais n'emportent le gain que l'on devrait faire en vendant les moutons gras.

Dans plusieurs pays on donne aux moutons de trois ou quatre ans, le matin, quatre hectogrammes [trois quarterons] de foin à chacun, et autant le soir; à midi, cinq hectogrammes [une livre] d'avoine et cinq hectogrammes [une livre] de *maton*, c'est-à-dire, de pain ou tourteau de navette ou rabette, ou de chenevis, réduit en morceaux gros comme des noisettes : on les fait boire tous les jours. Dans d'autres pays on ne leur donne à chacun, le matin, que trois hectogrammes [dix onces] de foin, à midi douze à treize décagrammes [un quarteron] d'avoine, et vingt-cinq décagrammes [une demi-livre] de maton, et le soir trois hectogrammes [dix onces] de foin. Mais la meilleure manière est de leur donner de ces nourritures tant qu'ils en peuvent manger. Le maton rend la chair huileuse et le suint trop abondant : il faut substituer au maton une autre nourriture pendant les quinze derniers jours, pour donner bon goût à la chair.

D. Quelles

Sur les Moutons, &c. 161

D. Quelles sont les meilleures nourritures pour l'engrais de pouture ?

R. Ce sont les grains tels que l'avoine en grain, ou grossièrement moulue, l'orge ou la farine d'orge, les pois, les féves, &c. La nourriture qui engraisse le plutôt est l'avoine en grain, mêlée avec de la farine d'orge, ou du son, ou avec les deux ensemble. Si on ne mettait que du son avec la farine d'orge, cette nourriture resterait entre les dents des moutons, et ils s'en dégoûteraient.

D. N'y a-t-il pas d'autres nourritures pour l'engrais des moutons ?

R. On peut les engraisser avec des navets ou des choux.

D. Comment engraisse-t-on les moutons avec des navets ?

R. On commence par faire pâturer les moutons dans des chaumes après la moisson, jusqu'au mois de vendémiaire [octobre], pour les disposer à l'engrais. Ensuite on les met dans un champ de navets pendant le jour : le soir on leur donne de l'avoine avec du son et de la farine d'orge. Les navets qui sont en bon

L

terrain, bien cultivés et pris avant d'être trop vieux, ou pourris, ou gelés, ne sont guère moins bons que l'herbe pour engraisser, et sont peut-être aussi bons. Ils rendent la chair des moutons tendre et de bon goût. Mais lorsqu'on donne le soir une bonne nourriture d'auge aux moutons, elle contribue encore plus que les navets à les engraisser et à rendre leur chair tendre; elle les préserve des maladies que les navets peuvent leur donner lorsqu'ils sont dans un terrain humide. Les navets trop vieux et filandreux, pourris ou gelés, font une mauvaise nourriture. Un demi-hectare [un arpent] de bons navets peut engraisser treize ou quatorze moutons.

D. Comment engraisse-t-on les moutons avec des choux?

R. On met les moutons dans des champs de choux cavaliers ou de choux frisés, depuis le mois de vendémiaire ou de brumaire jusqu'au mois de pluviôse [octobre à février]. Les choux engraissent les moutons plutôt que l'herbe; mais ils donnent à la chair un goût de rance, et lorsque les moutons mangent de vieux choux, leur haleine a une mauvaise odeur qui se fait sentir lorsqu'on approche du troupeau. Pour empêcher que les choux ne donnent un mauvais goût à la chair des moutons, ou ne les fasse enfler, il faut leur donner une nourriture d'auge plus douce, telle que l'avoine, les pois, la farine d'orge, &c.

D. A quels signes connait-on qu'un mouton est gras ?

R. Il faut le tâter à la queue, qui devient quelque fois grosse comme le poignet, aux épaules et à la poitrine; si l'on y sent de la graisse, c'est signe que les moutons sont bien gras. Lorsqu'après les avoir dépouillés on voit sur le dos la graisse paraître en petites vessies comme de l'écume, c'est une marque de bon engrais; cela arrive ordinairement lorsqu'ils ont mangé des navets.

D. Les moutons gras peuvent-ils vivre longtemps ?

R. Les moutons que l'on a engraissés d'herbages ou de pouture, ne vivraient pas plus de trois mois, quand même on ne les livrerait pas au boucher. L'eau qui contribue à ces engrais causerait la maladie de la pourriture.

D. **A** quel âge faut-il engraisser les moutons?

R. Si l'on veut avoir des moutons gras dont la chair soit tendre et de bon goût, il faut les engraisser de pouture à l'âge de deux ou trois ans. Les moutons de deux ans ont peu de corps et prennent peu de graisse. A trois ans ils sont plus gros et prennent plus de graisse. A quatre ans ils sont encore plus gros et ils deviennent plus gras, mais leur chair est moins tendre. A cinq ans la chair est dure et sèche; cependant si l'on veut avoir le produit des toisons et des fumiers, on attend encore plus tard, même jusqu'à dix ans, lorsqu'on est dans un pays où les moutons peuvent vivre jusqu'à cet âge; mais il faut les engraisser un an ou quinze mois avant le temps où ils commenceraient à dépérir.

XII.ᵉ LEÇON.

Sur les Laines.

D. En quel temps faut-il tondre les bêtes à laine ?

R. Il sort, au printemps, une nouvelle laine de la peau des moutons; en écartant les mêches de l'ancienne laine on aperçoit la pointe de la nouvelle, lorsqu'elle commence à pousser : c'est alors le temps de la tonte.

D. Quels inconvéniens y aurait-il à tondre les moutons plutôt ?

R. La laine ne serait pas à son vrai point de maturité; elle n'aurait pas toutes les qualités qu'elle peut acquérir jusqu'au terme naturel de son accroissement. Les moutons étant dépouillés trop tôt dans les pays froids, souffriraient des injures de l'air.

D. Quels inconvéniens y aurait-il à tondre les moutons trop tard ?

R. Lorsque la nouvelle laine commence à paraître, l'ancienne se déracine aisément, le moindre effort suffit pour l'arracher. Alors si les moutons passent contre des buissons ou des haies, les branches accrochent quelques flocons de laine, qui y restent suspendus après s'être détachés de la peau. Plus on retarde la tonte, plus il se perd de laine.

D. Ce retard n'a-t-il pas encore d'autres mauvais effets ?

R. Il cause une autre perte : lorsque la nouvelle laine a déjà quelques millimètres [quelques lignes] de longueur au temps de la tonte, on la coupe avec l'ancienne. Quoique cette nouvelle laine augmente le poids de la toison, le propriétaire y perd au lieu d'y gagner, parce que l'acheteur intelligent et le manufacturier savent que cette nouvelle laine étant très-courte se sépare de l'ancienne lorsqu'on l'emploie : ainsi ils diminuent d'autant le prix de la toison. La nouvelle laine ayant été coupée à son extrémité est moins longue qu'elle ne devrait l'être l'année suivante*.

---

* J'invite à lire, sur la chûte et le renouvellement de la laine, les comptes que nous avons rendus, le C.en *Tessier* et moi, à la classe des sciences mathématiques et physiques de l'Institut national, pour les années 8 et 9, de la vente des laines et des bêtes à laine fine du troupeau de Rambouillet. Il résulte de nos observations

D. Lorsqu'on voit paraître la nouvelle laine, y a-t-il quelque chose à faire avant de tondre?

R. Il n'y a rien à faire si l'on veut enlever la toison sans l'avoir lavée; mais c'est un mauvais usage; il vaut mieux laver la laine sur le corps du mouton avant de le tondre. C'est ce qu'on appelle *laver à dos* ou *sur pied.* Ce lavage sépare de la laine les ordures qui la salissent et qui pourraient gâter la toison, si elle restait long-temps avec l'urine, la fiente et la boue dont elle s'est chargée. D'ailleurs le propriétaire connaît mieux la valeur des toisons, lorsqu'il les vend au poids, après qu'elles ont été lavées à dos, qu'en les vendant en suint. L'acheteur sait toujours mieux acheter que le propriétaire ne sait vendre, parce que celui-ci ne vend qu'une fois l'an et que l'autre achète tous les jours.

D. Comment fait-on le lavage à dos?

R. On fait entrer chaque mouton dans une

---

et de nos expériences, que l'espèce des bêtes à laine fine ne renouvelle pas sa laine annuellement en France (HUZARD).

eau courante jusqu'à ce qu'il en ait au moins à mi-corps; le Berger est aussi dans l'eau au moins jusqu'au genou; il passe la main sur la laine et la presse à différentes fois pour la bien nettoyer. On peut faire aussi ce lavage dans une eau dormante, si elle est propre. Mais dans les cantons où l'on n'a que de l'eau de fontaine, de puits ou de citerne, il suffit d'en remplir des baquets. On verse cette eau avec un pot sur la laine du mouton en la pressant avec la main. Mais si l'on pouvait avoir une chûte d'eau d'un mètre et plus [trois ou quatre pieds] de hauteur, on la recevrait dans un cuvier où l'on plongerait le mouton. Deux hommes dont les manches seraient retroussées et recouvertes par des fausses manches de toile cirée, le laveraient mieux que de toute autre manière. On l'a éprouvé pendant plusieurs années avec l'eau d'une fontaine sans que les moutons aient été incommodés par la fraicheur de cette eau. Ceux que l'on tient en plein air pendant toute l'année, sont souvent exposés à des pluies aussi froides qu'un bain d'eau de source.

D. Quelles précautions faut-il prendre

avant de tondre les moutons qui ont été lavés ?

R. Il est nécessaire de les laver plusieurs fois pour que la laine soit bien nette et de bon débit. Après le dernier lavage il faut tenir les moutons dans des lieux propres jusqu'au moment de la tonte, que l'on ne doit faire qu'après avoir laissé sécher la laine, afin que la toison ne soit pas sujette à se gâter par l'humidité. Il faut donc tâcher de ne faire le dernier lavage que par un beau temps *.

D. Quels sont les moyens de prévoir le beau temps ?

R. Les gens de la campagne ont beaucoup de présages du beau temps ou de la pluie; mais la plupart sont faux ou trop incertains. Ils ne

---

* Le lavage à dos n'est pas d'un usage général; il ne convient point dans les pays froids et humides, et ne peut être employé en France pour les bêtes à laine fine. Il serait à désirer que les cultivateurs s'accoutumassent tous à laver eux-mêmes leurs laines, après la tonte; ils s'assureraient ainsi du véritable déchet qu'elles éprouvent, et se soustrairaient à la cupidité des courtiers et des marchands auxquels ils sont obligés de les vendre en suint, et qui profitent de ce défaut de connaissance du déchet, pour l'exagérer et obtenir les laines à plus bas prix (HUZARD).

connaissent presque pas le meilleur, qui est le baromètre : un Berger bien instruit doit le connaître. On voit dans un tuyau de verre du vif argent qui monte ou qui descend en différens temps. A côté du tuyau la hauteur est marquée par centimètres et par millimètres, ou par pouces et par lignes. Lorsqu'on regarde le baromètre, on remarque à quel centimètre ou à quel pouce de hauteur, et à quel millimètre ou à quelle ligne est le vif argent. On revient quelque temps après, et on voit si ce vif argent a monté ou descendu. S'il a monté, c'est signe de beau temps ; s'il a descendu, c'est signe de pluie ou de vent.

D. Comment faut-il tondre les moutons?

R. On est dans l'usage de leur lier les quatre jambes ensemble pour les empêcher de se débattre, mais c'est une mauvaise pratique. Lorsqu'on les gêne ainsi, le ventre, et par conséquent la vessie, sont pressés, de façon que l'urine et la fiente sortent et salissent la toison. Il vaut mieux coucher le mouton sur une table percée de plusieurs trous près du bord. On passe un cordon en plusieurs endroits par ces ouvertures, pour retenir sur la table les jambes de devant dans un endroit, et les jambes de derrière dans un autre. Lorsque c'est un belier cornu, on attache aussi l'une des cornes sur la table. Par ce moyen la bête est moins gênée, et les tondeurs travaillent à leur aise ; ils peuvent être assis. Cette commodité est nécessaire pour un ouvrage qui demande de l'attention et de l'adresse, car il faut couper la laine avec les forces très-près de la peau sans la blesser. Lorsque le mouton est tondu sur l'un des côtés du corps, on le délie, on le retourne et on l'attache de l'autre côté.

D. Faut-il tondre tous les agneaux?

R. Il vaut mieux ne pas tondre les agneaux faibles. En leur laissant leur laine, on les préserve des accidens qui pourraient leur arriver après la tonte; ils sont mieux vêtus pour l'hiver. Leur toison est plus abondante l'année suivante, et dédommage de ce que l'on a perdu la première année.

D. Quelle preuve a-t-on de ce dédommagement?

R. On a fait tondre six agneaux à la fin de

juin 1773, seulement sur un côté de la tête, du cou, du corps et de la queue. On a pesé ces moitiés de toisons, et on a laissé les autres moitiés sur les agneaux. L'année suivante on tondit les mêmes agneaux en entier ; mais on pesa séparément les moitiés des toisons qui n'avaient qu'un an et les autres moitiés qui étaient aussi anciennes que les agneaux. En évaluant les laines de ces différentes tontes, il se trouva que les parties du corps des agneaux qui n'avaient été tondues qu'une fois, avaient produit de la laine à très-peu près pour le même prix que celle des parties qui avaient été tondues deux fois. La différence n'était que de quelques décimes [quelques sous] de plus ou de moins sur chacun des six agneaux *.

---

* Nous avons continué ces expériences, *Gilbert*, le C.^{en} *Tessier* et moi, nous les avons même étendues à des beliers et à des brebis ; nous les avons laissés deux et trois ans sans être tondus, et au bout de ce temps ils ont donné la même quantité de laine, à très-peu de chose près, que s'ils avaient été tondus tous les ans. On trouvera les détails de ces expériences dans les comptes que nous rendons annuellement à l'Institut national, et que j'ai déjà précédemment cités (HUZARD).

Sur les Laines.

D. Quel traitement faut-il faire aux moutons lorsqu'ils sont tondus ?

R. Si l'on aperçoit quelque signe de gale, il faut les frotter avec un onguent de graisse ou de suif et d'essence de thérébentine. Si la peau a été entamée par les forces, le même onguent est bon pour ces petites plaies.

D. Comment fait-on cet onguent ?

R. Faites fondre cinq hectogrammes [une livre] de suif en été, ou de graisse en hiver.

Retirez du feu et mêlez avec le suif ou la graisse douze décagrammes [un quarteron] d'huile de thérébentine ou plus, s'il est nécessaire, pour guérir la gale.

D. Que faut-il craindre pour les moutons après la tonte ?

R. La grande chaleur du soleil et les pluies froides sont à craindre pour les moutons pendant dix ou douze jours après la tonte. Le grand soleil racornit leur peau sur le dos et la dispose à la gale. Les pluies froides morfondent les moutons et les transissent au point de les faire mourir, si on ne les réchauffe promptement.

D. Par quelles précautions peut-on éviter ces dangers?

R. Il faut mettre les moutons à l'ombre au milieu du jour lorsque le soleil est très-ardent. Au contraire, s'il est à craindre qu'il ne tombe des pluies froides ou de la grêle, il ne faut pas éloigner le troupeau de la bergerie, afin de pouvoir le faire rentrer et le mettre promptement à couvert s'il est nécessaire : cela arrive plus rarement pour les moutons qui sont toujours à l'air que pour les autres. Car dans une bergerie qui est située dans le département de la Côte-d'Or, près de Montbard, et où il n'y a point d'étables depuis trente ans, on n'a jamais été obligé de mettre les moutons à couvert après la tonte.

D. Comment peut-on mettre les troupeaux à couvert dans des bergeries où ils restent toujours à l'air, et où par conséquent il n'y a point d'étables?

R. Si l'on est obligé de mettre les troupeaux à couvert après la tonte, c'est dans un temps où les granges sont vides. Elles peuvent alors servir de retraite aux troupeaux pour les abriter ou pour les rechauffer.

D. En quel temps et comment lave-t-on les toisons ?

R. On les lave tout de suite après la tonte, ou au mois de messidor [juillet] dans les jours les plus chauds, parce que l'eau étant échauffée décrasse mieux la laine. On fait le lavage des toisons dans une eau courante et même dans une eau dormante pourvu qu'elle soit propre. On commence par retirer des toisons les pailles et les autres choses qui s'y sont attachées ; on les bat pour faire tomber la poussière ; on épanouit les flocons pour que l'eau les pénètre plus aisément. Ensuite on jette la laine dans de grands paniers d'osier placés au milieu de l'eau : on la remue en différens sens avec un bâton. Enfin on la retire et on la fait sécher sur des claies à l'ombre, parce que la chaleur du soleil gâterait la laine en la desséchant trop promptement.

D. Le lavage à l'eau simple et froide dégraisse-t-il la laine?

R. L'eau froide n'a point d'action sur la graisse qui est naturelle à la laine et que l'on appelle le *suint*. On donne le nom de *laine en suint*, ou de *laine surge*, à celle qui n'a pas été dégraissée.

DOUZIÈME LEÇON.

D. Comment dégraisse-t-on la laine?

R. On en sépare une partie du suint en la faisant tremper dans une cuve pleine d'eau tiéde. On dit que la laine dégorge dans cette eau; en effet elle rend des parties du suint qui montent à la surface de l'eau et y surnagent; on les enlève et on les fait égoutter à travers un linge. On donne au suint qui est dans cet état le nom d'*œsipe :* il peut servir d'onguent adoucissant.

D. Comment dégraisse-t-on la laine à fond?

R. Faites tiédir un demi-litre [une demi-bouteille] d'urine et un litre et demi [une bouteille et demie] d'eau par cinq hectogrammes [par livre] de laine.

Trempez la laine pendant un quart-d'heure ou un quart-d'heure et demi, en tenant le bain, c'est-à-dire, l'urine au même point de chaleur.

On connaît que le bain a fait tout son effet lorsque la couleur de la laine est la même sur tous les filamens des mêches.

Tirez la laine et laissez-la égoutter au-dessus du

du bain pendant au moins un demi-quart d'heure ; ensuite mettez-la par gros flocons d'environ huit décagrammes [un sixième de livre] chacun, dans un panier à claire-voie placé en pleine eau. Remuez la laine avec une ou deux baguettes qui aillent en sens contraire pendant cinq ou six minutes.

Versez la laine sur une claie pour la faire sécher, sans jamais la toucher avec la main.

A mesure que la liqueur du bain diminue, on la répare d'un huitième d'urine à la seconde mise et à toutes les mises suivantes.

On sent à la main si le bain est trop doux et trop moelleux.

D. Après qu'une bête à laine a été tondue, que faut-il faire de la toison ?

R. Il faut l'exposer à l'air pour la faire sécher : plus elle est sèche, moins elle est sujette à se gâter. Ensuite on l'étend de façon que la face qui tenait au corps de l'animal se trouve en-dessous, et l'on replie tous les bords sur le milieu de l'autre face. On en fait un paquet que l'on arrête en alongeant de part et d'autre quelques parties de laine que l'on noue ensemble. Les toisons

M

étant ainsi disposées, on les met en tas dans un lieu sec jusqu'au temps de les vendre *.

D. Y a-t-il des laines de différentes qualités dans une même toison ?

R. On ne distingue que trois qualités de laine dans les toisons communes ; *la mère laine*, sur le cou et le dos ; *la seconde laine*, sur les côtés du corps et sur les cuisses ; et *la tierce*, sur la gorge, le ventre, la queue et les jambes. Les laines superfines méritent plus d'attention ; en Espagne on tire quatre sortes de laine sur la même toison. On a reconnu depuis peu sur des bêtes à laine superfine, près de Montbard, qu'il n'y avait que la laine de la queue et des fesses qui fût de seconde

---

* Dans beaucoup d'endroits on plie les toisons d'une manière opposée ; la face qui regardait le corps de l'animal est en dedans, et tous les bords sont repliés dans son centre, de manière à former un paquet à-peu-près carré, dont le dessus présente la laine du dos : la toison est attachée par quelques brins de paille semblables à des liens de gerbes ; qui croisent le paquet et viennent se fixer en dessous. Cette méthode est bien plus solide, et les toisons ainsi liées peuvent se manier sans risque d'être déliées comme dans la précédente (HUZARD).

qualité pour la finesse. La laine du bout de la queue était de la troisième qualité. Reste à savoir si la laine du bas des côtés du corps, celle de la poitrine, du ventre et des jambes sont de moindre qualité que la laine du cou, du garrot, du dos et du haut des côtés du corps, &c. par rapport à d'autres propriétés que la finesse. Les manufacturiers peuvent acquérir cette connaissance en éprouvant ces différentes laines.

D. Quels sont les insectes qui gâtent le plus la laine ?

R. Ce sont les *teignes* (1). On donne ce nom à des chenilles produites par des papillons que l'on appelle aussi des *teignes*; pour les distinguer des autres insectes du même nom, on les nomme *teignes communes*. La plupart des gens prennent les chenilles-teignes pour des vers, quoiqu'elles aient des jambes comme les autres chenilles, tandis que les vers n'en ont point. Les papillons-teignes se trouvent dans les maisons où il y a des meubles ou des magasins de laine. Ils ont à peu-près six

---

(1) *Tinea phalæna.* L.

millimètres [trois lignes] de longueur; ils sont de couleur jaunâtre luisante. On les voit voltiger depuis la fin de germinal [avril] jusqu'au commencement de vendémiaire [octobre], un peu plus tôt ou plus tard, suivant que la saison est plus ou moins chaude. Pendant tout ce temps les papillons-teignes pondent sur la laine de petits œufs que l'on aperçoit difficilement. C'est de ces œufs que sortent les chenilles qui rongent la laine.

D. En quel temps ces chenilles gâtent-elles le plus la laine ?

R. Les chenilles-teignes éclosent pendant les mois de vendémiaire, brumaire et frimaire [octobre, novembre et décembre]. Elles sont très-petites, et prennent peu d'accroissement pendant tout ce temps, et même elles sont engourdies lorsqu'il fait de grands froids. Mais pendant le mois de ventôse [mars] et le commencement de germinal [avril] elles grandissent promptement; c'est alors qu'elles coupent un grand nombre de filamens de laine pour se nourrir et se vêtir.

D. Comment connaît-on les chenilles-teignes?

R. On voit sur les toisons de laine ou dans d'autres endroits, de petits fourreaux d'environ deux millimètres [une ligne] de diamètre sur huit ou dix millimètres [quatre ou cinq lignes] de longueur, et rarement douze millimètres [six lignes]; ils sont un peu renflés dans le milieu et évasés par les deux bouts. Il y a dans chacun de ces fourreaux une chenille qui s'y tient à couvert, parce qu'elle n'est revêtue que d'une peau blanche, mince, transparente et délicate. La chenille-teigne avance un tiers de la longueur de son corps au dehors de son fourreau, par un bout ou par l'autre, car elle peut s'y retourner dans le milieu, à l'endroit où il est le plus large : elle peut aussi en sortir presqu'entièrement. Il n'y reste que la partie postérieure du corps et les deux jambes de derrière qui s'attachent au fourreau, de sorte que la chenille peut l'entraîner avec elle lorsqu'elle marche par le moyen de ses autres jambes. Elle n'a que le tiers de son corps au dehors du fourreau lorsqu'elle coupe les filamens de la laine ; elle se contourne en différens sens pour atteindre un plus grand nombre de ces filamens. Elle se nourrit de la substance de la laine, et elle l'emploie aussi pour former et pour agrandir son fourreau; c'est pourquoi il est de même couleur que la laine qu'elle mange. On ne peut pas douter qu'il n'y ait eu ou qu'il n'y ait encore des chenilles-teignes dans de la laine, lorsqu'on y voit de leurs excrémens, ou lorsqu'ils sont répandus au-dessous. Ces excrémens sont en petits grains arides et anguleux, gris lorsque la laine est blanche, noirâtres lorsqu'elle est de cette couleur.

D. Comment les chenilles-teignes prennent-elles la figure d'un papillon ?

R. Lorsque les chenilles-teignes ont pris tout leur accroissement, la plupart quittent les toisons pour se retirer dans de petits coins obscurs du magasin de laine, et s'y attachent par les deux bouts de leur fourreau, ou se suspendent au plancher par un seul. Alors elles ferment les deux ouvertures du fourreau et changent de forme et de nom; on leur donne celui de *chrysalide.* Elles restent dans cet état pendant environ trois semaines; ensuite ces insectes percent le bout de leur enveloppe qui est le plus près de leur tête, et ils sortent sous la figure d'un papillon.

D. Peut-on préserver la laine du dommage des teignes ?

R. Jusqu'à présent on n'a trouvé aucun moyen de garantir entièrement la laine du dommage des chenilles-teignes ; mais on peut l'éviter en partie. Faites enduire en blanc les murs et plafonner le plancher du magasin où l'on garde des laines, afin que les papillons-teignes qui se posent sur ces murs et sur ce plafond, soient plus apparens. Placez les laines sur des claies qui soient soutenues à trente-trois centimètres [un pied] au-dessus du carrelage. Ayez un bâton terminé comme un fleuret à l'une de ses extrémités par un bouton rembourré. Lorsque vous entrerez dans le magasin, vous frapperez avec le bâton sur les laines et sous les claies pour faire sortir les papillons-teignes ; ils s'envoleront ; ils iront se poser sur les murs et sur le plafond, où il sera facile de les tuer en appliquant sur eux l'extrémité du bâton, qui est rembourrée. En répétant souvent cette recherche depuis la fin de germinal

[avril] jusqu'au commencement de vendémiaire [octobre], on détruit un grand nombre de papillons-teignes; on prévient leur ponte, ou on ne la laisse pas achever : par conséquent il y a beaucoup moins de chenilles rongeuses dans la laine. Un enfant est capable de la soigner de cette manière.

D. N'a-t-on pas donné plusieurs moyens de préserver la laine des teignes?

R. On sait que la laine que l'on garde en suint est moins sujette à être gâtée par les teignes, que celle qui a été dégraissée ou seulement lavée. Si l'on place dans un magasin de laine en suint quelques mauvaises toisons lavées, les papillons-teignes y feront leur ponte par préférence. Si l'on brûle ces toisons avant que les chenilles en sortent pour prendre la forme de chrysalides, on détruit les chenilles, et l'on empêche qu'elles ne deviennent des papillons-teignes qui produiraient un grand nombre d'œufs.

On a prétendu que l'odeur du camphre ou l'odeur de l'esprit de térébenthine étaient des préservatifs pour la laine contre les teignes.

Elles peuvent être détournées par ces odeurs, si elles trouvent à se placer sur des laines qui ne les aient pas ; mais à leur défaut elles s'accoutument à l'odeur du camphre et de la térébenthine.

La vapeur du soufre fait périr les chenilles-teignes ; mais il faut que cette vapeur soit concentrée dans un petit espace. Elle ne pourrait pas l'être dans un magasin de laines ; d'ailleurs elle leur donnerait une mauvaise odeur ; celle du camphre est aussi très-désagréable. Il vaut mieux battre les laines dans les magasins, et tuer les papillons-teignes : aussi est-ce la méthode des fourreurs pour conserver les pelleteries ; ils les battent et ils courent après les papillons-teignes dès qu'ils en aperçoivent.

D. Ne peut-on pas envelopper la laine de façon qu'il n'y ait rien à craindre des teignes ?

R. Les chenilles-teignes ne peuvent pas percer le papier ; ainsi la laine est en sûreté dans un cornet ou dans un sac de papier bien fermé. Mais ces chenilles passent à travers les mailles de la toile ; elles y forment un petit trou rond en écartant les fils sans les couper.

XIII.ᵉ LEÇON.

Sur le Parcage des Bêtes à laine.

D. Qu'est-ce que le parcage des bêtes à laine ?

R. C'est le temps qu'elles passent sur différentes pièces de terre pour les rendre plus fertiles par l'urine et la fiente qu'elles y répandent.

D. Comment fait-on parquer les bêtes à laine ?

R. On les renferme dans une enceinte qui est formée par des claies, et que l'on appelle *un parc*. Cette enceinte retient les bêtes à laine dans l'espace de terre qu'elles peuvent fertiliser pendant un certain temps, et arrête les loups. Le Berger est couché près du parc dans une cabane pour le garder ; le chien est aussi autour du parc pour donner la chasse aux loups.

D. Comment les claies d'un parc doivent-elles être faites ?

R. On leur donne un mètre cinquante centimètres [quatre pieds et demi] ou un mètre soixante-sept centimètres [cinq pieds] de hauteur, et deux ou trois mètres et plus [sept, huit, neuf ou dix pieds] de longueur, si elles ne deviennent pas trop pesantes; car il faut que le Berger puisse les transporter aisément. Elles sont composées de baguettes de coudrier (1) ou d'autre bois léger et flexible, entrelacées entre des montans un peu plus gros que les baguettes. On fait aussi des claies avec des voliges assemblées ou simplement clouées sur des montans. On laisse dans les claies de coudrier trois ouvertures de seize centimètres [un demi-pied] de hauteur et de largeur, placées toutes les trois à la hauteur d'un mètre trente-quatre centimètres [quatre pieds]; il y en a une à chaque bout et une dans le milieu : celles des bouts sont appelées *les voies*.

D. Comment dresse-t-on ces claies pour former un parc?

R. On les dresse les unes au bout des autres sur quatre lignes pour former un carré, et on les soutient par le moyen des crosses, qui sont des bâtons courbés par l'un des bouts. Les claies anticipent un peu l'une derrière l'autre, de façon que les deux voies se rencontrent; on

---

(1) *Corylus sylvatica*. L.

y passe le bout de la crosse. Il est percé de deux trous dans lesquels on met deux chevilles, l'une derrière les montans des claies, et l'autre devant, ensuite on abaisse contre terre l'autre bout de la crosse qui est courbe et percé d'une entaille, dans laquelle on met une clef que l'on enfonce en terre à coups de maillet. Il ne faut point de crosses aux coins du parc, il suffit de lier ensemble les deux montans qui se touchent, avec un cordeau passé dans les voies.

D. Quelle étendue un parc de bêtes à laine doit-il avoir ?

R. L'étendue d'un parc doit être proportionnée au nombre des bêtes à laine que l'on y veut mettre, parce qu'il faut que le troupeau répande assez de fiente et d'urine pour fertiliser l'espace de terre renfermé dans le parc. Chaque bête à laine peut fournir à une étendue de cent cinq décimètres carrés [dix pieds carrés]: par conséquent, si les claies ont trois mètres trente-six centimètres [dix pieds] de longueur, il faut douze claies pour un parc de quatre-vingt-dix bêtes ; dix-huit pour deux cents ; vingt-deux pour trois cents. Si les claies n'ont que trois mètres [neuf pieds] il faut deux claies de plus pour chacun de ces parcs; quatre claies de plus si elles n'ont que deux mètres soixante-huit centimètres [huit pieds], et six de plus si leur longueur n'est que de deux mètres trente-cinq centimètres [sept pieds]. Il faut pour un parc de cinquante bêtes, douze claies de deux mètres trente-cinq centimètres à deux mètres soixante-huit centimètres [sept ou huit pieds], ou dix claies de trois mètres à trois mètres trente-six centimètres [neuf ou dix pieds] de longueur, &c. Ces comptes ne peuvent pas être justes; c'est pourquoi l'on peut mettre un peu plus ou un peu moins de bêtes pour chaque nombre de claies. Lorsque leur nombre ne peut pas être égal sur chacun des quatre côtés du parc, il doit y avoir sur deux côtés opposés une claie de plus que sur les deux autres.

D. Combien de temps faut-il que le troupeau reste dans un parc ?

R. Cela dépend de la longueur des nuits et de la qualité des herbes. Lorsque les nuits sont longues, et que les herbes que mangent les bêtes à laine ont beaucoup de suc, et produisent beaucoup de fiente et d'urine, c'est assez de la moitié ou du tiers de la nuit pour fertiliser le terrain du parc. Si on en faisait un plus grand, l'engrais n'y serait pas répandu également : c'est pourquoi le Berger fait un second parc dans le milieu de la nuit, et quelquefois un troisième.

D. Lorsque l'on n'a qu'un petit nombre de bêtes à laine, peut-on les faire parquer ?

R. Il n'y a que la dépense du Berger qui puisse en empêcher ; le produit d'un petit troupeau n'y suffirait pas. Mais on peut rassembler plusieurs petits troupeaux pour les faire parquer tous ensemble sous la conduite d'un seul Berger. Il y a des cultivateurs qui prennent à louage, pour un certain temps, plusieurs troupeaux peu nombreux, et qui les réunissent pour les faire parquer sur leurs terres. D'autres gens, dont chacun n'a qu'un petit troupeau, les mettent tous ensemble et les font parquer à frais communs sur les terres qui leur appartiennent à chacun en particulier.

D. Lorsqu'on n'a que des pièces de terre de

peu d'étendue, est-ce une raison pour ne pas parquer?

R. Non. Puisqu'il ne s'agit que de voiturer plus souvent les claies du parc et la cabane du Berger. Ce charroi est un petit objet en comparaison du charroi des fumiers que l'on est obligé de mettre dans les terres où l'on ne fait pas parquer les bêtes à laine. Il faut plusieurs charrois de fumier pour trente-quatre ares [un arpent *] de terre, et il suffit d'un seul charroi pour y transporter les claies d'un parc, et la cabane du Berger attachée à la queue de la charrette.

D. Comment le Berger fait-il un parc?

R. Il se met au coin du champ; il mesure au pas, sur le bout et sur le long du champ,

---

* Trente-quatre ares représentent trente-deux mille deux cent seize pieds carrés : l'arpent indiqué par *Daubenton*, est celui de cent perches carrées de dix-huit pieds chacune; il représente trente-deux mille quatre cents pieds carrés. L'arpent des eaux et forêts, de cent perches carrées de vingt-deux pieds chacune, représente un demi-hectare ou cinquante ares, qui font quarante-sept mille trois cent quatre-vingt-quatre pieds carrés; la différence entre ces deux arpens est de 34 à 51 (HUZARD).

l'étendue nécessaire pour placer les claies de deux côtés du parc : il marque le point où la dernière claie doit aboutir. Ensuite il mesure l'étendue que doivent avoir les deux autres côtés du parc pour former un carré, et fait une marque à l'endroit où ces deux autres côtés se rencontrent ; enfin il pose les claies suivant ces alignemens. Pour transporter chaque claie, le Berger passe le bout de sa houlette dans l'ouverture qui est au milieu ; il appuie son dos contre la claie ; il la soulève, et la porte en faisant passer la houlette sur son épaule et en la tenant ferme avec les deux mains. On peut aussi porter les claies en passant le bras droit à travers la voie du milieu, ou sous l'avant-dernière planche des claies de volige. Après avoir placé la claie il l'assure par une crosse.

D. Comment le Berger fait-il un nouveau parc à la suite d'un autre ?

R. L'un des côtés du premier parc sert pour le second ; après avoir mesuré et aligné les trois autres côtés du second parc, il y transporte les claies du premier. Lorsqu'il est parvenu au bout du champ, après avoir placé des parcs à la file les uns des autres, il en fait un nouveau à côté du dernier, et il suit une nouvelle file en revenant jusqu'à l'autre bout du champ; et ainsi de suite, jusqu'à ce qu'il ne reste plus aucun espace qu'il n'ait parqué.

D. Comment le Berger peut-il faire un nouveau parc la nuit lorsqu'elle est obscure?

R. Il faut qu'il ait eu la précaution de mesurer le nouveau parc dans le jour, et de placer à chaque coin un piquet avec des chiffons blancs attachés au bout, afin qu'il puisse les apercevoir dans la nuit, et qu'ils lui servent de guides pour placer les claies du nouveau parc. On peut éviter cette difficulté en faisant de jour un parc qui ait le double d'étendue, et en le divisant en deux parties par une cloison de claies. Le Berger n'a qu'à faire passer les moutons de l'une dans l'autre pour les changer de parc.

D. Dans les champs qui ont de profondes raies, comment le Berger peut-il ranger les claies sur les côtés du parc qui traversent ces raies?

R. Il ne le pourrait pas si l'on n'avait eu la

précaution de faire passer la charrue pour égaler le terrain, en creusant un double sillon en travers aux endroits où doivent se trouver les côtés des parcs. On peut tracer ainsi un grand nombre de parcs en un jour.

D. Comment doit être faite la cabane d'un Berger pour le parc ?

R. Elle doit avoir deux mètres [six pieds] de longueur sur un mètre trente-quatre centimètres [quatre pieds] de largeur et de hauteur. Elle doit être couverte par un toit de paille ou de bardeau. On la pose sur quatre petites roues. Elle a de chaque côté une porte qui ferme à clef. On met dans cette cabane un matelas, des draps et des couvertures pour coucher le Berger, et une tablette, pour placer quelques hardes et des provisions de bouche.

D. Où cette cabane doit-elle être placée ?

R. Près du parc, afin que le Berger puisse le voir de son lit en ouvrant l'une ou l'autre des portes. Lorsqu'un nouveau parc s'éloigne trop, le Berger en approche sa cabane en la faisant rouler lui seul, si le terrain est aisé, ou en prenant l'aide d'un second.

Sur le Parcage des Bêtes à laine. 195

D. Pendant combien de temps fait-on parquer les bêtes à laine chaque nuit ?

R. On les fait entrer dans le parc sur la fin du jour, ou à neuf heures du soir lorsque les jours sont bien longs, et qu'il n'y a point de serein. On les fait sortir du parc à neuf heures du matin lorsque l'air et le soleil ont séché les herbes, ou à huit heures lorsqu'il n'y a point de rosée.

D. A quelles heures faut-il changer de parc dans la nuit et dans la matinée ?

R. Dans la saison où les bêtes à laine rendent beaucoup de fiente et d'urine, parce que les herbes qu'elles mangent ont beaucoup de suc, chaque parc ne doit durer qu'environ quatre heures. Ainsi le premier parc commence à neuf heures du soir ; il doit finir à une heure du matin ; le second à cinq heures, et le troisième à neuf heures. Ce dernier parc se faisant de jour, les loups ne sont point tant à craindre ; c'est pourquoi le Berger peut se dispenser de l'enclore de claies, il suffit de placer les chiens de manière qu'ils retiennent les bêtes à laine dans l'espace destiné au troisième parc : c'est ce qui s'appelle *parquer en blanc*. Lorsque les nuits sont longues et que le premier parc commence avant neuf heures du soir, on fait durer d'autant plus long-temps chacun des parcs. Dans les saisons où les herbes ont moins de suc et où les bêtes à laine rendent moins de fiente et d'urine, le Berger ne change le parc qu'une fois. Il tâche de donner à-peu-près autant de temps pour le premier que pour le second. Si l'on parquait en hiver, on pourrait ne faire qu'un parc chaque jour, parce que dans cette saison les bêtes à laine rendent peu de fiente et d'urine, et que le froid ne permet pas au Berger de changer son parc dans la nuit.

D. Peut-on faire parquer les bêtes à laine dans l'hiver ?

R. On peut faire parquer pendant l'hiver sur les terrains secs, tant que le Berger n'est pas incommodé du froid en couchant dans sa cabane. Mais en hiver, lorsque les bêtes à laine n'ont que des fourrages secs, elles ne rendent que peu d'urine et de fiente.

D. Peut-on mettre le chien à l'abri de la pluie et du froid ?

Sur le Parcage des Bêtes à laine.

R. Il faut avoir une petite loge que le Berger puisse transporter aisément. Le chien s'y couche dans du foin : elle doit toujours être placée près du parc, au côté opposé à celui où est la cabane du Berger. La porte de la loge doit regarder le parc, elle sera toujours exposée au vent, puisque la porte de la cabane du Berger, qui regarde le parc, doit être à l'abri du vent. Pour donner aussi un abri au chien, il faut mettre au bas de la porte de sa loge une planche qui soit au moins aussi haute que le corps du chien lorsqu'il est couché. En levant la tête il verra par-dessus cette planche, et il sautera aussi par-dessus pour entrer dans sa loge et pour en sortir. Si l'on a plusieurs chiens, la loge doit être à proportion plus grande.

D. Comment mène-t-on les bêtes à laine aux pâturages lorsqu'elles parquent dans les champs?

R. On les conduit aux pâturages le matin et le soir, et on les met à l'ombre pour les préserver de la chaleur du soleil dans le milieu du jour.

D. Combien faut-il de temps pour fertiliser trente-quatre ares [un arpent] de terre en y faisant parquer des bêtes à laine?

R. Cela dépend du nombre des bêtes qui parquent, et de la saison où se fait le parcage. Une bête à laine peut fertiliser dans un parc l'espace d'environ cent cinq décimètres carrés [dix pieds carrés]; trois cents bêtes fertiliseront trois cent quinze mètres carrés [trois mille pieds carrés] en un parc, et elles fertiliseront trois mille cent cinquante mètres carrés [trente mille pieds carrés] en dix parcs; ce qui fait à-peu-près l'étendue de trente-quatre ares [un arpent]. Lorsqu'on fait trois parcs dans la même nuit, il ne faut que trois à quatre jours pour fertiliser trente-quatre ares [un arpent] de terre, en y faisant parquer trois cents bêtes. Suivant le même calcul, deux cent soixante-dix moutons parqueront trente-quatre ares [un arpent] en douze parcs; deux cents bêtes en dix-sept parcs; cent bêtes en trente-deux parcs, &c.

D. Quel est le moindre nombre de bêtes à laine que l'on puisse faire parquer?

R. On pourrait n'en faire parquer qu'un très-petit nombre; mais il faudrait beaucoup de temps pour fertiliser un champ; cela n'en vaudrait peut-être pas la peine. Il faut avoir au moins cinquante à soixante bêtes pour faire un parc ; encore est-ce lorsque le Berger étant un enfant de la maison, ne coûte rien de plus pour le parcage. Cinquante bêtes à laine fertilisent dans un parc l'espace de cinquante-deux mètres carrés [environ cinq cents pieds carrés] : ainsi il faut soixante-cinq parcs pour trente-quatre ares [un arpent] de terre. Si l'on fait trois parcs chaque jour, il faudra vingt-deux jours pour fertiliser trente-quatre ares [un arpent] ; trente-deux jours si l'on ne fait que deux parcs en un jour, soixante-cinq jours si l'on ne fait qu'un parc.

D. Comment faut-il cultiver la terre pour le parcage ?

R. Avant de faire parquer les bêtes à laine, on donne deux labours, afin que l'urine entre plus facilement dans la terre. Aussitôt que le parcage est fini dans un champ, on le laboure afin de mêler la fiente et l'urine avec la terre avant qu'il y ait du desséchement ou de l'évaporation.

D. Ne peut-on pas faire le parcage dans d'autres temps ?

R. Lorsqu'un champ est semé et que le grain est levé, on peut, dit-on, parquer dans des jours secs jusqu'à ce que le blé ou l'orge ait trois centimètres [un pouce] de hauteur. On dit aussi que les moutons dédommagent, parce qu'ils font du bien aux racines en foulant les terres légères, et qu'ils écartent les vers par leur odeur.

D. Combien d'années dure l'engrais du parcage?

R. Le parcage est un meilleur engrais que le fumier de mouton. Il produit un effet très-sensible pendant deux ans sur la production du froment que l'on recueille dans la première année, et sur celle de l'avoine dans la seconde année. Un demi-parcage fait sur la même terre dans la troisième année, qui est celle de la jachère, sera un assez bon engrais pour d'autres années.

D. Comment fait-on un demi-parcage?

R. On donne au parc le double de l'espace qu'il aurait pour un parcage entier. Mais beaucoup de cultivateurs ne font pas le demi-parcage qu'ils devraient faire deux ans après le parcage entier, parce qu'ils n'auraient pas assez de moutons pour parquer ainsi deux fois toutes leurs terres. De cette manière, ils ne retirent pas tout le profit que le parcage pourrait leur donner.

D. Ces cultivateurs pourraient-ils avoir un moyen de nourrir assez de moutons pour parquer une plus grande étendue de terres ?

R. Il faudrait ensemencer des terres dans l'année de jachère, au lieu de les laisser effriter par les mauvaises herbes qui croissent sur les guérets.

D. N'épuiserait-on pas les terres de médiocre qualité, si on les faisait porter toutes les années sans leur donner un an de repos après deux années de récolte ?

R. On dit que les herbes qui croissent dans les jachères, et dont les racines s'étendent en rampant près de la surface de la terre, nuisent à la production du froment que l'on sème dans cette même terre, parce qu'il a aussi des racines qui tracent. Mais si elle était ensemencée de bonnes plantes dont les racines pivotent en descendant profondément dans le terrain, ces plantes pivotantes ne nuiraient pas à la production du froment dans l'année suivante; au contraire, elles empêcheraient qu'il ne vînt dans les guérets des plantes qui tracent. Ainsi on aurait tous les trois ans une récolte qui pourrait être employée pour la nourriture des moutons.

D. Quelles sont les plantes pivotantes qui peuvent venir dans les guérets sans nuire à la production du froment dans l'année suivante ?

R. Les pois, les féves, les haricots, les pommes de terre, les navets, le trèfle, &c.

D. Peut-on connaître les terres qui pourraient porter toutes les années sans jachère, et savoir combien il faudrait de parcages pour les engraisser suffisamment ?

R. Il n'y a que l'expérience qui soit un bon guide; il faut faire des essais sur une petite étendue de terrain. Chaque cultivateur pourrait espérer de trouver presque sans dépense une manière de cultiver ses terres qui serait meilleure que celle qui est usitée dans le pays. Il y a des terrains fort différens les uns des autres, et qui demandent chacun une culture particulière: cet objet est d'une assez grande importance pour mériter l'attention des propriétaires et des cultivateurs.

D. Le parcage est-il bon pour les prés?

R. Très-bon; mais il serait nuisible aux moutons sur des prés humides : ils ne courent aucun risque sur les prairies sèches, et ils les rendent d'un bon rapport. Par ce moyen on peut avoir des récoltes abondantes de foin sur des côteaux, où, sans le parcage, il ne viendrait pas assez d'herbe pour être fauchée.

D. Quelles preuves a-t-on de ce bon effet du parcage?

R. On a fait venir dans le département de la Côte-d'Or, près de la ville de Montbard, des prairies artificielles sur un côteau, où, sans le parcage, il n'y aurait point eu d'herbe bonne à faucher : en effet il n'y en avait point dans quelques petits endroits qui étaient restés sans être parqués. Ces prairies ont rapporté autant de foin et quelquefois plus qu'une prairie naturelle qui est au-dessous du côteau sur le bord de la rivière de Brenne.

D. Comment faut-il parquer les prairies ?

R. On ne peut trop les parquer : plus le parc y reste de temps, plus elles produisent. Dans les temps secs on peut le laisser pendant deux ou trois nuits sur le même endroit ; mais dans les temps humides on est obligé de le changer chaque jour, parce que les excrémens de la veille n'étant pas séchés, saliraient les moutons.

D. Sur quelles sortes de prairies artificielles a-t-on essayé le parcage ?

R. Il a produit un très-bon effet sur les prairies de luzerne, de trèfle, de fromental, de ray-grass, de coquiole, de pimprenelle et de pastel ; mais dans les prairies de sainfoin on a vu périr cette plante aux endroits qui avaient été parqués. Au contraire, on a remarqué sur le fromental et le ray-grass, que lorsqu'on les avait parqués au mois de vendémiaire ou de brumaire [octobre ou novembre], ils étaient assez vigoureux pour conserver leur verdure pendant l'hiver, malgré les gelées qui faisaient jaunir les plantes des mêmes espèces qui n'avaient pas été parquées.

XIV.ᵉ LEÇON.

Sur les Remèdes les plus nécessaires aux Troupeaux.

D. Quels sont les remèdes les plus nécessaires aux troupeaux ?

R. La saignée et l'onguent pour la gale.

D. Sur quelles parties du corps saigne-t-on les moutons ?

R. On saigne les moutons au front, au-dessus et au-dessous des yeux, à l'oreille; au cou, au bras, à la queue, au-dessus du jarret et au pied.

D. A-t-on trouvé une meilleure manière de saigner les moutons ?

R. On a trouvé une autre manière de saigner les moutons, qui paraît la meilleure, parce qu'elle est sujette à moins d'inconvéniens, et qu'elle est plus facile.

D. Sur quelle partie du corps du mouton emploie-t-on cette nouvelle manière de saigner ?

R. Cette saignée se fait sur le bas de la joue du mouton, à l'endroit de la racine de la quatrième dent mâchelière, qui est la plus épaisse de toutes; sa racine est aussi la plus grosse. L'espace qu'elle occupe est marqué sur la face externe de l'os de la mâchoire de dessus, par un tubercule assez saillant pour être très-sensible au doigt, lorsqu'on touche la peau de la joue. Ce tubercule est un indice très-certain pour trouver la veine angulaire qui passe au-dessous. Cette veine s'étend depuis le bord inférieur de la mâchoire de dessous, près de son angle, jusqu'au-dessous du tubercule qui est à l'endroit de la racine de la quatrième dent mâchelière; plus loin la veine se recourbe et se prolonge jusqu'au trou sourcilier.

D. Comment saigne-t-on les moutons à la joue?

R. Pour faire la saignée à la joue, le Berger commence par mettre entre ses dents une lancette ouverte; ensuite il place le mouton entre ses jambes, et il le serre pour l'arrêter. Il tient son genou gauche un peu plus avancé que le droit. Il passe la main gauche sous la tête de l'animal, et il empoigne la mâchoire de dessous de manière que ses doigts se trouvent sur la branche droite de cette mâchoire près de son extrémité postérieure, pour comprimer la veine angulaire qui passe dans cet endroit, et pour la faire gonfler. Le Berger touche, de l'autre main, la joue droite du mouton, à l'endroit qui est à-peu-près à égale distance de l'œil et de la gueule. Il y trouve le tubercule qui doit le guider ; il peut aussi sentir la veine angulaire gonflée au-dessous de ce tubercule. Alors il prend, de la main droite, la lancette qu'il tient dans sa bouche, et il fait l'ouverture de la saignée du bas en haut, à un demi-travers de doigt, au-dessous du milieu de l'éminence qui lui sert de guide.

On peut dire, sans exagérer, que de cette manière un aveugle serait en état de saigner un mouton, parce qu'il sentirait avec l'un de ses doigts le tubercule qui lui servirait de guide, tandis qu'il ferait l'incision.

D. La saignée à la joue est-elle avantageuse et sûre ?

R. La saignée à la joue est aussi sûre que facile, puisqu'on ne peut pas se méprendre à la situation du vaisseau, et qu'il est assez gros pour fournir une suffisante quantité de sang, car il reçoit celui de plusieurs autres veines. Le sang y est retenu par la main du Berger, qui fait l'effet d'une ligature à l'angle de la mâchoire. On ne risque pas d'ouvrir l'artère; il y a de la distance entr'elle et la veine à l'endroit de la saignée. Un homme seul peut faire cette opération.

D. A quelle maladie des moutons la saignée est-elle la plus nécessaire et la plus pressante?

R. C'est à la maladie que l'on appelle *la chaleur, l'apoplexie, le chancellement, la maladie chancelante, le trop de sang,* ou *le coup de sang.* Les moutons résistent à toutes les intempéries de l'air dans notre climat, excepté à la grande ardeur du soleil. Les moutons les plus sanguins, les mieux nourris et les plus forts sont les plus sujets à la maladie de la chaleur.

D. Quels sont les signes de la maladie de la chaleur?

R. Ceux qui en sont attaqués tiennent la gueule ouverte pour respirer; ils écument, ils rendent le sang par le nez, ils râlent, et ils battent du flanc. Le globe de l'œil devient rouge; l'animal baisse la tête, il chancelle, et bientôt

bientôt il tombe mort. Après la mort, les yeux, le bas des joues, la ganache, la gorge, le cou, le dedans de la gueule et du nez, ont une couleur mêlée de rouge et de noirâtre : à l'ouverture de l'animal, on trouve les vaisseaux sanguins gonflés dans toutes les parties qui viennent d'être dénommées, et dans la tête.

D. Quelles indications doit-on tirer de ces signes ?

R. Tous ces signes indiquent évidemment la saignée ; aussi fait-elle cesser le mal très-promptement, lorsqu'elle est faite à temps. Ce remède est donc un des plus nécessaires pour les troupeaux dans les climats chauds, dans les climats tempérés comme le nôtre, et même dans les climats froids, où le soleil a beaucoup d'ardeur en été.

D. Quels sont les indices qui peuvent faire soupçonner la gale des moutons ?

R. Le Berger doit être attentif à découvrir les premiers indices de la gale des moutons. Il faut qu'il observe soigneusement son troupeau, pour voir si quelque mouton se gratte avec les pieds ou les dents, ou s'il se frotte contre les râteliers, les arbres, les murs, &c. Si la laine est tachée de boue sur les parties du corps que l'animal peut atteindre avec les pieds ; s'il y a des flocons de laine dérangés, que le mouton aurait tirés avec les dents, ou frottés avec le pied. Ces signes annoncent des démangeaisons causées par des poux, par la gale, ou par d'autres maladies. Il faut que le Berger visite le mouton en écartant les flocons de la laine dans les endroits suspects, pour voir s'il y a de vrais symptômes de gale.

D. Quels sont les signes de la gale ?

R. Ils consistent en ce que la peau est plus dure dans les parties galeuses que dans les autres ; on sent des grains qui résistent sous le doigt. Elle est couverte d'écailles blanches, de croûtes ou de petits boutons, qui sont d'abord rouges et enflammés, et qui prennent ensuite une couleur blanche ou verte. Tous ces symptômes causent de la démangeaison ; mais il y a une autre sorte de gale qui ne démange pas ; elle s'étend promptement sous la laine, et au lieu de la faire tomber, elle la roussit et la feutre, comme si elle avait été foulée.

D. Quel est le meilleur onguent pour la gale des moutons ?

R. C'est celui qui est peu coûteux, et qui ne communique aucune mauvaise qualité à la laine ni à la chair du mouton. Un mélange de suif ou de graisse avec de l'huile de térébenthine, remplit toutes ces conditions. La graisse est préférable au suif en hiver, parce qu'elle s'étend plus aisément sur la peau du mouton ; mais le suif est meilleur en été, parce qu'il ne se liquéfie pas aussitôt que la graisse par la chaleur. La composition de ce remède est très-facile ; on l'a indiquée en parlant de la tonte, dans la douzième Leçon *(page 173)*.

Cet onguent coûte peu : il ne produit aucun mauvais effet sur la laine ; il adoucit la peau du mouton durcie par la gale, et il guérit cette maladie. On peut le rendre plus actif en augmentant la dose de l'huile de térébenthine.

D. Comment emploie-t-on l'onguent pour la gale ?

R. Il est facile de l'employer sans couper la laine à l'endroit de la gale ; il suffit d'en écarter les flocons pour mettre la partie galeuse à découvert. Alors le Berger frotte la peau avec le grattoir, seulement pour enlever les croûtes, et il applique l'onguent en l'étendant avec le doigt.

D. Le grattoir suffit-il pour frotter la peau dans la gale ?

R. On est dans le mauvais usage de frotter la peau des moutons galeux avec un tesson, ou un morceau de brique, jusqu'au point de la faire saigner ; on fait une petite plaie qui est un mal de plus. J'ai donné à mes Bergers un seul instrument qui leur suffit pour les opérations qu'ils ont à faire pour les moutons ; c'est une sorte de bistouri dont la pointe a deux tranchans, et sert de lancette ; le manche est terminé par une lame d'os ou d'ivoire, qui fait un grattoir.

D. En quelles circonstances faut-il employer l'onguent pour la gale ?

R. Lorsqu'on a reconnu quelques signes de gale, il faut employer promptement l'onguent : cependant, si l'on présume que cette maladie vienne de fatigue ou de la chaleur des étables, de la disette de la nourriture ou de sa mauvaise qualité, il est nécessaire de faire cesser la cause du mal, parce qu'elle s'opposerait au bon effet du remède. Si la gale est causée par une autre maladie, il faut les traiter toutes deux en même temps.

Lorsque la gale n'est pas invétérée ni ulcérée, on peut la guérir par des topiques, sans remèdes internes *.

---

* Les véritables, et j'oserais presque dire les seules causes de la gale, sont l'ignorance, la paresse, le défaut de soins des Bergers, l'incurie et la parcimonie des propriétaires. Un troupeau bien soigné, bien nourri, bien surveillé, n'est jamais attaqué de cette maladie : s'il en paraît des signes dans quelques bêtes, un Berger intelligent et un propriétaire soigneux y remédient promptement et avant que le mal ait gagné tout le troupeau. (HUZARD).

XV.ᵉ LEÇON.

Explication des Figures, avec des Extraits de plusieurs Mémoires sur les Moutons et sur les Laines.

D. Pourquoi y a-t-il des Figures dans l'Instruction pour les Bergers ?

R. On a représenté certaines choses, afin que les Bergers les comprennent mieux en voyant l'image de ces choses, après avoir lu ou entendu l'Instruction par écrit.

D. Qu'est-ce qu'on appelle *Planche* dans l'Instruction pour les Bergers ?

R. On donne le nom de Planche à la feuille qui contient une ou plusieurs Figures qui représentent ce qui est contenu dans le discours, de manière à parler aux yeux. Les Planches sont numérotées *Pl. I, Pl. II*, &c. et les Figures de chaque Planche ont aussi leurs numéros *Fig. 1, Fig. 2*, &c.

D. Comment explique-t-on une Figure ?

R. On explique par écrit le sujet de la Figure;

on indique ses parties les plus remarquables, par des lettres A, B, C, D, &c. qui sont marquées dans l'explication et répétées sur la Figure. Par cette correspondance, les yeux sont guidés pour apercevoir tout ce qui doit être remarqué dans les Planches.

D. Pourquoi les Planches, avec leur explication, sont-elles placées à la fin de l'Instruction pour les Bergers ?

R. C'est pour rendre l'explication des Figures plus facile, en la plaçant à côté de chaque Planche. On la fera entendre aux Bergers plus aisément, où ils la comprendront mieux par eux-mêmes, que si elle était répandue dans différentes pages du livre, et que s'il fallait à chaque lettre de renvoi chercher la Planche pour y voir la Figure.

D. Qu'est-ce que des Mémoires sur les moutons et sur les laines ?

R. On donne le nom de *Mémoire* à plusieurs sortes d'écrits : ceux dont il s'agit ici, contiennent des observations particulières, et des expériences faites pour améliorer les moutons et les laines.

216 XV.ᵉ LEÇON. *Explication des Fig.*

D. Qu'est-ce que des extraits de Mémoires ?

R. L'extrait d'un mémoire en est un abrégé, ou un résumé, qui contient seulement l'essentiel ou le résultat des observations qui avaient donné lieu au Mémoire.

EXPLICATION DES PLANCHES.

PLANCHE I.re

Le Berger est représenté sur cette Planche, avec ses vêtemens, sa houlette, sa panetière et son chien.

On voit, *Figure* 1, le bonnet A, qui est retroussé, et qui peut être rabattu pour couvrir les joues, le menton et le cou.

La casaque C, D, qui descend jusque sur les guêtres E, pour empêcher que l'eau ne pénétre par dessous.

Le collet B, qui recouvre les épaules.

Les manches C, qui sont relevées, et qui peuvent se rabattre sur les moufles.

Les guêtres E, s'étendent aussi sur les sabots F, F, pour empêcher que l'eau n'entre dedans.

La panetière G.

La houlette H, I, qui a un crochet à l'une

de ses extrémités H, pour arrêter les moutons par une jambe de derrière; l'autre extrémité I de la houlette est en forme de bêche, pour enlever une petite motte de terre et la jeter vers les moutons, afin de les faire aller plus vîte ou de leur faire rebrousser chemin.

Le chien, *Figure 2*, est de la race de ceux que l'on appelle *chiens de Berger;* ils sont actifs et dociles. On leur coupe le bout de l'oreille, afin qu'ils entendent plus facilement: mais il y a un inconvénient; l'eau de la pluie entre dans leurs oreilles et les incommode.

Lorsque les loups sont à craindre, on met au chien un collier A, garni de pointes de fer, pour empêcher qu'il ne soit saisi par le cou.

Quand le Berger veut retenir son chien près de lui, il l'attache à sa ceinture par le moyen d'une chaîne B.

Pl. II.   Pag. 219.

Fig. 1.

Fig. 2. Echelle de 2 Toises.

Fossier, del.   Quevierdo, Sculp.

PLANCHE II.

CETTE Planche représente la charpente d'un hangar couvert, pour mettre les moutons à l'abri de la pluie aux moindres frais possibles.

La charpente de ce hangar, *Fig. 1*, est soutenue par des poteaux A, B, C, D, E, qui sont posés sur des dés de pierre F, G, H, I, K.

Les poteaux A, B, C, D, E, sont assemblés par des solives L, M, et des sablières N, O, qui portent un couvert P, Q, R, S.

Un petit appentis T, T, placé de chaque côté du bâtiment, en agrandit l'espace, sans qu'il soit nécessaire d'employer des bois plus gros et plus longs.

Les contre-fiches U, U, assemblées avec les poteaux et les entraits, empêchent que la charpente ne déverse.

Il y a au milieu du hangar un râtelier double X, et deux râteliers simples Y, Y, sur les côtés, contre les poteaux des appentis.

On voit, *Fig. 2*, sur l'échelle A, B, de quatre mètres [deux toises], placée au-dessous du hangar, la longueur et la grosseur des pièces de bois qui doivent entrer dans la construction de ce bâtiment. Les chiffres 1, 2, 3, 4, 5, 6, qui divisent les deux mètres [la toise] A, en six parties égales, indiquent chacun la longueur de trente-trois centimètres [un pied]. Il y a dans le milieu de chaque espace un point qui le partage en deux.

Au moyen de cette figure, que l'on appelle *une échelle*, on connaît la grandeur du hangar, et l'on peut choisir les bois nécessaires pour le construire.

Il a été dit dans la troisième leçon (*pages 26 et suivantes*), que ce hangar ne pouvait servir que pour des moutons de taille médiocre, et qu'il faudrait le faire plus large, si on voulait y mettre des moutons plus grands.

Pl. III. Pag. 221.

Explication des Planches.

PLANCHE III.

On voit sur cette Planche, *Fig. 1,* la manière dont un Berger retient un mouton entre ses jambes et lui ouvre la gueule avec les deux mains, pour examiner les huit dents incisives. Elles ne sont qu'à la mâchoire de dessous, on reconnaît par la forme de ces dents les quatre ou cinq premières années de la vie des bêtes à laine.

Dans la première année, les huit dents incisives, *Fig. 2,* sont étroites et pointues ; ce sont les dents de lait.

Dans la seconde année, *Fig. 3*, les deux dents du milieu tombent, et sont remplacées par deux nouvelles dents, qui sont plus larges que les six autres.

Dans la troisième année, *Fig. 4*, deux autres dents pointues, une de chaque côté des deux du milieu, sont remplacées par deux nouvelles dents larges.

Dans la quatrième année, *Fig. 5*, il y a six dents larges ; il ne reste plus que deux dents étroites, une à chaque bout de la rangée.

Dans la cinquième année, toutes les dents pointues sont remplacées par huit larges dents, *Fig. 6*.

Dans la sixième année, les dents mâchelières commencent à se raser, c'est-à-dire qu'elles s'usent en se frottant les unes contre les autres.

Dans la septième ou huitième année; et quelquefois plutôt, il y a des dents de devant qui tombent ou se cassent comme on le voit dans la *Fig. 7*.

Voyez la quatrième Leçon *(pages 38 et suivantes)*.

PLANCHE IV.

On a représenté dans cette Planche, *Fig. 1*, la manière dont un Berger doit s'y prendre pour visiter la veine de l'œil d'un mouton.

Il le retient entre ses jambes ; il empoigne la tête avec les deux mains ; il relève avec le pouce de la main droite la paupière du dessus de l'œil ; et avec le pouce de la main gauche, il abaisse la paupière du dessous, et il regarde les veines du blanc de l'œil.

Lorsque ces veines sont bien rouges et qu'il en paraît beaucoup, à-peu-près comme on le voit sur la *Fig. 2*, c'est signe que le mouton est en bonne santé, ou au moins qu'il n'est pas attaqué de la maladie appelée *la pourriture*, ni d'autres maladies de langueur.

Le tubercule A, que l'on appelle la *caroncule lacrymale*, et la face intérieure des paupières, doivent être aussi rouges que les veines qui paraissent sur le blanc de l'œil.

Mais lorsque le tubercule A, *Fig. 3*, et la face intérieure des paupières, sont d'un rouge pâle, et que les veines du blanc de l'œil ne paraissent qu'en petit nombre et sont pâles ou livides, le mouton est faible, languissant, ou menacé de la maladie de la pourriture. Lorsque ces veines de l'œil ne sont pas même sensibles par une couleur livide et qu'elles ont disparu, c'est un signe qui prouve que le mouton est malade.

PLANCHE

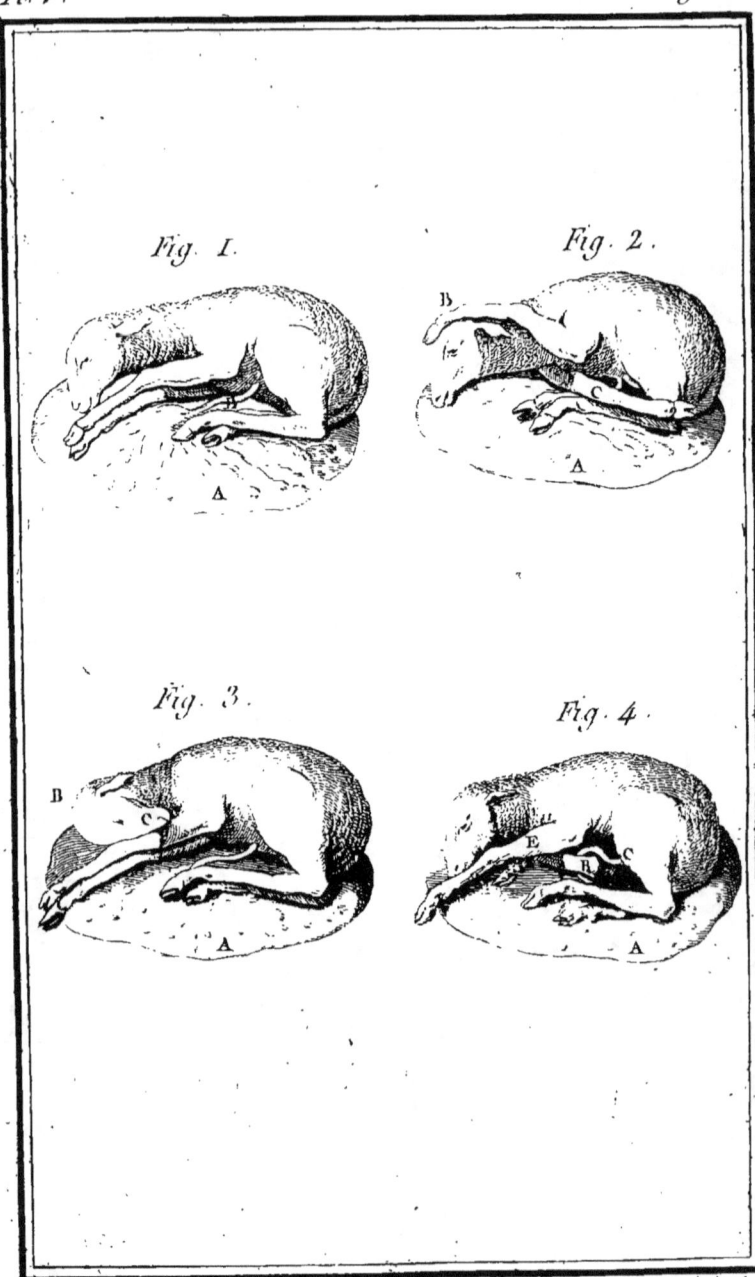

PLANCHE V.

On voit sur cette Planche quatre agneaux en différentes situations sur le délivre A, A, A, A, *Fig.* 1, 2, 3 et 4, comme ils se présentent pour sortir de la portière, lorsque les brebis sont en travail pour mettre bas.

L'agneau de la *Fig.* 1 est en bonne situation, parce que les deux pieds de devant sont au-dessous et un peu au-devant du museau, et que le cordon ombilical B est libre.

L'agneau de la *Fig.* 2 a les deux jambes de devant mal placées : la jambe gauche B s'étend au-dessus de la tête ; il faut la faire descendre au-dessous du museau. La jambe droite C est étendue en arrière ; il faut tâcher de l'attirer en avant, afin que les deux jambes de devant soient dans la même situation que celles de l'agneau de la *Fig.* 1.

L'agneau de la *Fig.* 3 présente le sommet de la tête B en avant : il a le museau C tourné en arrière ; il faut le retourner en avant pour

P

le mettre dans la même situation que le museau de l'agneau de la *Fig. 1*.

L'agneau de la *Fig. 4* a la jambe droite de devant B, retenue par le cordon ombilical C, qui passe au-devant du pli du coude B; il faut casser le cordon, et ensuite attirer la jambe droite en avant, et la placer à côté de la gauche E, afin qu'elles soient toutes les deux dans la même situation que celles de l'agneau de la *Fig. 1*.

PLANCHE VI.

Cette Planche représente deux brebis A, B, en travail pour mettre bas leur portée dans un parc domestique, formé par des claies C, et par un mur D, exposé au midi : le râtelier E est attaché à ce mur.

Une portion des enveloppes du fœtus de la brebis A, est déjà sortie de la matrice ou portière, et forme au dehors des parties naturelles une poche F, qui est remplie de liqueur, et que l'on appelle *la bouteille*.

Le travail de la brebis B est plus avancé ; les enveloppes du fœtus sont rompues, et l'on voit déjà la tête de l'agneau C, se montrer au dehors du corps de la brebis. Les pieds de devant paraissent au dessous du museau : ainsi la brebis n'aura pas besoin d'être secourue par le Berger ; il ne doit pas même la toucher tant que ses forces se soutiennent. Mais s'il la voyait s'affaiblir, il l'a traiterait comme on l'a dit dans

P 2

la neuvième Leçon *(pages 125 et suivantes)*. Si la tête et les pieds de l'agneau n'étaient pas en bonne situation, il faudrait secourir la brebis, comme on le verra sur la septième Planche.

Explication des Planches.

PLANCHE VII.

On a représenté sur cette Planche un Berger qui secourt une brebis en travail pour mettre bas sa portée.

Il tire doucement la tête A, et les pieds de devant B, de l'agneau, pour les faire avancer au dehors, lorsque la brebis perd ses forces par un travail trop long. Le Berger doit tremper ses doigts dans de l'huile, pour ne pas blesser les parties qu'il touche; il doit aussi prendre le temps où la brebis fait des efforts en se raidissant sur une jambe C, ou d'une autre manière.

Mais lorsque les pieds de devant ne paraissent pas au dehors sous le museau de l'agneau, le Berger ne doit pas commencer par attirer la tête. Il faut qu'il fasse glisser doucement un ou plusieurs de ses doigts entre la portière et l'agneau pour tâcher de reconnaître la situation des pieds, et de les attirer au dehors sous la tête, si le cordon ombilical n'y fait point d'obstacle, comme on l'a détaillé dans la neuvième Leçon *(pages 128 et suivantes)*.

On a vu sur la Planche V, les différentes situations que prennent les agneaux pour sortir de la portière.

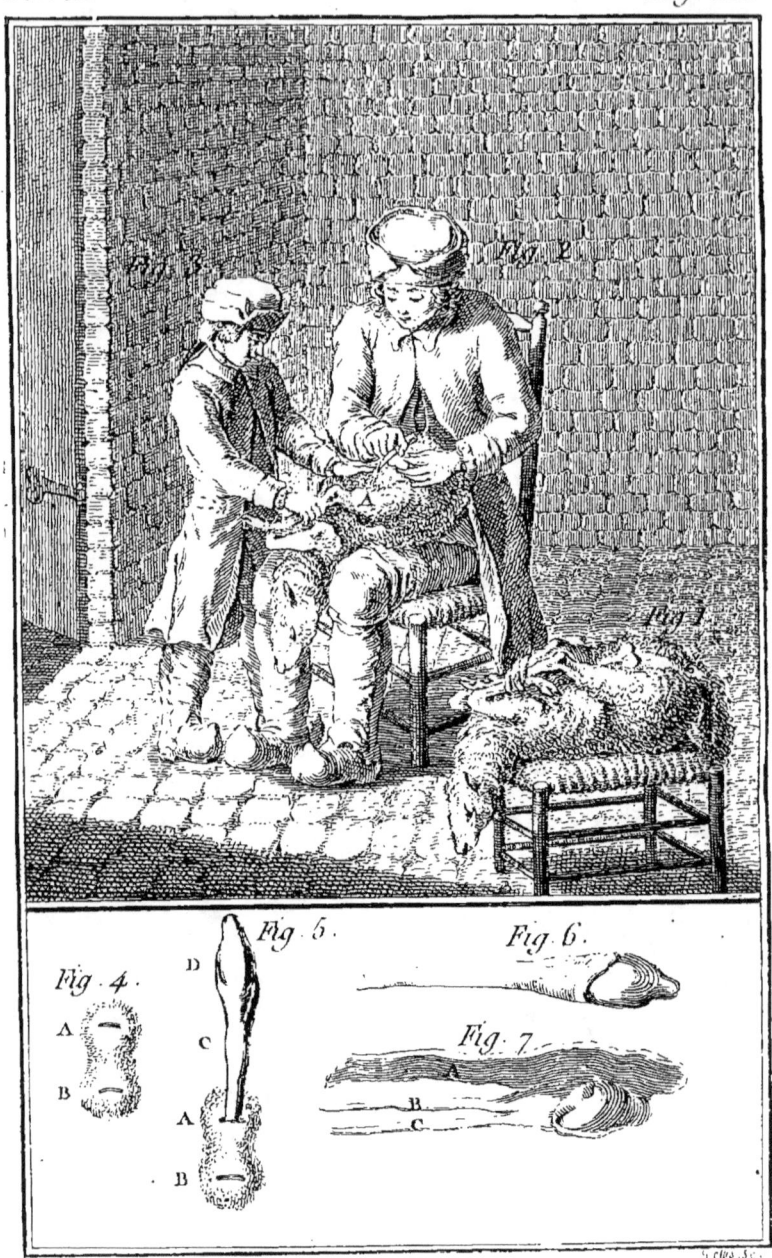

PLANCHE VIII.

On voit sur cette Planche comment il faut rassembler et lier les quatre jambes d'un agneau, *Fig. 1*, pour le disposer à la castration.

Le Berger, *Fig. 2*, soutient sur ses genoux l'agneau A, qu'il veut châtrer, tandis que le petit Berger, *Fig. 3*, tient d'une main les jambes de l'agneau, et appuie l'autre main sur le ventre du même agneau, pour l'empêcher de remuer, pendant que le Berger, *Fig. 2*, fait deux incisions, A, B, *Fig. 4*, au bas des bourses, aux endroits où il sent les deux testicules. Ensuite il les fait glisser au dehors avec les cordons qui les suivent.

La *Fig. 5* représente les deux incisions A, B, avec le cordon spermatique C, et le testicule D, qui sont sortis de l'incision A. Il faut couper et non pas déchirer les cordons à l'endroit C.

On voit, *Fig. 6*, le cordon avec ses enveloppes, et *Fig. 7*, le cordon dépouillé des enveloppes A, qui contenaient le canal déférent B, et les vaisseaux spermatiques C. C'est aux endroits B, C, qu'il faut couper le cordon pour empêcher l'animal d'engendrer.

P. IX. Pag. 233

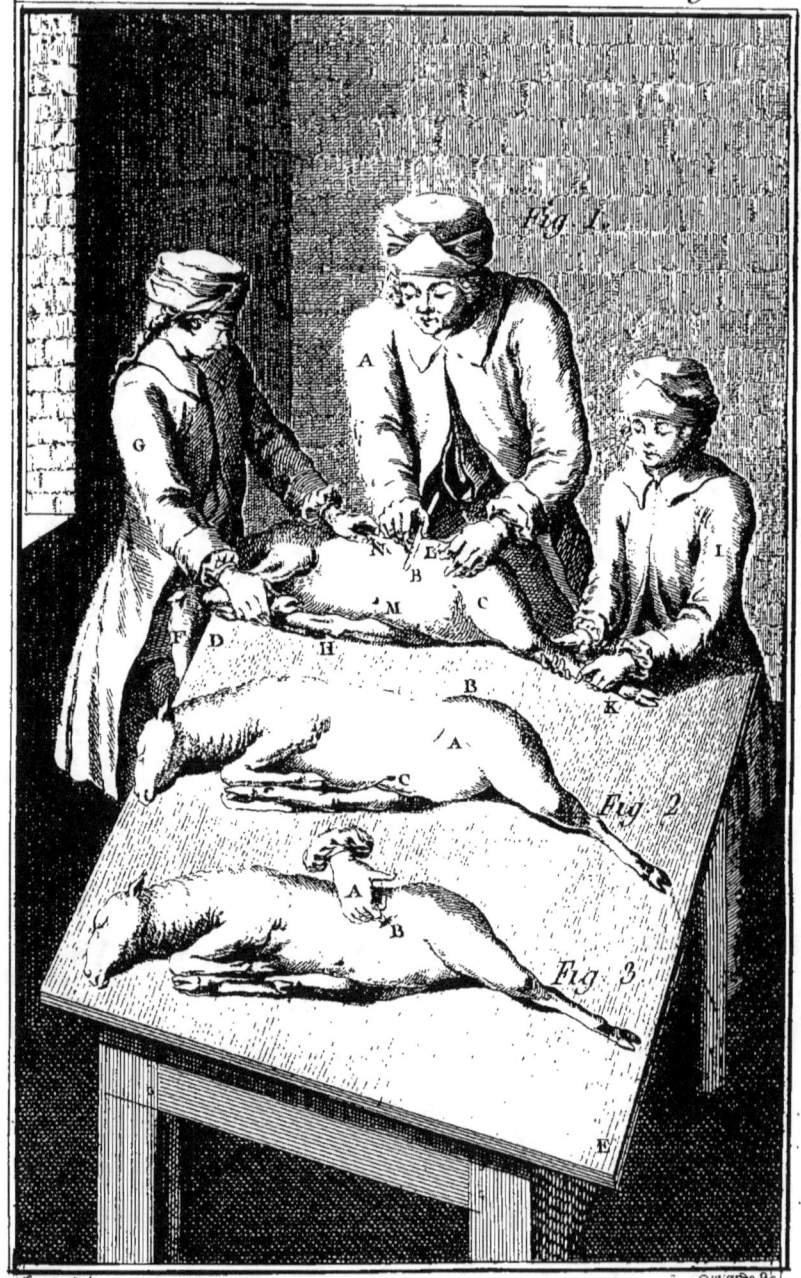

PLANCHE IX.

On a représenté sur cette Planche un Berger A, *Fig. 1*, qui tient un couteau B, à la main, et qui commence l'opération de la castration sur un agneau femelle C. Cet agneau est étendu sur le côté droit, près du bord d'une table D, E, de manière que la tête de l'agneau F, est pendante hors de la table.

Un second Berger G, est placé vers la tête F de l'agneau, et tient de la main droite les deux jambes de devant, et la jambe droite de derrière H.

Un troisième Berger I, empoigne à deux mains la jambe gauche K de l'agneau, et l'étend en arrière.

Le Berger A soulève la peau du flanc gauche avec le pouce et le premier doigt de la main gauche, et forme un pli L, à égale distance de la partie la plus haute de l'os de la hanche et du nombril M. Le Berger G alonge le pli L, avec la main gauche, jusqu'à l'endroit N des fausses côtes. Le Berger A coupe ce pli avec le couteau B, et fait une incision qui ne doit avoir que quatre à cinq centimètres [un pouce et demi] de longueur.

On a représenté, *Fig. 2*, le même agneau dans la même situation où il est retenu par les Bergers dans la *Fig. 1*.

On voit sur cet agneau l'incision A, qui lui a été faite, et qui est placée à égale distance de la partie supérieure B de l'os de la hanche et du nombril C, et sur la même ligne.

La *Fig. 3* représente la main A d'un Berger qui introduit le doigt dans l'incision B, pour chercher les ovaires de l'agneau, que l'on appelle aussi *les amourettes*. Dès qu'il les a trouvés, il les tire doucement avec les parties auxquelles ils sont attachés ; le Berger coupe les ovaires, et fait rentrer les autres parties dans le ventre. Enfin il coud l'incision comme il a été dit dans la onzième Leçon *(page 154)*.

PLANCHE X.

On voit sur cette Planche une chanlatte A, qui est soutenue sur un support B. Elle conduit de l'eau C, D, qui tombe sur un mouton E placé dans un cuvier F, G. Deux Bergers H, I, retiennent d'une main le mouton par les cornes, ou par les oreilles s'il n'a point de cornes ; et de l'autre main, l'un des Bergers lave la laine qui garnit le dessus du corps du mouton, et l'autre Berger lave la laine du dessous.

L'eau D, qui tombe dans le cuvier F, G, en sort par une petite chanlatte K, L, posée au devant du cuvier dans une échancrure de son bord supérieur K. L'eau M tombe de la petite chanlatte L, dans un ruisseau N, qui est pavé pour empêcher que l'eau ne détrempe et n'entraîne les terres. Il y a aussi du pavé O, P, sous le cuvier et sous les pieds des deux Bergers, pour éviter le même inconvénient, et pour que les moutons que l'on amène au cuvier et que l'on en retire, ne soient pas dans la boue.

Lorsque l'eau qui est dans le cuvier, et qui

a servi au lavage, est salie, on tire le bondon Q, pour la faire couler au dehors. Alors les deux Bergers retirent du cuvier le mouton qui est lavé. Ensuite ils en saisissent un autre, l'enlèvent, et le placent dans le cuvier. Ils remettent le bondon, et bientôt le cuvier se remplit d'eau pour le lavage.

PLANCHE XI.

Cette Planche représente des Bergers occupés à la tonte des moutons; ils sont assis autour d'une table A. Les moutons sont étendus sur cette table, et attachés par des cordons qui passent au travers de la table, et qui arrêtent les jambes B, B, B, B, ou les cornes C, pour retenir les moutons sans les gêner au point de les faire uriner ou fienter, comme il arrive lorsqu'on a lié les quatre jambes ensemble.

Les Bergers coupent la laine avec des forces D, D, D; ils sont placés assez commodément pour tondre tout près de la peau sans blesser le mouton.

La toison E est pliée, et liée par des mèches de sa laine, que l'on alonge et que l'on noue les unes avec les autres.

On a représenté au bas de la Planche, les ciseaux F des tondeurs, que l'on appelle des *forces*.

Les poux G, H, des moutons. Le pou G

est un vrai pou (1); l'autre, H, est une tique (2), que l'on appelle vulgairement dans le département de la Côte-d'Or une *lache*.

On y a représenté aussi le papillon de nuit nommé *teigne*, K, qui pond sur les toisons et sur les étoffes de laine.

Il sort de l'œuf de la teigne un ver L, qui coupe la laine et qui s'en fait un fourreau : on a aussi donné le nom de *teigne* à ce ver revêtu de son fourreau ; il en a été question dans la douzième Leçon *(pages 179 et suivantes)*.

---

(1) *Pediculus ovis*. L.   (2) *Acarus*. L.

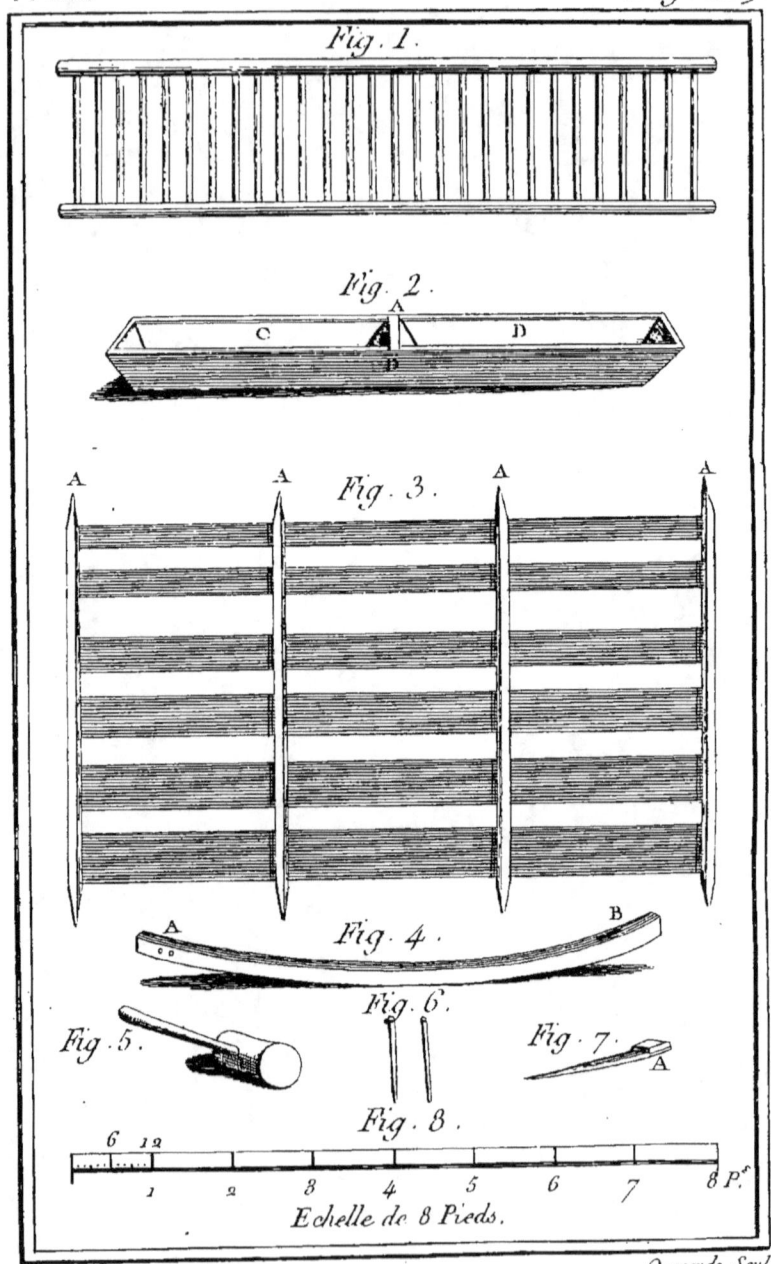

PLANCHE XII.

Il y a sur cette Planche un râtelier, *Fig. 1.*
Une auge, *Fig. 2.*
Une claie en bois, *Fig. 3.*
Une crosse, *Fig. 4.*
Un maillet, *Fig. 5.*
Deux chevilles, *Fig. 6.*
Une clef, *Fig. 7.*

La *Fig. 8* est partagée en huit parties égales, par des lignes numérotées en bas, 1, 2, 3, 4, 5, 6, 7, 8; chacune de ces huit parties indique la longueur de trente-trois centimètres [un pied] sur les sept Figures représentées dans la Planche. Ainsi la claie, *Fig. 3*, a deux mètres soixante-huit centimètres [huit pieds] de longueur, parce qu'elle est aussi longue que la *Fig. 8*. L'auge, *Fig. 2*, n'a que deux mètres trente-cinq centimètres [sept pieds], parce que sa longueur ne contient que sept parties de la *Fig. 8*. On donne à cette *Fig. 8*, le nom d'*échelle*. Sa première partie est sous-divisée par la ligne marquée en haut par le chiffre 6, en deux parties égales, qui indiquent chacune seize centimètres cinq millimètres [un demi-pied] sur les sept autres Figures de la Planche.

Les pouces de chaque demi-pied sont indiqués par des points, dont le nombre est marqué au bout du premier demi-pied par le chiffre 6, et au bout du pied entier par le chiffre 12, parce qu'un pied contient douze pouces ou trente-trois centimètres. Ainsi les montans A, A, A, A, de la claie, *Fig. 3*, n'ont que trois centimètres [un pouce] de chaque face, parce que la largeur de leur face n'est que l'espace de trois centimètres [un pouce] sur l'échelle.

L'auge, *Fig. 2*, est traversée dans le milieu par une cloison A, B, pour retenir les planches des deux grands côtés, et pour séparer l'auge en deux parties C, D, où l'on puisse mettre des nourritures différentes.

La crosse, *Fig. 4*, est percée de deux trous A, près de son extrémité supérieure, pour recevoir les deux chevilles, *Fig. 6*, et d'un grand trou B, près de l'extrémité inférieure, pour recevoir la clef, *Fig. 7*, que l'on enfonce en terre à travers le trou, jusqu'au menton A, avec le maillet, *Fig. 5*.

PLANCHE

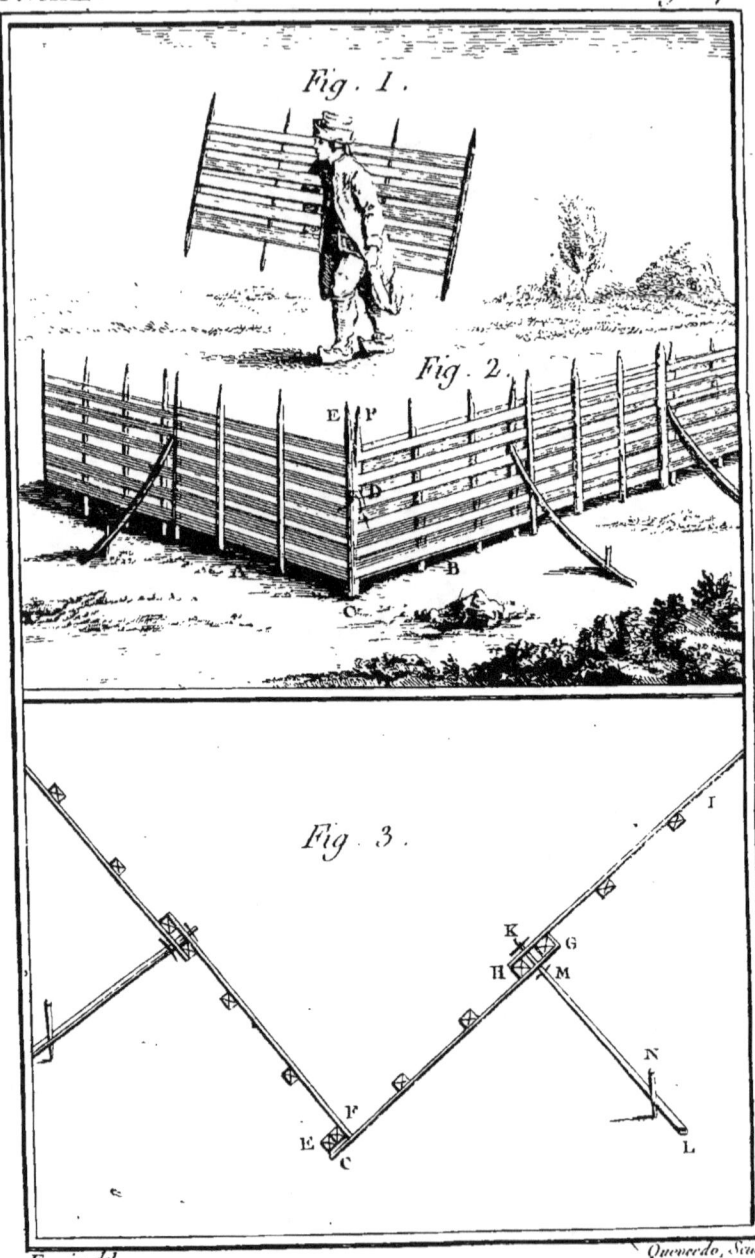

PLANCHE XIII.

On voit sur cette Planche, *Fig. 1*, la manière dont un Berger doit porter une claie de bois, en passant son bras entre la quatrième et la cinquième volige, pour mettre la claie sur son épaule.

La *Fig.* 2 représente un parc en partie dressé. Les deux claies A, B, qui forment le coin C, sont attachées l'une à l'autre par une petite corde D, qui embrasse le premier montant de la claie A, et celui de la claie B. Ces deux montans E, F, doivent se toucher chacun par une de leurs faces.

On a représenté, *Fig. 3*, la partie inférieure des claies comme elle est placée sur la terre : on voit la situation des deux montans E, F, qui forment un coin C du parc.

Le dernier montant de la claie E G, anticipe sur la claie H I, de manière que le premier montant H de la claie H I, est placé derrière le dernier montant G de la claie E G, et qu'il reste assez d'intervalle entre les deux montans, pour passer la crosse K L.

On voit la cheville K, qui les empêche de tomber en dedans du parc, la cheville M, qui les retient par dehors, et la clef N, qui passe à travers la crosse, et qui est enfoncée en terre pour affermir cette crosse.

La *Fig.* 2 représente les claies dressées et retenues par les crosses.

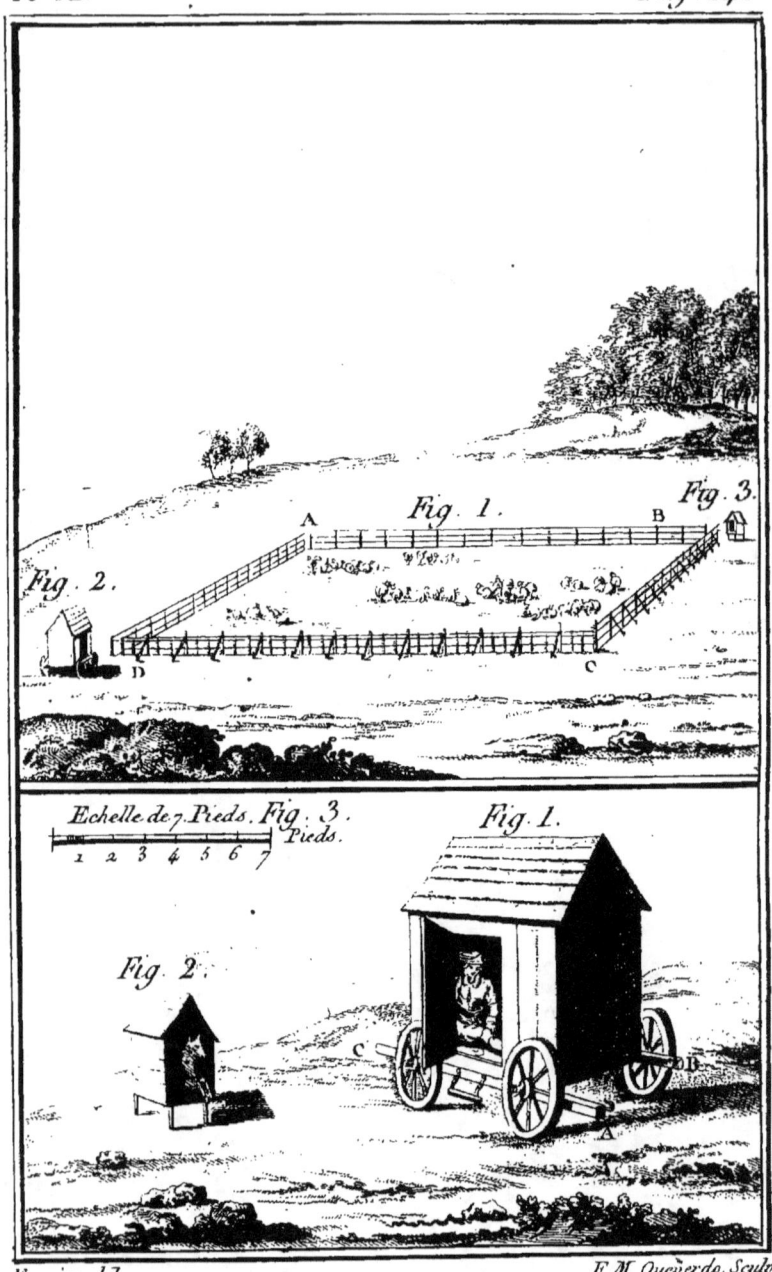

PLANCHE XIV.

La partie supérieure de cette Planche représente un parc, *Fig. 1*, A, B, C, D, qui est entièrement dressé, et qui renferme des moutons.

La cabane, *Fig. 2*, du Berger, est placée à l'un des coins du parc, et la loge, *Fig. 3*, du chien, au coin opposé. La porte de la cabane et celle de la loge sont ouvertes du côté du parc, afin que le Berger et le chien entendent et voient mieux ce qui s'y passe.

La partie inférieure de la Planche fait voir plus en grand la cabane, *Fig. 1*, du Berger, et la loge, *Fig. 2*, du chien. Le Berger est représenté dans sa cabane et le chien dans sa loge. Il y a un crochet à chaque bout A, B, C des deux brancards de la cabane : on attache des traits aux crochets A, B de devant, ou à ceux de derrière, lorsqu'on est obligé de faire marcher la cabane à l'aide d'un cheval, parce que le terrain ne permet pas qu'un ou deux hommes la fassent rouler.

L'échelle, *Fig. 3*, fera connaître les dimensions de la cabane et de la loge, afin que l'on puisse en faire de pareilles. Cette échelle a deux mètres trente-quatre centimètres [sept pieds], et elle est divisée en sept parties de trente-trois centimètres [un pied] chacune.

EXTRAIT D'UN MÉMOIRE *

Sur la Rumination et sur le Tempérament des Bêtes à laine.

Lu à la rentrée publique de l'Académie royale des Sciences, le 13 Avril 1768.

PLUSIEURS espèces d'animaux à quatre pieds mangent deux fois la même chose : après avoir pris leur nourriture comme les autres animaux, ils la font revenir dans leur gueule par la gorge ; ils la mâchent de nouveau, et ils l'avalent une seconde fois : c'est ce que l'on appelle *la rumination*.

Les animaux ruminans ont plusieurs estomacs que l'on nomme *la panse*, *le bonnet*, *le feuillet* et *la caillette*. En voyant ces estomacs et les matières qu'ils contenaient, on a reconnu que la nourriture était conduite par l'herbière

---

* C'est dans les Mémoires qui suivent que *Daubenton* a consigné ses expériences et ses observations ; c'est là qu'il a pris les matériaux des Leçons qui précèdent. Ces Mémoires sont, à proprement parler, les pièces justificatives des préceptes indiqués dans les Leçons (HUZARD).

ou œsophage, d'abord dans la panse qui est le premier estomac; qu'elle en sortait pour revenir à la gorge par l'herbière ; et qu'elle rentrait dans le même conduit après la rumination, pour aller dans un autre estomac.

La rumination a plus d'influence qu'on ne le croit sur le tempérament de l'animal, parce qu'elle ne peut se faire que par des parties qui ne sont pas indifférentes pour le reste du corps : elles sont particulières aux animaux ruminans. La principale de ces parties est le bonnet : on l'a regardé jusqu'à présent comme un estomac ; c'est le second des quatre que l'on attribue aux animaux ruminans : cependant il ne fait aucune des fonctions d'un estomac. Pour mieux expliquer celles du bonnet, il faut commencer par considérer le trajet que fait la nourriture pour la rumination.

L'animal broute de l'herbe et la mâche, seulement pour faire dans sa gueule une pelotte qu'il puisse avaler : cette pelotte passe dans l'herbière, et tombe dans le premier estomac, qui est la panse, et qui a beaucoup d'étendue; elle se remplit peu à peu d'herbes grossièrement broyées, qui forment une grosse masse. Lorsque l'animal veut ruminer, il faut qu'une portion de cette masse rentre dans l'herbière et revienne dans la gueule. La panse peut se resserrer, comprimer la masse d'herbes qu'elle contient, et la presser contre l'entrée de l'herbière ; mais comment une petite portion de cette masse s'en sépare-t-elle ; comment peutelle se glisser dans l'herbière, s'il n'y a des parties qui contribuent à cette opération par laquelle l'animal avale à rebours ?

Cette manière d'avaler peut être comparée à celle qui est commune à tous les animaux, et qui a lieu à l'autre bout de l'herbière au fond de la gueule. Il faut que la nourriture y soit arrondie et humectée par la salive pour être avalée. Ne faut-il pas aussi qu'une portion de la masse d'herbes contenue dans la panse, soit détachée, arrondie et humectée avant d'entrer dans l'herbière pour revenir à la gueule? C'est le bonnet qui détache une petite portion de la masse d'herbes, qui l'arrondit et l'humecte. J'ai reconnu ces fonctions du bonnet, en le voyant en différens états de relâchement et de resserrement.

On croyait que le bonnet n'était qu'une poche lâche, qui avait, dans son intérieur, des reliefs semblables aux mailles d'un réseau ou aux bords des alvéoles d'un gâteau de cire. Mais j'ai vu le bonnet lorsqu'il était resserré; dans cet état il est rapetissé, et sa cavité n'a qu'un pouce [trois centimètres] dans les moutons. En l'ouvrant, j'y ai trouvé une pelotte d'herbes semblables à celles de la masse qui était dans la panse; cette pelotte remplissait toute la cavité du bonnet. Après avoir enlevé la pelotte, j'ai vu que le bonnet n'avait plus de reliefs en réseau à larges mailles, mais seulement de petites fentes dirigées irrégulièrement : ces fentes étaient profondes, et contenaient de la sérosité. Le bonnet se relâcha en se refroidissant; les fentes s'agrandirent, et prirent la figure des mailles d'un réseau, telles qu'on les voit lorsque le bonnet est dans un état de relâchement : alors la sérosité disparut. Je resserrai les mailles du réseau en comprimant le bonnet au point de les réduire à de petites fentes; et à l'instant je vis la sérosité suinter et même couler. Je réitérai cette compression, et la sérosité reparut à chaque fois; elle était contenue dans l'épaisseur du bonnet comme dans une éponge.

Cette observation me rappela celle que j'avais faite quatorze ans auparavant sur le chameau et le dromadaire, dans lesquels j'avais trouvé un réservoir d'eau placé de manière à me faire présumer, dès-lors, qu'il fournissait une liqueur pour humecter la nourriture qui revenait de la panse à la gueule, dans le temps de la rumination, et pour désaltérer l'animal par ce moyen, lorsqu'il n'avait point d'eau à boire *. Je vois à présent que le réservoir du chameau et du dromadaire fait les mêmes fonctions que le bonnet des autres animaux ruminans, qui est aussi un réservoir d'eau et de sérosité.

La rumination paraît dépendre de la volonté de l'animal. Lorsqu'il veut ruminer, la panse

---

* *Histoire naturelle, générale et particulière, avec la description du cabinet du roi.* Tome XI. Paris, Imprimerie royale, 1754, in-4.º, *page 252 et suivantes.* — *Id.* tome XXIII. Paris, Impr. roy. 1766, in-12. *page 13 et suivantes.*

qui contient la masse d'herbes qu'il a pâturée, se resserre, et en comprimant cette masse, elle en fait entrer une portion dans le bonnet: alors celui-ci se resserre à son tour ; il embrasse la portion d'herbe qu'il reçoit, l'arrondit, en fait une pelotte par sa compression, et l'humecte avec l'eau qu'il répand dessus en se resserrant. La pelotte, ainsi arrondie et humectée, est disposée à entrer dans l'herbière ; mais pour qu'elle y entre, il faut encore que l'animal avale à rebours.

Cette manière d'avaler, qui est particulière aux animaux ruminans, me semble plus facile à entendre que celle qui se fait au fond de la gueule, quoiqu'il ne paraisse pas plus difficile de faire aller de la nourriture de la gueule dans la panse, que de la faire revenir de la panse dans la gueule. Ce dernier trajet ne se fait pas à l'aide d'un mouvement convulsif, comme le vomissement, mais par un mouvement réglé.

La partie de l'herbière qui aboutit à la panse, au bonnet, et au feuillet que l'on regarde comme le troisième estomac des ruminans, et que l'on

des Bêtes à laine.

appelle *le livret*, fait une gouttière dont les bords sont renflés, et qui peut s'ouvrir et se fermer à-peu-près comme l'un des coins de notre bouche peut faire ces deux mouvemens, tandis que l'autre coin reste fermé.

J'ai dit comment le bonnet détache une portion de la masse d'herbes contenue dans la panse, comment il l'arrondit en forme de pelotte, et l'humecte en la comprimant. Il est situé de façon que la pelotte qu'il contient se trouve placée contre les bords de la gouttière de l'herbière et à portée d'y être introduite par la pression du bonnet. La pelotte étant dans l'herbière est conduite jusqu'à la gueule par l'action des muscles de ce canal. Lorsque la pelotte repasse dans l'herbière au sortir de la gueule, la gouttière se trouve fermée par l'action de ses muscles, et la pelotte arrive dans le feuillet sans pouvoir entrer dans la panse ni dans le bonnet. Cela est prouvé par l'inspection des matières qui se trouvent dans la panse et dans le feuillet : je n'ai jamais vu dans la panse que de l'herbe grossièrement broyée; je n'ai jamais trouvé dans le feuillet que de l'herbe bien broyée, telle qu'elle doit l'être après la rumination. J'ai fait manger à un mouton de l'herbe aussi bien broyée que s'il l'avait ruminée ; cependant le mouton ayant été tué avant qu'il n'eût ruminé, l'herbe se trouva dans la panse et non pas dans le feuillet ; ce qui prouve qu'elle n'arrive dans celui-ci qu'après la rumination.

Quoiqu'il faille que plusieurs parties du corps agissent pour faire revenir dans la gueule une petite partie de la masse d'herbes contenue dans la panse, cette opération se fait en peu de temps.

Pour s'en assurer, il suffit de considérer une bête à laine tandis qu'elle rumine ; lorsqu'elle a fait revenir une pelotte de la panse dans sa gueule, elle la mâche pendant environ une minute, ensuite elle l'avale, et l'on voit la pelotte descendre sous la peau le long du cou. Alors il se passe quelques secondes, pendant lesquelles l'animal reste tranquille, et semble être attentif à ce qui se passe au dedans de son corps. J'ai tout lieu de croire que pendant ce temps la panse se resserre, et le bonnet reçoit une nouvelle pelotte; ensuite le corps de l'animal se renfle, il se resserre bientôt par un effort subit, et enfin l'on voit la nouvelle pelotte remonter le long du cou. Il me paraît que le moment du renflement du corps est celui où la gouttière de l'herbière s'ouvre pour recevoir la pelotte ; et que dans l'instant où le corps se resserre subitement, la pelotte entre dans l'herbière pour revenir à la gueule et pour y être broyée de nouveau. Je crois que le goût de l'animal est presqu'aussi flatté lorsqu'il rumine que lorsqu'il mange l'herbe pour la première fois : quoiqu'elle ait été macérée dans la panse, elle n'a pas beaucoup changé de saveur ; elle a encore à-peu-près le même goût d'herbe *.

J'ai tiré de ces connaissances sur la rumination, plusieurs conséquences par rapport au tempérament et au traitement des animaux ruminans, et principalement des bêtes à laine,

---

* Il faut lire ce que *Bourgelat* a écrit sur la rumination, contre le sentiment de *Daubenton*, à la suite de son *Précis anatomique du corps du cheval*, tome II, page 446, édition de l'an 7 (HUZARD).

soit pour les maintenir en bonne santé, soit pour les guérir de leurs maladies.

La santé des bêtes à laine, et probablement de tous les animaux ruminans, est très-sujette à se déranger par des différences de quantité dans la sérosité du sang, qui sont plus fréquentes que dans les autres animaux. Les ruminans ont une partie du corps qui leur est particulière, et qui fournit de la sérosité en abondance; car il faut beaucoup de liqueur pour humecter toutes les pelottes d'un pouce [trois centimètres] de diamètre, que fournit la masse d'alimens contenue dans la panse d'une bête à laine. La sérosité du sang n'y suffirait pas, sans épuiser l'animal, si elle n'était suppléée par la boisson; soit que l'eau entre, au sortir de l'herbière, dans le bonnet pour imbiber et remplir ce réservoir, et qu'il en entre aussi dans la panse, pour humecter la masse d'alimens qui s'y trouve; soit que l'eau arrive, par d'autres voies, dans le bonnet et dans la panse. Si la masse d'alimens contenue dans la panse est trop humectée, parce que l'animal a trop bu, les pelottes qui sortent de la panse dans le temps de la rumination, sont assez imbibées pour ne point tirer de liqueur du bonnet, et même pour en fournir à ce réservoir au lieu d'en recevoir. Alors le cours de la sérosité du sang est ralenti ou interrompu dans le bonnet : cette humeur n'ayant pas son cours ordinaire, surabonde dans le sang, s'épanche dans le corps, et cause un grand nombre de maladies, qui ne sont que trop fréquentes parmi les bêtes à laine : au contraire, si la boisson manquait pendant trop long-temps, l'animal maigrirait ; il s'affaiblirait, et il tomberait à la fin dans l'épuisement. On sait que, pour engraisser les moutons, on les fait boire souvent en leur donnant de bonnes nourritures ; l'animal prend bientôt un embonpoint qui, ayant été favorisé par une boisson abondante, est une vraie maladie dont il mourrait. On la prévient en le livrant au boucher.

Il ne faut donc abreuver les bêtes à laine qu'avec circonspection, soit pour les maintenir en bonne santé, soit pour les guérir de la plupart de leurs maladies. Indépendamment des raisons que j'ai rapportées, et qui prouvent que la boisson trop fréquente leur est nuisible, il y a des faits avérés depuis long-temps qui en sont aussi de bonnes preuves. On sait que les chèvres boivent peu ; le cerf et le chevreuil boivent rarement et peut-être point du tout dans certain temps. Les pacos, que l'on appelle aussi *brebis du Pérou*, parce qu'ils ont des rapports avec nos brebis, peuvent se passer de boire pendant quatre ou cinq jours, quoiqu'ils habitent un pays chaud ; et qu'ils fatiguent en servant de bêtes de somme. Les chameaux et les dromadaires, qui sont aussi des animaux ruminans, comme ceux que je viens de citer, fatiguent encore plus que les pacos ; car ils parcourent un grand espace de chemin chaque jour, avec une très-grosse charge ; ils traversent des déserts de sables brûlans, qui ne produisent point d'herbes, parce qu'ils manquent d'eau et même d'humidité : les chameaux sont réduits à une nourriture sèche, et entièrement privés d'eau, dans des voyages qui durent ordinairement cinq jours, souvent dix, et quelquefois quinze. On a toujours admiré

la

la merveilleuse propriété de ces animaux qui peuvent se passer d'eau pendant si long-temps. J'ai éprouvé par des expériences suivies, que nos bêtes à laine peuvent rester plus long-temps sans boire et sans que leur appétit diminue, même lorsqu'elles ne vivent que de paille et de foin sans sortir de l'étable. La plupart des Bergers croient qu'il ne faut pas abreuver les bêtes à laine tous les jours ; mais leurs pratiques varient beaucoup sur le nombre des jours qu'ils leur font passer sans boire.

Après tant de preuves de différens genres, on ne peut pas douter que l'abondance de l'eau prise en boisson, ou avec les herbes mouillées ou d'une consistance trop aqueuse, ne soit contraire au tempérament des bêtes à laine et la cause de la plupart de leurs maladies. On reconnaît sensiblement les effets de cette cause dans les hydatides ou vésicules pleines d'eau qui sont très-fréquentes dans les bêtes à laine : elles adhèrent à différentes parties du corps ; j'en ai trouvé souvent dans la tête, au milieu du cerveau, où elles grossissent au point de le comprimer et de le rapetisser beaucoup ;

j'en ai vu qui occupaient les trois-quarts de la capacité du crâne, et qui avaient causé la mort de l'animal, après l'avoir fait languir pendant très-long-temps. Ces hydatides percent quelquefois la peau et y sont adhérentes entre les flocons de la laine. Pour remplir ces vésicules, il faut que la sérosité du sang soit tellement abondante et épanchée, qu'elle forme des dépôts, tant au dehors qu'au dedans du corps *.

La sueur est aussi un écoulement de la sérosité du sang ; et par conséquent elle est plus à craindre pour les animaux ruminans que pour aucun des autres, parce qu'elle suspend ou diminue de beaucoup le cours de la même sérosité qui doit se faire pour la rumination.

---

* On voit par cette description que *Daubenton* avait bien connu l'hydatide du cerveau et des autres parties du corps des moutons, mais qu'il ignorait alors que c'était un corps organique, un véritable ver [*tænia ovilla*, *tænia cerebralis*. L.]. Il ne l'ignorait point avant sa mort, et prenait un grand intérêt aux expériences tentées pour guérir la maladie que le *tænia* du cerveau occasionne dans les bêtes à laine. Je publierai bientôt ces expériences (HUZARD).

Si les bêtes à laine sont en sueur lorsqu'elles ruminent, elles ont en même temps deux évacuations de sérosité; leur corps étant desséché et le sang épaissi et échauffé par la perte de cette liqueur, elles éprouvent une soif qui les fait boire au point de s'incommoder et d'altérer leur tempérament. La sueur est encore nuisible à d'autres égards pour ces animaux : les filets de leur laine sont privés d'une partie de leur nourriture, que la sueur entraîne au dehors du corps; et la chaleur qui cause cette sueur, fait croître la laine trop promptement pour qu'elle prenne assez de consistance.

Cependant nous logeons nos bêtes à laine dans des étables, où elles suent non-seulement dans l'été, mais aussi dans l'hiver; par des soins mal entendus et par une dépense inutile et même nuisible, nous altérons leur santé et nous gâtons leur laine. Pourquoi renfermer ces animaux dans des bâtimens ? La nature les a vêtus de façon qu'ils n'ont pas besoin de couvert; ils ne craignent que la chaleur : le froid, la pluie, ni les injures de l'air, ne leur font pas tant de mal; je puis l'assurer, parce que j'en ai des preuves acquises par des expériences qui s'accordent avec ce que j'ai pu savoir de quelques autres expériences faites aussi en France sur le même sujet ; mais je n'en connais pas les détails. Voici l'exposé des miennes.

J'ai tenu en Bourgogne, près de la ville de Montbard, pendant tout l'hiver dernier, qui a été fort rigoureux, un petit troupeau dans un parc en plein air, nuit et jour, sans aucun abri, pas même pour le râtelier : les bêtes qui composaient ce troupeau étaient de tout sexe et de tout âge ; il y avait deux agneaux, l'un du 1.er mars, et l'autre du 1.er avril précédens, deux brebis pleines et six moutons de différens âges, tous de la race des bêtes à laine de l'Auxois. Ces animaux étaient placés dans un lieu exposé au nord et l'un des plus froids du canton ; ils ont éprouvé des gelées qui ont fait descendre le thermomètre de *Réaumur* jusqu'à quatorze degrés et demi au-dessous de la congélation ; ils ont été exposés à des vents très-froids et très-violens, à des pluies froides et continuelles, à des brouillards qui ont duré plusieurs jours de suite, au givre et à la neige ;

ils ont subi toute sorte d'épreuves de la part des intempéries de l'air : et cependant ils ont toujours été et ils sont encore plus sains et plus vigoureux que ceux que l'on a renfermés dans des étables. J'ai visité très-souvent ces animaux dans les temps les plus critiques de l'hiver ; après de grandes pluies, j'ai écarté les flocons de leur laine pour toucher leur peau ; jamais je ne l'ai sentie mouillée ; la laine était toujours chaude et sèche autant qu'elle peut l'être, sur la longueur de près d'un pouce [trois centimètres] au-dessus de sa racine, tandis que le reste était mouillé, glacé, couvert de neige ou de givre : le suint de la laine, qui est une matière grasse, empêche pendant long-temps l'eau de la pluie de pénétrer jusqu'à la peau de l'animal ; la partie de la laine qui se mouille, est bien plutôt séchée au grand air que dans des étables.

Les deux brebis du troupeau exposé en plein air, ont mis bas au mois de février, l'une le 18 et l'autre le 28 : l'agneau du 18 étant né par un temps de pluie, y fut exposé nuit et jour ; l'agneau du 28 février éprouva d'assez fortes gelées dans les premiers jours de sa vie, au commencement de mars : cependant ces agneaux sont très-sensiblement plus vigoureux que ceux des étables, et leurs mères n'ont eu aucun mal.

Il y a, dans l'expérience dont je viens de rapporter le détail, une circonstance qui la rend encore plus décisive ; c'est que le 14 décembre dernier (1767), je joignis au petit troupeau que je tenais en plein air, un mouton qui m'arriva du Roussillon avec d'autres bêtes à laine de cette même province : quoique ce mouton fût né dans un pays plus chaud que celui où il arrivait, et qu'il eût été élevé et soigné selon l'usage de ce pays, qui est de loger les bêtes à laine dans des étables bien fermées et de ne les jamais exposer à la pluie, s'il est possible, cependant il a résisté au froid, à la neige et aux pluies, aussi bien que les autres.

J'ai aussi mis dans le même troupeau un mouton flandrin qui m'arriva de Lille le 21 janvier : quoique ce mouton eût été renfermé tous les ans dans une étable, depuis le commencement de novembre jusqu'au mois de mars, comme les autres bêtes à laine de Flandre, les injures de l'air ne lui ont fait aucun mal depuis qu'il y est exposé.

Dans la suite, toutes les bêtes à laine qui seront en ma disposition, n'auront point d'autre gîte qu'un parc; ce ne sera pas tant pour faire une épreuve, comme je l'ai faite l'hiver dernier, que parce que je suis convaincu qu'il n'y a point de moyen plus sûr pour maintenir les bêtes à laine en bonne santé, pour leur donner de la vigueur, pour les préserver de la plupart des maladies auxquelles elles sont sujettes, pour donner un meilleur goût à leur chair, et pour rendre la laine plus blanche, plus abondante et de meilleure qualité : il est fort à désirer pour le bien public que cet usage se répande dans tout le royaume.

La plupart des gens de la campagne, ne connaissant ni la force des raisonnemens ni l'authenticité des faits, ne peuvent pas se fier aux innovations qu'on leur propose, sans leur en montrer le succès pour ainsi dire au doigt et à l'œil. Il n'y a que des exemples palpables qui puissent les déterminer à suivre de nouvelles pratiques; il faut leur faire voir dans les différentes provinces du royaume, et s'il se peut dans chaque canton, des troupeaux de bêtes à laine élevés en plein air, et soignés de la manière la plus convenable au tempérament de ces animaux; leur faire remarquer la vigueur de ce bétail, les bonnes qualités de sa laine, le produit que l'on en tire, et les exhorter à comparer ces troupeaux avec les leurs. Cette comparaison les déterminera bientôt à faire tout ce qui sera nécessaire pour en avoir de pareils. Voilà le meilleur moyen d'établir des usages qui peuvent relever l'espèce des bêtes à laine en France, y multiplier et y maintenir de bonnes races, et procurer à la nation les laines nécessaires pour ses manufactures. Qui peut faire un si grand bien? Le Gouvernement s'en occupe efficacement; c'est aux bons citoyens à y concourir. Vous qui avez le goût des occupations champêtres et l'amour de l'humanité, élevez des troupeaux; donnez par votre exemple aux gens de la campagne, des moyens d'être plus heureux par le produit qu'ils peuvent tirer des bêtes à laine.

EXTRAIT D'UN MÉMOIRE

Sur des Bêtes à laine parquées pendant toute l'année.

Lu à la rentrée publique de l'Académie royale des Sciences, le 19 novembre 1769.

LE parcage des bêtes à laine est un objet très-important pour l'agriculture, pour les manufactures, et pour plusieurs branches de commerce, tant au dehors qu'au dedans du royaume. En faisant parquer les troupeaux pendant toute l'année, non-seulement on augmente le produit des pâturages et des terres, en tous genres d'herbes, de grains et de légumes, mais en même temps on rend les bêtes à laine plus robustes ; et par conséquent leur laine doit être plus abondante et de meilleure qualité, et leur chair de meilleur goût. On épargne les frais de la construction et de l'entretien des étables, qui, loin d'être utiles aux bêtes à laine, leur sont très-nuisibles, parce qu'en les y renfermant, on les rend sujettes à plusieurs maladies, causées par un air échauffé et chargé de vapeurs nuisibles et de l'infection des fumiers : ce mauvais air gâte la laine de ces animaux, et empêche que leur chair servie sur nos tables, n'ait toutes les bonnes qualités dont elle est susceptible.

Pour faire parquer les bêtes à laine pendant toute l'année, il faut avoir deux sortes de parcs : l'une est déjà usitée dans plusieurs provinces du royaume, où le parcage se fait pendant la bonne saison ; alors les bêtes à laine passent le jour au pâturage et la nuit au parc ; mais dans la mauvaise saison on les renferme dans les étables pendant la nuit, et même pendant la journée entière, dans les temps de neige, où elles ne peuvent pas aller au pâturage. C'est alors qu'il faut substituer aux étables un parc domestique, c'est-à-dire, un parc établi dans le coin d'une cour fermée de murs, pour mettre le troupeau en sûreté contre les loups, sans que le Berger reste auprès pour le garder, comme dans les parcs des champs.

C'est du parc domestique qu'il s'agit principalement dans ce Mémoire. Ordinairement deux côtés de ce parc peuvent être fermés par les murs de la cour d'une ferme, et les deux autres côtés par des claies; les râteliers sont attachés contre les murs, et même contre les claies, s'il est nécessaire pour le nombre des bêtes du troupeau. Le terrain du parc doit être disposé en pente pour faciliter l'écoulement des eaux; on le sable, si le sol est de nature à faire de la boue : on balaie le parc tous les jours pour enlever la fiente, que l'on jette dans une fosse à fumier. Tel est le gîte que j'ai trouvé préférable aux étables, d'après l'expérience de deux hivers, dont l'un a été remarquable par de fortes gelées, et l'autre par des pluies presque continuelles.

J'ai donné à l'académie, en 1768, le détail d'une première épreuve du parc domestique, commencée le 4 novembre 1767, sur un petit troupeau de douze bêtes, qui passa tout l'hiver absolument exposé à l'air jour et nuit, sans aucun abri, dans la bergerie que j'ai établie en Bourgogne, près de la ville de Montbard: il résista parfaitement aux pluies, aux neiges, et à des gelées de quatorze degrés et demi suivant le thermomètre de *Réaumur.* Ce troupeau fut plus vigoureux que ceux qui étaient renfermés dans des étables; et il s'est maintenu jusqu'à présent en aussi bon état et toujours dans le même gîte en plein air.

Il y avait dans ce petit troupeau deux brebis; elles mirent bas à la fin de février 1768, par des temps de pluies froides et de gelées : cependant ni les mères ni les agneaux n'en furent malades; au contraire, ces agneaux ont surpassé, à tous égards, ceux qui étaient nés et qui furent élevés dans des étables. Je mis dans ce troupeau, au mois de décembre, un mouton qui m'arriva de Perpignan avec d'autres bêtes à laine; il était alors âgé de cinq ans, et il avait toujours été logé dans des étables bien chaudes, comme les troupeaux du Roussillon : cependant un si grand changement de climat et de gîte ne lui fit aucun mal.

Ces circonstances, jointes aux succès de ma première épreuve sur le parc domestique substitué aux étables, me convainquirent qu'il était plus convenable aux bêtes à laine, et me déterminèrent à laisser en plein air, l'hiver suivant, non-seulement les bêtes que j'avais des races de l'Auxois et du Roussillon, mais encore d'autres des races de Flandre, d'Angleterre et de Maroc.

De quatre-vingts bêtes à laine des races de l'Auxois et du Roussillon, et de races mêlées, aucune ne fut malade pendant l'hiver. Il y avait aussi dans le parc, en plein air, trente-cinq bêtes à laine de Maroc, de Flandre et de race anglaise, dont la plupart étaient faibles, languissantes, maigres, fatiguées du voyage qu'elles venaient de faire, ou malades de gale, de vers à la poitrine, de pourriture, &c., et dans l'état de dépérissement qui les aurait fait rejeter, avant l'hiver, des troupeaux ordinaires que l'on tient dans des étables : cependant il n'en a péri qu'une seule durant l'hiver, tandis qu'il mourait un très-grand nombre de bêtes à laine dans le canton de Bourgogne, où ma bergerie est située. Ces bêtes avaient dans la trachée-artère et dans le poumon, une multitude de vers qui n'étaient pas plus gros que des fils, mais qui avaient jusqu'à trois ou quatre pouces [huit à onze centimètres] de longueur * :

---

* Ce ver est le *crinon* ou *dragoneau* du C.en *Chabert*, qui paraît avoir pris la queue pour la tête (*Traité des*

je les ai vus dans l'animal dont je viens de faire mention, qui était mort de cette maladie, et dans un très-grand nombre d'autres bêtes à laine mortes de la même maladie dans la ville de Montbard et dans les villages circonvoisins : il a péri plus de la moitié d'un troupeau de cinq cents bêtes dans le village de Villiers, qui n'est distant de ma bergerie que d'un tiers de lieue [environ cent soixante-six décamètres].

Cependant, au milieu de cette mortalité parmi les bêtes à laine de l'Auxois, celles de la même race qui étaient parquées jour et nuit en plein air dans ma bergerie, se sont toutes maintenues en très-bon état ; un troupeau, arrivé du Roussillon, s'est conservé pendant tout l'hiver. Parmi les bêtes qui étaient venues de Normandie, de Flandre et de Maroc, presque toutes celles qui n'étaient pas tout-à-fait exténuées, ou assez gravement malades, pour être gardées dans une infirmerie, ont

---

maladies vermineuses) ; le gordius equinus d'Abildgaard (Zoologia danica, tom. III) ; et le filaria equi de Linné (HUZARD).

résisté à toutes les injures de l'air, et se sont peut-être mieux soutenues en plein air qu'elles n'auraient fait dans les étables : le plein air, ne leur ayant point fait de mal, leur aura vraisemblablement fait du bien en les fortifiant.

Les animaux qui sont assez bien vêtus, pour résister en tout temps aux injures de l'air, ont toujours plus de force et de vigueur que les animaux renfermés dans des étables, où l'air perd son ressort par la chaleur et par les exhalaisons de leurs corps et de leurs excrémens. Cette force que mes troupeaux ont reçue du plein air, les a mis en état de résister aux brouillards, aux pluies et aux neiges, qui se sont succédés les uns aux autres, presque continuellement, pendant l'hiver dernier (1768). Les pluies ont été si longues et si abondantes, que j'ai souvent trouvé les bêtes à laine mouillées jusqu'à la peau sur le dos.

Cependant il faut observer que les bêtes exténuées par la fatigue du long voyage qu'elles venaient de faire par mer et par terre, ont été mieux nourries que les troupeaux de bêtes à laine ne le sont ordinairement ; mais toutes celles que j'ai eues de l'Auxois et du Roussillon, n'ont eu pour nourriture que de la paille, et seulement une livre [cinq hectogrammes] de foin chaque jour, dans les temps où la rigueur de la saison les empêchait de trouver de la pâture à la campagne.

On sera plus disposé à croire que les troupeaux de bêtes à laine peuvent rester en France, pendant l'hiver, jour et nuit, en plein air, sans aucun abri, lorsqu'on saura ce que je vais rapporter des agneaux de ma bergerie, qui sont nés et qui ont été élevés dans le même parc où leurs mères ont passé l'hiver.

J'ai déjà fait mention, dans le Mémoire précédent, de deux agneaux qui étaient nés à la fin du mois de février de la même année, qui furent élevés en plein air avec leurs mères, dans un parc domestique. L'un de ces agneaux fut exposé à des pluies froides pendant les premiers jours de sa vie ; l'autre éprouva des gelées quelques jours après sa naissance. Ces agneaux étaient les seuls que j'eusse mis à cette épreuve dans l'hiver de l'année 1768 ; ils ont toujours été plus vigoureux que ceux qui
avaient

avaient été renfermés dans des étables, et ils le sont encore à présent, de même que leurs mères et les autres bêtes du petit troupeau qui est resté continuellement en plein air depuis le 4 de novembre 1767.

Pendant l'hiver dernier, j'ai eu, dans ma bergerie, des agneaux nés en plein air dès le 14 de janvier. Douze brebis du pays agnelèrent successivement depuis ce jour jusqu'au 4 de mars ; la plupart de leurs agneaux ont été exposés à des épreuves si rudes, que j'aurais eu peine à les croire capables d'y résister, si je n'en avais moi-même été témoin. Les brebis agnelèrent au milieu du parc, les unes pendant les pluies froides de l'hiver, tandis qu'il neigeait ou qu'il faisait de grands vents du nord ou du nord-est, très-froids et très-piquans, ou tandis qu'il gelait. Les agneaux nouveau-nés étaient mouillés de la pluie, ou couverts de flocons de neige ; en sortant du ventre de la mère ils se trouvaient gisans sur la neige ou sur un terrain glacé ou détrempé par l'eau du dégel, qui est peut-être pire que la glace. Cependant les injures de l'air n'ont

S

jamais fait aucun mal aux mères ni aux agneaux; il n'en est mort aucun : tandis que dans les étables du voisinage, à une lieue [un demi-myriamètre] à la ronde, il est mort beaucoup de brebis et près de la moitié des agneaux. Je m'en suis assuré par un état que j'ai fait faire des agneaux qui sont nés cette année, et de tous ceux qui sont morts dans treize paroisses et cinq fermes autour de ma bergerie. Il y est né trois mille quarante-cinq agneaux; et il en était mort quatorze cent quatre-vingts avant le mois d'avril; et certainement il en est mort plusieurs depuis. Ceux de ma bergerie sont tous vivans et très-vigoureux, de même que les mères.

Il faut observer que ces brebis qui ont agnelé si heureusement, et dont les agneaux se sont maintenus en si bon état, avaient toutes été alliées à des beliers de race étrangère, et supérieure à la leur par la grandeur de la taille. Or, il est certain qu'une brebis fécondée par un belier beaucoup plus grand qu'elle, a un agneau plus gros que si elle avait eu un belier de sa taille. Cet agneau consomme plus de nourriture dans la portière ; la brebis est plus sujette à l'avortement ; elle met bas plus difficilement ; et l'agneau tire plus de lait que s'il avait été produit par un petit belier. Cette différence dans la grandeur des beliers était considérable ; car ceux qui ont été alliés avec les brebis de ma bergerie, avaient vingt-quatre à vingt-huit pouces [soixante-six à soixante-dix-sept centimètres] de hauteur, prise au garot, tandis que les beliers du pays n'ont que vingt à vingt-deux pouces [cinquante-cinq à soixante centimètres].

Malgré ces obstacles, tout a parfaitement réussi, par rapport aux brebis de la race du pays et à leurs agneaux. On ne peut pas attribuer ce succès à la nourriture qui a été donnée aux mères ; car les brebis étrangères qui sont dans ma bergerie, ont été aussi bien nourries que celles du pays : cependant, de vingt-huit agneaux que les brebis étrangères ont produits, il en est mort sept avant le mois d'avril, ce qui fait un quart ; mais en ajoutant à ces vingt-huit agneaux de brebis étrangères, les douze qui sont nés de brebis du pays, c'est en tout quarante agneaux, dont il n'est mort que sept : ce n'est donc qu'un peu plus de la sixième partie des agneaux élevés en plein air dans ma bergerie, qui a péri avant le mois d'avril ; tandis qu'il est mort près de la moitié des agneaux nés dans les étables aux environs de ma bergerie, à une lieue [un demi-myriamètre] à la ronde.

Cette différence était déjà une preuve que les injures de l'air n'avaient pas fait périr les agneaux morts dans ma bergerie ; mais pour en être plus sûr, je les ouvris afin de reconnaître la cause de leur mort. J'ouvris aussi trente-six agneaux morts dans les étables des environs de ma bergerie : de ces trente-six agneaux, dix-huit étaient morts de faim ; il n'y avait point d'alimens dans les estomacs, ni de matière dans les boyaux, ou il ne s'y trouvait qu'une matière gluante, bleuâtre ou jaunâtre. Onze étaient morts, parce que des égagropiles avaient fermé le passage de la caillette aux boyaux : ces égagropiles sont formées par des filets de laine que les agneaux avalent, et qui se pelotonnent dans leur dernier estomac. Lorsqu'une de ces pelottes s'engage dans l'orifice qui communique de cet estomac dans les intestins, les alimens n'y peuvent plus passer. Un des dix-huit agneaux dont il s'agit, était mort d'une suppuration à la poitrine ; un autre avait dans la trachée-artère, du lait qu'on lui avait fait avaler, et qui l'avait suffoqué. Je n'ai pas pu connaître les causes de la mort des cinq autres.

Des sept agneaux qui ont péri dans ma bergerie, trois étaient morts de faim, un autre de suppuration à la poitrine, un autre avait été suffoqué par du lait qu'on lui avait fait avaler ; je n'ai pas pu découvrir la cause de la mort de l'un de ces sept agneaux, et un autre n'a pas été ouvert.

L'objet de ce Mémoire ne m'a pas permis de rapporter ici ce que je crois que l'on peut faire pour empêcher qu'il ne meure tant d'agneaux dans les bergeries. Il me suffit de faire voir, par des preuves tirées de mes observations, que les injures de l'air n'ont pas plus contribué à la mort des agneaux qui ont péri dans ma bergerie, qu'à celle des agneaux qui sont morts dans des étables. D'ailleurs ces agneaux qui ont péri en plein air, ne sont pas morts dans les jours les plus froids ; ils ne sont pas morts plusieurs à la fois comme cela serait arrivé pour les plus jeunes ou les plus faibles, si le froid avait causé leur mort.

Au reste, je ne sais pas jusqu'à quel degré les agneaux ou les bêtes à laine plus âgées peuvent supporter le froid. J'ai seulement eu l'occasion d'observer en 1768, que des gelées de quatorze degrés et demi n'avaient pas fait de mal à des troupeaux où il y avait des agneaux de neuf ou de dix mois, et des bêtes de différens âges au-dessus. J'ai vu, dans l'hiver dernier, qu'un agneau né le 20 janvier, fut exposé à cinq degrés et demi de froid le second jour de sa vie, à trois degrés et demi le troisième jour, et à cinq degrés un quart le quatrième jour : cet agneau s'est toujours maintenu jusqu'à présent en très-bon état. Peut-être que l'hiver prochain donnera lieu à des épreuves plus fortes ; mais cela ne me paraît pas nécessaire par rapport aux agneaux, parce que je crois que dans les pays où l'hiver est rigoureux, il est à propos d'empêcher qu'il naisse des agneaux avant le mois de mars. En Flandre on ne donne le belier aux brebis qu'au 15 septembre; en Angleterre, le temps de la naissance des agneaux est communément depuis la fin de février jusqu'en avril; et l'on remarque qu'ils sont beaucoup plus robustes et plus aisés à élever lorsqu'ils naissent en avril : l'usage de ne permettre l'accouplement que dans le mois d'octobre, s'introduit en Suède. On fait cependant plusieurs objections contre cet usage; elles me paraissent mal fondées : je me propose de les discuter ailleurs, comme un sujet important pour le bien des troupeaux.

En Angleterre, on laisse les agneaux dans les champs avec leurs mères, en quelque temps qu'ils naissent; mais lorsqu'ils sont malades, on les transporte dans les maisons. *Ellis*, dans son livre qui a pour titre *le Guide des Bergers* *,

---

* Cet ouvrage, qui a paru à Londres en 1749, est peu connu en France, et mériterait de l'être; il contient beaucoup d'observations sur l'éducation des bêtes à laine, sur leur nourriture, leurs maladies, les moyens de les en préserver, &c. Nous avons des traductions d'ouvrages étrangers sur cette matière, auprès desquelles celle d'*Ellis* tiendrait une place avantageuse (HUZARD).

rapporte que les agneaux qui naissent dans les champs, lorsque la saison est bien rigoureuse et qu'il y a beaucoup de neige, en souffrent quelquefois à un tel point, qu'à peine donnent-ils quelque signe de vie. Alors on les enveloppe ; on les réchauffe à un feu doux ; on leur donne une petite cuillerée d'eau de genièvre. Quelquefois on les met dans un four qui a été un peu chauffé avec de la paille ; on les y laisse jusqu'à ce qu'ils soient ranimés ; ensuite on leur donne une cuillerée de lait chaud. On continue de les nourrir ainsi pendant quelques jours près du feu, jusqu'à ce qu'ils aient assez de force pour être rendus à leurs mères, et pour les teter, dans une grange ou sous un appentis, &c.

Ce petit récit peut faire juger du soin que l'on a des bêtes à laine en Angleterre. Nous ne savons que trop combien elles sont négligées en France ; aussi nous sentons de plus en plus la nécessité de multiplier ces animaux et de relever leurs races dégénérées. On commence à revenir du faux préjugé qui a fait croire que le sol et le climat de la France n'étaient pas aussi favorables pour les bonnes qualités des laines, que ceux des royaumes voisins, dont les laines sont si recherchées pour les manufactures. Cette erreur ne s'est soutenue qu'autant que l'on a négligé en France de faire des tentatives pour perfectionner les laines. Pourquoi n'aurait-on pas d'aussi bonnes laines en France qu'en Espagne et en Angleterre? Le climat de la France est moins chaud que celui de l'Espagne; et l'on sait que la grande chaleur est nuisible aux bêtes à laine : le climat de la France est moins humide que celui de l'Angleterre; et l'on sait aussi que l'humidité est encore plus nuisible aux bêtes à laine que la grande chaleur. On peut donc espérer de faire en France des laines aussi bonnes et peut-être meilleures qu'en Espagne et en Angleterre; je me le persuade de plus en plus, depuis deux ans que je fais des expériences dans cette vue sur des troupeaux parqués en plein air pendant toute l'année. J'ai allié des brebis du pays avec des beliers de race supérieure; et dès la première génération, j'ai vu sur des bêtes de quatorze à quinze mois, des progrès plus sensibles que je ne l'espérais pour la quantité et la qualité de la laine. Ces progrès devant augmenter avec l'âge des bêtes à laine, il n'est pas encore temps de juger du plein effet de ces expériences ; mais j'en suis déjà assez satisfait pour exhorter les bons citoyens qui s'occupent de l'économie rustique, à faire des tentatives pour l'amélioration des troupeaux : ils feront leur propre bien en faisant celui de la patrie.

EXTRAIT D'UN MÉMOIRE

Sur l'Amélioration des Bêtes à laine.

Lu à la rentrée publique de l'Académie royale des Sciences, le 9 avril 1777.

ON sait que les bêtes à laine sont un objet d'utilité et de profit; mais il faudrait connaître les détails du commerce, pour savoir combien il est important à la France d'améliorer ses laines: aussi le Gouvernement desire-t-il depuis long-temps d'en augmenter la quantité, et d'en perfectionner les qualités, pour fournir les manufactures du royaume, sans faire venir des laines étrangères. *Colbert* avait conçu ce projet; d'autres Ministres ont fait quelques tentatives pour en procurer l'exécution; mais feu *Trudaine* et son fils, ont employé le seul moyen qu'il y eût d'assurer le succès de cette entreprise: c'était de rechercher, par une suite d'expériences bien conçues et exécutées avec soin, la disposition la plus favorable de la nature pour l'amélioration des laines. MM. *Trudaine* me firent part de ce dessein en 1766, et me proposèrent de faire toutes les expériences que je croirais nécessaires pour trouver un bon moyen de perfectionner les laines. Je me sentis disposé à me charger de ce travail, par son importance, et par la confiance que j'avais depuis très-long-temps en MM. *Trudaine*: j'y fus encouragé par les observations que j'avais faites pendant vingt ans sur la conformation des animaux; j'espérai que je ne serais pas au-dessous de mon entreprise, et j'en commençai l'exécution sur la fin de 1766.

Ma première réflexion fut que l'état de la laine dépendait de celui de la santé de l'animal, et que par conséquent je devais faire des expériences sur les différentes manières de loger les bêtes à laine, et de les nourrir au râtelier; sur le traitement de leurs maladies, sur leurs diverses nourritures, et sur tout ce qui peut contribuer à conserver leur santé.

Je me proposai en même temps d'allier ensemble des beliers et des brebis de différentes races, pour connaître les effets de ces mélanges sur les agneaux qui en viendraient.

des Bêtes à laine.

Il y a tant de ces races, qu'il ne serait pas possible de les nombrer, parce qu'une race ne diffère d'une autre que par des caractères qui sont presque insensibles, et que diverses causes les font varier en différens lieux, et en différens temps dans le même lieu.

Si l'on n'avait en vue que de perfectionner des troupeaux dont la laine aurait déjà un certain degré de finesse, il est bien certain qu'il ne faudrait employer que les beliers et les brebis qui auraient la laine la plus fine que l'on pourrait trouver : pour améliorer ces troupeaux en les perpétuant, ce serait sans doute le moyen le plus sûr et le plus prompt. Mais si je n'avais suivi que cette méthode, mes expériences auraient été incomplètes ; elles n'auraient pu servir que pour l'amélioration des troupeaux à laine fine : c'est la moindre partie de ceux qui sont en France *. M'étant

---

* Le nombre des bêtes à laine fine est beaucoup augmenté en France depuis l'époque de ce Mémoire, et on peut compter aujourd'hui un million de bêtes à laine en amélioration, sur tous les points de la République. Les expériences de *Daubenton* sont la source de cette

proposé de travailler pour tous, même pour ceux qui ont plus de poil que de laine, je me déterminai à mêler par l'accouplement les races les plus différentes ; par exemple, les races à laine fine avec les races à grosse laine et à gros poil. J'ai cru pouvoir espérer que je trouverais par ces mélanges les moyens d'améliorer toutes les laines de France, et d'en donner des preuves convaincantes : ces conjectures ont été confirmées par mes expériences.

Je les commençai en 1767, avec toute sorte de précautions pour leur donner de la certitude et de la précision. Il fallait être assuré d'une sorte de légitimité dans le produit des accouplemens que je ferais faire pour mes expériences : quoique l'on fût obligé d'employer plusieurs beliers dans le mélange de différentes races, il était nécessaire de connaître le père de chaque agneau avec autant de certitude que la mère. Cet objet demandait beaucoup d'attention, sur-tout dans le temps de leurs amours,

---

amélioration, dont les progrès ne peuvent être que très-rapides (HUZARD).

et un soin continuel pour avoir de plusieurs races, trois générations dont la descendance fût certaine.

Je n'ai rien négligé de tout ce qui était nécessaire pour ces expériences : un troupeau nombreux y est employé; les observations ont été faites sur les bêtes vivantes, à tout âge, en tous états, et même après leur mort, par l'ouverture du corps pour rechercher les causes de leurs maladies. Enfin, ce troupeau est dévoué aux expériences depuis dix ans : on y a fait venir des moutons des races du Roussillon, de Flandre, d'Angleterre, de Maroc et du Thibet. MM. *Trudaine* ne m'ont rien laissé à desirer de tout ce qui pouvait m'être utile pour remplir mon objet.

Avant de faire connaître les différens degrés d'amélioration que le mélange des races a produits par rapport à la finesse de la laine, qui est le principal objet de mon Mémoire, il faut nécessairement indiquer différens degrés de finesse dans la laine et de grosseur dans le poil, qui ne se trouve que trop souvent mêlé avec la laine.

On donne à ce poil le nom de *jarre* dans les manufactures : il est blanchâtre, dur et cassant ; son écorce lisse ne prend point de teinture. Il y a toujours quelques filamens de jarre dans les toisons les plus fines ; j'en ai vu dans les laines d'Espagne les mieux choisies : cependant ils sont rares, et ils ont si peu de longueur, qu'on les sépare aisément de la laine dans l'emploi que l'on en fait pour les manufactures. Mais il se trouve souvent tant de poil dans les grosses laines, qu'elles ne peuvent servir qu'aux ouvrages les plus grossiers.

Entre le jarre le plus gros et la laine la plus fine, il y a une infinité de grosseurs intermédiaires ; on a tâché de distinguer dans les manufactures, les principales différences de grosseur par les sept dénominations suivantes :

1.º Laine superfine ou refin.
2.º Laine fine ou fin.
3.º Laine demi-fine ou mi-fin.
4.º Grosse laine ou gros.
5.º Poil fin ou jarre fin.
6.º Poil moyen ou jarre moyen.
7.º Gros poil ou gros jarre.

Ces

Ces dénominations ne sont fondées sur aucun principe certain ; elles ne dépendent que du coup d'œil ; leurs différentes significations ne suivent aucune règle sûre. Le commerçant et le manufacturier n'ont qu'une routine acquise par leur expérience, dans l'inspection et dans l'emploi des laines. Cette routine varie en différens lieux ; la laine qui passe pour fine dans un pays, serait regardée comme demi-fine dans un autre. La signification de ces noms est très-vague : aussi j'ai trouvé beaucoup d'incertitude et de différences dans le jugement que plusieurs personnes avaient porté sur le degré de finesse de divers échantillons de laine.

En comparant deux flocons de laine fine, l'un avec l'autre, il est souvent très-difficile et peut-être impossible de connaître à l'œil nu s'ils sont au même degré de finesse, ou s'il y a de la différence entre eux. Pour mettre dans mes observations toute l'exactitude dont elles sont susceptibles, j'ai pris le parti de me servir du microscope, et de mesurer les diamètres des filamens de la laine par le micromètre ;

c'est le seul moyen de déterminer les différens degrés de l'amélioration de la laine par rapport à sa finesse.

J'ai entrepris de déterminer la grandeur des diamètres des filamens de la laine, relativement à leurs dénominations, en formant une échelle graduée des grosseurs réelles des filamens, correspondantes à ces dénominations ; chaque terme sera désigné par la fraction des parties de la ligne [deux millimètres] du pied-de-roi, qui feront la mesure des filamens de chaque sorte de laine. Cette nomenclature générale une fois établie, à l'aide du microscope et conformément à l'état des différentes laines connues dans le commerce, j'y rapporterai, comme à une mesure commune, les nomenclatures particulières aux principales manufactures. Par ce moyen je réduirai les dénominations équivoques et fautives à leur juste valeur, et je ferai connaître les rapports de finesse que les laines du royaume ont entre elles et avec les laines étrangères qui sont dans le commerce. Je vais faire maintenant une courte exposition du résultat des expériences que j'ai faites pour trouver des moyens de rendre les laines plus fines et plus abondantes.

Mes expériences ont produit deux effets: l'un a été de faire disparaître le jarre, et l'autre de rendre la laine plus fine.

En faisant accoupler des brebis à laine jarreuse avec des beliers à laine fine, j'ai vu disparaître le jarre presqu'en entier dès la première génération ou au plus tard à la seconde, et il n'en est resté qu'autant qu'il s'en trouve dans les laines que l'on ne doit pas regarder comme jarreuses *. J'ai confirmé ce fait par plusieurs expériences : il est fort important, par rapport à l'amélioration des laines ; le jarre est leur plus grand défaut, puisqu'il en réduit l'emploi aux ouvrages les plus grossiers.

Lorsque j'ai fait accoupler des brebis à laine jarreuse avec des beliers à laine fine, non-seulement le jarre a disparu sur les agneaux qui ont été produits par ce mélange; mais leur laine a pris un degré de finesse au-dessus de celle de leurs mères. Cette amélioration est

---

* Voyez la note que j'ai insérée page 113 (HUZARD).

très-profitable, parce que les agneaux étant adultes, leur laine a le prix des demi-fines, tandis que celle de leurs mères n'a que la valeur des grosses laines.

Des brebis à laine demi-fine, accouplées avec des beliers à laine fine, ont produit des agneaux dont la laine est devenue souvent presqu'aussi fine que celle de leur père, et quelquefois plus fine.

Une brebis, née d'un belier du Roussillon à laine fine et d'une brebis jarreuse, a eu de ce mélange une laine demi-fine, où il était resté de petits poils de jarre. La même brebis ayant été accouplée avec un belier du Roussillon à laine fine, a produit un agneau qui est à présent un belier à laine superfine : cette grande amélioration m'a surpris, et a passé mes espérances.

Lorsqu'au contraire j'ai mêlé un belier à grosse laine avec des brebis à laine fine, leurs agneaux ont eu la laine moins fine que celle de la mère et moins grosse que celle du père. J'ai fait cette épreuve dans d'autres vues que l'amélioration des laines ; car un troupeau ne peut manquer de dégénérer, si l'on donne aux brebis des beliers de moindre qualité pour la finesse de la laine, pour le poids de la toison et pour la hauteur de la taille : cependant cet abus, si pernicieux pour les troupeaux, est très-répandu ; au lieu de choisir le meilleur des agneaux pour faire un belier, on garde souvent le plus chétif, parce qu'on n'espère pas en faire un beau mouton.

En choisissant un belier de haute taille, j'ai relevé en peu de temps des brebis de taille médiocre : par exemple, une brebis de vingt pouces deux lignes [cinquante-cinq centimètres quatre millimètres] de hauteur, mesurée au garot, ayant été accouplée avec un belier de vingt-huit pouces [soixante-dix-sept centimètres], a produit un belier de vingt-six pouces onze lignes [soixante-quatorze centimètres], qui avait presque atteint la hauteur du père.

Lorsque j'ai donné à des brebis un belier qui portait plus de laine qu'elles, j'ai vu qu'un grand nombre de leurs agneaux étant devenus adultes, avaient des toisons qui pesaient le double et quelquefois le triple de celles de leurs mères. Mais toutes ces améliorations sont sujettes à manquer par plusieurs circonstances, dont les principales dépendent de l'état de la santé du belier, des brebis ou des agneaux : c'est une loi générale pour toutes les productions des animaux.

Je ne puis rapporter ici le détail des preuves de toutes les sortes d'améliorations que j'ai faites dans mes troupeaux par le choix des beliers : c'est le sujet d'un Livre et non pas d'un Mémoire. Je ne me suis proposé dans celui-ci, que d'indiquer les moyens de rendre les laines plus fines, et de faire croître en France les plus belles laines, même dans nos provinces septentrionales.

La laine superfine de ma bergerie en est une preuve : elle a un degré de finesse supérieur à celui des beliers du Roussillon, dont elle a tiré son origine. Je l'ai comparée à la laine d'Espagne que l'on fait venir de l'Escurial, en grosses balles, pour la manufacture de Julienne et pour d'autres manufactures.

Quoique cette laine soit superfine ou refin, on fait un triage de la plus fine pour la trame du drap ; la moins fine est employée pour la chaîne : ma laine superfine a un degré de finesse au-dessous de la plus fine laine venue de l'Escurial, et au-dessus de la moins fine : je distingue ces deux degrés de finesse de la laine superfine d'Espagne, pour donner une idée plus juste de celle de ma bergerie. M. *Desmarets*, de cette académie *, inspecteur des manufactures de la généralité de Champagne, et M. *Holker*, inspecteur général des manufactures de France, avaient jugé, en présence de MM. *Trudaine*, que la laine de ma bergerie était au moins très-approchante du superfin, les épreuves du microscope et du triage de la laine de l'Escurial ont confirmé leur jugement.

J'ai constaté ces faits avec le plus grand soin : je ne puis trop le répéter, j'ai consulté tous les meilleurs connaisseurs que j'ai pu trouver ; j'ai observé cent et cent fois ces laines de mes propres yeux, et à l'aide des loupes et du microscope, sans prévention pour celles de ma

---

* Aujourd'hui membre de l'Institut national.

bergerie : au contraire je les ai examinées avec d'autant plus de rigueur, que je n'avais pas espéré d'en faire d'aussi belles, n'ayant eu ni beliers ni brebis dont la laine fût à ce degré de finesse. Cette belle production n'a pas été favorisée par le choix des fourrages : les métis mâles et femelles de ma bergerie, n'ont presque aucune autre nourriture au râtelier que des pailles de toutes les sortes. Mes troupeaux vont au parcours sur un terrain montueux, sec et maigre, aux environs de la ville de Montbard en Bourgogne; ils passent toute l'année en plein air sans aucun couvert, même dans les temps les plus rigoureux.

Parmi toutes ces circonstances, je ne puis discuter ici celles qui m'ont paru les plus favorables pour l'amélioration des laines : il me suffit d'avoir prouvé qu'elles se sont promptement améliorées par le moyen des beliers de qualité supérieure à celle des brebis. J'ajouterai seulement que la race des bêtes à laine du Roussillon, conservée et perpétuée sans mélange pendant dix ans, s'est aussi améliorée dans ma bergerie, par rapport à la finesse de la laine. On a estimé cette amélioration à un quart en sus ; mais pour en faire l'estimation, il a fallu garder, pendant plusieurs années, des laines de beliers et de brebis importés du Roussillon et morts a leur terme dans ma bergerie, et les comparer avec celles de leurs descendans. La laine perd de sa qualité avec le temps : d'ailleurs j'ai pour principe de ne jamais évaluer au plus fort le produit de mes expériences ; ainsi je me restreins à dire que la race des bêtes à laine du Roussillon s'est sensiblement améliorée dans ma bergerie.

Je dois conclure de tous ces résultats d'expériences, qu'avec un peu de soin et sans aucune dépense, on pourrait améliorer toutes les laines, en choisissant les meilleurs agneaux de chaque troupeau pour le perpétuer ; mais il faudrait beaucoup de temps, pour arriver, par ce moyen, à un certain point de perfection.

On peut abréger le temps en faisant une petite dépense pour tirer des beliers de lieux peu éloignés où ils seraient de qualité supérieure à celles des brebis du troupeau que l'on voudrait améliorer. Ce moyen suffirait lorsqu'on n'aurait en vue que de convertir des laines jarreuses en grosses laines ou en laines demi-fines.

Si l'on augmente la dépense, on pourra faire une amélioration meilleure et plus prompte, et parvenir à avoir des laines fines et superfines, en faisant venir de loin des beliers en état de produire de ces laines avec des brebis de qualité inférieure.

La laine superfine peut croître en France dans les cantons secs et maigres, puisque j'ai amélioré des laines dans ma bergerie, au point de les rendre superfines au second degré, sans avoir eu des beliers à laine superfine au premier degré; je ne puis guère douter qu'avec ces beliers, je n'améliore des laines de France au premier degré de superfin.

En assortissant la qualité des beliers à celle des troupeaux, des terrains et des pâturages, et aux besoins des manufactures, on aurait une suffisante quantité de laines pour toutes sortes d'ouvrages : le terrain de la France est aussi varié que l'industrie de la nation.

MÉMOIRE

Sur les Remèdes les plus nécessaires aux Troupeaux.

Lu à l'Assemblée publique de la Société royale de Médecine le 27 janvier 1778.

Les moutons résistent à toutes les intempéries de l'air dans notre climat, excepté à la grande ardeur du soleil ; leur laine les défend contre le plus grand froid. J'ai depuis dix ans, dans la partie septentrionale de la Bourgogne, des troupeaux exposés en plein air, jour et nuit pendant toute l'année ; les grandes gelées de 1768 et de 1776 ne leur ont fait aucun mal, quoique la liqueur du thermomètre de *Réaumur* soit descendue à quatorze degrés et demi, et à dix-huit degrés au-dessous de zéro. Les pluies les plus abondantes et les plus longues, la neige dont ils ont été couverts et qu'ils ont avalée pour toute boisson, les glaçons qui se sont formés sur leur laine et qui y sont restés suspendus, ne leur ont causé aucune maladie ; mais l'ardeur du soleil en a fait périr plusieurs dans la campagne, et en aurait fait périr un plus grand nombre s'ils n'avaient pas été promptement secourus.

Le mal que la trop grande chaleur cause aux moutons, a été nommé du même nom, *la chaleur*. Les plus sanguins, les mieux nourris et les plus forts sont les plus sujets à la maladie de la chaleur. Ceux qui en sont attaqués, tiennent la gueule ouverte pour respirer; ils écument, ils rendent le sang par le nez; ils râlent et ils battent du flanc. Le globe de l'œil devient rouge; l'animal baisse la tête, il chancèle et bientôt il tombe mort. Après la mort, les yeux, le bas des joues, la ganache, la gorge, le cou, le dedans de la gueule et du nez, ont une couleur mêlée de rouge et de noirâtre : à l'ouverture de l'animal on trouve les vaisseaux sanguins gonflés dans toutes les parties qui viennent d'être dénommées, et dans la tête. Tous ces signes indiquent évidemment le besoin de la saignée; aussi fait-elle cesser le mal très-promptement, lorsqu'elle est faite à temps. Ce remède est donc un des plus nécessaires pour les troupeaux dans les climats chauds, dans les climats tempérés comme le nôtre, et même dans les climats froids, où le soleil a beaucoup d'ardeur en été.

Il est un autre remède absolument nécessaire aux moutons, dans tous les pays et dans tous les temps, c'est le remède contre la gale; ils sont plus sujets à cette maladie qu'à aucune autre. Les troupeaux placés sur les terrains les plus convenables à leur espèce et même à leur race, n'en sont pas exempts; les moutons les mieux soignés, les mieux nourris et les plus vigoureux, peuvent devenir galeux. Lorsque l'humeur grasse du suint se rancit, elle affecte la peau et lui donne une disposition à la gale. Si l'on n'arrête pas cette maladie à sa première apparition, elle gâte la laine et la fait tomber: si rien ne s'oppose aux progrès de la gale, elle ulcère les chairs, carie les os et fait périr l'animal. Le remède d'un mal si fréquent et si dangereux, est encore plus nécessaire pour les troupeaux que la saignée, parce que les moutons ont plus souvent la gale que le mal de la chaleur. Les observations que j'ai faites sur ces deux remèdes font l'objet de ce Mémoire.

On saigne les moutons sur différentes parties du corps, au front, au-dessus et au-dessous des yeux, à l'oreille, à la jugulaire ou à la veine du cou, au bras, à la queue, au-dessus du jarret et au pied.

Avant de discuter ces différentes sortes de saignées, il est à propos de faire quelques réflexions sur le traitement des maladies des moutons. Il doit être proportionné à la valeur de l'animal, et aux connaissances dont les Bergers sont susceptibles par rapport à la médecine et à la chirurgie vétérinaire.

Un mouton attaqué d'une longue maladie est de peu de valeur ; on ne lui doit faire que des remèdes peu dispendieux. Dans les maladies d'accident qui peuvent être guéries par un prompt remède, le mouton ne perd rien de sa valeur, si le remède est facile, et s'il ne gâte pas la laine.

Il faut donc que la saignée des moutons puisse être faite promptement et par un seul homme, et que le vaisseau qui est ouvert par cette opération, soit assez grand pour donner une suffisante quantité de sang, et situé sur une partie du corps où il n'y ait point de laine.

Je crois que dans la plupart des maladies des moutons, il n'est pas nécessaire de choisir la partie du corps où la saignée semblerait être le plus favorable. Les plus habiles médecins ne sont pas d'accord sur les divers effets de la saignée faite en différentes parties du corps de l'homme, quoique l'on ait une longue expérience à ce sujet : que feraient des Bergers avec les faibles lumières que l'on pourrait leur donner sur un objet qui n'est pas connu par rapport aux animaux? il vaut mieux les dispenser d'une pratique où ils feraient des fautes grossières, et qui paraît inutile pour les moutons dans les cas les plus fréquens.

Mais lorsqu'une maladie attaque plusieurs troupeaux, s'étend d'un canton à un autre, se répand dans plusieurs provinces, c'est un objet de la plus grande importance, qui devient une affaire d'état. Dans ces cas malheureux, il faut employer toutes les ressources de la médecine, et entre autres celles des différentes saignées. Les plus grands médecins doivent rechercher.

avec soin la cause et le remède d'un mal qui menace de détruire des animaux utiles à toutes les nations, et principalement à celles qui savent employer la laine pour les plus beaux ouvrages.

C'est dans cette vue que la société royale de médecine a établi une correspondance toujours subsistante entre elle et le simple Berger pour l'instruire; des membres de la société iront eux-mêmes, dans des cas pressans, conduire la main du Berger pour le traitement des troupeaux. Mes observations sur la saignée des moutons ne s'étendent pas à des circonstances rares et compliquées. Je pense que dans les cas ordinaires, il suffit aux Bergers de savoir saigner sur une partie du corps du mouton, favorable tout à la fois pour le volume de la veine, pour la facilité de l'opération et pour la conservation de la laine. D'après ces conditions, je vais discuter les différentes saignées que l'on fait sur diverses parties du corps des moutons.

Les veines du front sont petites, et par conséquent ne donnent que très-peu de sang; elles ne peuvent être sensibles au doigt.

On

On ne saigne au-dessus ou au-dessous de l'œil, ou entre les deux yeux, que sur la portion de la veine angulaire qui s'étend depuis le trou sourcilier jusque sur la partie supérieure de la joue. Ainsi, quoique ces trois saignées aient trois dénominations, elles peuvent se réduire à une seule qui se fait à différens endroits d'une portion de la veine angulaire d'environ un pouce et demi [quatre à cinq centimètres] de longueur. Cette saignée donne assez de sang, parce que la veine est grosse ; mais il est difficile de la sentir au doigt quoique gonflée ; par conséquent on risque souvent de faire des saignées blanches.

On ne peut pas comprimer les veines des tempes pour les faire gonfler ; elles sont trop petites. La tempe est couverte de laine dans plusieurs races de moutons, principalement dans ceux à laine fine ; il est difficile d'y faire une saignée sur ceux qui ont des cornes. Cependant j'en ai fait saigner plusieurs ; mais le sang n'a que suinté sans couler.

Lorsqu'on tire du sang des oreilles, c'est par une plaie, parce que les veines sont si petites,

V

qu'il faut en ouvrir plusieurs tout à la fois. On incise l'oreille et l'on frappe dessus pour en faire sortir du sang : c'est un mauvais procédé; l'on ne peut le tolérer que pour des cas très-pressans, où il ne serait pas possible de faire mieux.

Les saignées à la jugulaire ou au cou, au bras et au-dessus du jarret, sont trop difficiles pour la plupart des Bergers ; et un homme seul ne pourrait pas en faire aisément l'opération : d'ailleurs celles du cou et du bras gâteraient la laine.

On fait deux sortes de saignées sur la queue du mouton, l'une sur la partie qui est dénuée de laine, et l'autre à l'extrémité. La première de ces deux saignées ne donne que peu de sang.

Pour en tirer du bout de la queue, il faut couper au moins la dernière fausse-vertèbre ; cette opération ne peut se faire avec une lancette. On coupe l'extrémité de la queue, par ce moyen on tranche les veines et les artères avec l'os : les chairs se retirent et laissent l'os à nu ; il reste une plaie.

On fait des saignées sur différentes parties des pieds du mouton ; mais il n'y a dans ces parties que de petites veines. D'ailleurs il est à craindre que les ordures qui entrent souvent dans les ouvertures de ces saignées, n'y causent une inflammation et un dépôt, qui non-seulement fait boîter l'animal, mais qui peut s'étendre jusque dans les sabots : ces saignées ont aussi l'inconvénient de ne pouvoir être faites aisément par une seule personne.

J'ai trouvé une autre manière de saigner les moutons, qui me paraît préférable à toutes celles qui sont en usage, parce qu'elle n'est sujette à aucun des inconvéniens dont je viens de faire mention, et qu'elle est plus facile. Cette saignée se fait sur le bas de la joue du mouton, à l'endroit de la racine de la quatrième dent mâchelière, qui est la plus épaisse de toutes; sa racine est aussi la plus grosse. L'espace qu'elle occupe est marqué sur la face externe de l'os de la mâchoire de dessus, par un tubercule assez saillant pour être très-sensible au doigt, lorsqu'on touche la peau de la joue. Ce tubercule est un indice très-certain pour trouver la veine angulaire qui passe au-dessous. Cette veine s'étend depuis le bord inférieur de la mâchoire de dessous, près de son angle, jusqu'au-dessous du tubercule, qui est à l'endroit de la racine de la quatrième dent mâchelière; plus loin la veine se recourbe et se prolonge jusqu'au trou sourcilier.

Pour faire la saignée à la joue, le Berger commence par mettre entre ses dents une lancette ouverte; ensuite il place le mouton entre ses jambes, et il le serre pour l'arrêter. Il tient son genou gauche un peu plus avancé que le droit. Il passe la main gauche sous la tête de l'animal, et il empoigne la mâchoire de dessous de manière que ses doigts se trouvent sur la branche droite de cette mâchoire près de son extrémité postérieure, pour comprimer la veine angulaire qui passe dans cet endroit, et pour la faire gonfler. Le Berger touche de l'autre main la joue droite du mouton à l'endroit qui est à-peu-près à égale distance de l'œil et de la gueule. Il y trouve le tubercule qui doit le guider; il peut aussi sentir la veine angulaire gonflée au-dessous de ce tubercule. Alors il prend de la main droite la lancette qu'il tient dans sa bouche, et il fait l'ouverture de la saignée de bas en haut, à un demi-travers de doigt au-dessous du milieu de l'éminence qui lui sert de guide.

Je puis dire sans exagérer, que de cette manière un aveugle serait en état de saigner un mouton, parce qu'il sentirait avec l'un de ses doigts le tubercule qui lui servirait de guide, tandis qu'il ferait l'incision.

La saignée à la joue est donc aussi sûre que facile, puisqu'on ne peut pas se méprendre à la situation du vaisseau, et qu'il est assez gros pour fournir une suffisante quantité de sang, car il reçoit celui des veines frontale, sourcilière, nasale et labiale supérieure, &c. Le sang y est retenu par la main du Berger qui fait l'effet d'une ligature à l'angle de la mâchoire. On ne risque pas d'ouvrir l'artère, car j'ai toujours trouvé de la distance entre elle et la veine à l'endroit de la saignée. Un homme seul peut faire cette opération.

Tous ces avantages m'ont déterminé à préférer cette saignée de la joue à toute autre, après les avoir comparées par la pratique.

Ayant donné une manière de saigner les moutons plus sûre et plus facile que celles qui sont en usage, il me reste à indiquer un remède pour la gale, qui soit préférable à ceux que l'on emploie contre cette maladie.

La gale des moutons fait des progrès continuels ; elle est d'autant plus difficile à guérir, qu'elle a duré plus long-temps. Le Berger doit donc être très-attentif à en découvrir les premiers indices. Il faut qu'il observe soigneusement son troupeau, pour voir si quelque mouton se gratte avec les pieds ou les dents, ou s'il se frotte contre les râteliers, les arbres, les murs, &c.; si la laine est tachée de boue sur les parties du corps que l'animal peut atteindre avec les pieds ; s'il y a des flocons de laine dérangés, que le mouton aurait tirés avec les dents ou frottés avec le pied. Ces signes annoncent des démangeaisons causées par des poux, par la gale ou d'autres maladies. Il faut que le Berger visite le mouton en écartant les flocons de la laine dans les endroits suspects, pour voir s'il y a de vrais symptômes de gale.

Ils consistent en ce que la peau est plus dure dans les parties galeuses que dans les autres ; on sent des grains qui résistent sous le doigt. Elle est couverte d'écailles blanches, de croûtes, ou de petits boutons qui sont d'abord rouges et enflammés, et qui prennent ensuite une couleur blanche ou verte. Tous ces symptômes causent de la démangeaison : mais il y a une autre sorte de gale qui ne démange pas ; elle s'étend promptement sous la laine, et, au lieu de la faire tomber, elle la roussit et la feutre, comme si elle avait été foulée.

Lorsqu'on a reconnu quelques-uns de ces symptômes, il faut faire promptement le remède contre la gale. Cependant, si l'on présume que cette maladie vienne de fatigue ou de mal-propreté, du mauvais air ou de la chaleur des étables, de la disette de la nourriture ou de sa mauvaise qualité, il est nécessaire de faire cesser la cause du mal, parce qu'elle s'opposerait au bon effet du remède. Si la gale est causée par une autre maladie, il faut les traiter toutes deux en même-temps *.

Lorsque la gale n'est pas invétérée ni ulcérée, on peut la guérir par des topiques sans

---

* J'invite à lire ce que j'ai dit des causes de la gale dans la note de la page 213 (HUZARD).

remèdes internes. On a employé pour cette maladie un très-grand nombre de topiques différens, qu'il serait trop long et fort inutile de rapporter tous dans ce Mémoire : je ne ferai mention que des principaux.

Les plus usités sont l'infusion de feuilles de tabac (1), l'huile de cade (2), la dissolution de vitriol vert [sulfate de fer], d'alun [sulfate d'alumine], de sel commun [muriate de soude], les fleurs de soufre [soufre sublimé], l'onguent gris ou l'onguent mercuriel, &c. Tous ces remèdes peuvent guérir la gale; mais ils ont chacun de grands inconvéniens. L'infusion de feuilles de tabac, l'huile de cade et les dissolutions de sels sont contraires à l'état de la peau galeuse; ils augmentent et font durer son épaississement, sa sécheresse et sa dureté; ils nuisent par cet effet à l'accroissement et aux bonnes qualités de la laine; d'ailleurs le tabac, et sur-tout l'huile de cade, donnent à la laine des teintes rousses et noirâtres qui la gâtent. Le soufre lui communique une

---

(1) *Nicotiana Tabacum.* L. (2) *Cedra leum.* B.

mauvaise odeur qui reste dans la toison après la tonte. Le mercure de l'onguent gris peut causer au Berger et aux moutons galeux une salivation dangereuse, qui oblige d'employer des remèdes internes pour la faire cesser : d'ailleurs on ne doit employer sur les animaux destinés à nos boucheries, que des remèdes qui ne puissent produire aucun mauvais effet.

Après avoir éprouvé sur mes moutons tous ces remèdes et beaucoup d'autres, j'ai vu qu'il était nécessaire d'en chercher un meilleur qui fût peu coûteux, facile, et qui ne communiquât aucune mauvaise qualité à la laine ni à la chair de l'animal. Un mélange de suif ou de graisse avec de l'huile essentielle de térébenthine, remplit toutes ces conditions. La graisse est préférable au suif en hiver, parce qu'elle s'étend plus aisément sur la peau du mouton; mais le suif est meilleur en été, parce qu'il ne se liquéfie pas sitôt que la graisse par la chaleur. La composition de ce remède est très-facile.

Faites fondre une livre [cinq hectogrammes] de suif ou de graisse.

Retirez du feu et mêlez avec le suif ou la graisse, un quarteron [douze décagrammes] d'huile de térébenthine.

Cet onguent coûte peu; il ne produit aucun mauvais effet sur la laine; il adoucit la peau du mouton durcie par la gale, et il guérit cette maladie. On peut le rendre plus actif en augmentant la dose de l'huile de térébenthine.

Il est facile de l'employer sans couper la laine à l'endroit de la gale; il suffit d'en écarter les flocons pour mettre la partie galeuse à découvert. Alors le Berger frotte la peau avec le grattoir, seulement pour enlever les croûtes, et il applique l'onguent en l'étendant avec le doigt.

On est dans le mauvais usage de frotter la peau des moutons galeux avec un tesson, ou un morceau de brique, jusqu'au point de la faire saigner : on fait une petite plaie qui est un mal de plus. J'ai donné à mes Bergers un seul instrument qui leur suffit pour les opérations qu'ils ont à faire sur les moutons; c'est une sorte de bistouri dont la pointe a deux tranchans, et sert de lancette; le manche est terminé par une lame d'os ou d'ivoire qui fait un grattoir.

Ellis, l'un des meilleurs auteurs anglais qui aient écrit sur le traitement des moutons, a donné pour la gale différentes recettes, où l'huile de térébenthine est mêlée avec de la bière, ou avec une décoction de tabac, de savon, d'urine, de saumure, &c. Mais je ne crois pas que l'on ait jamais employé l'huile de térébenthine comme elle l'est dans l'onguent que je propose, et d'une manière aussi convenable à toutes les circonstances *. L'efficacité de cet onguent m'est prouvée par une longue expérience sur mes troupeaux ; je ne rapporterai ici qu'une des épreuves les plus décisives. On fit partir un troupeau de beliers et de brebis pour ma bergerie, l'hiver dernier, à mon insçu, dans les plus mauvaises circonstances. Il avait deux cents lieues [cent myriamètres] à faire ; les brebis étaient pleines, la saison très-rigoureuse

---

* Ce remède était connu et employé dans la ci-devant Beauce, aujourd'hui département d'Eure-et-Loir, long-temps avant que *Daubenton* l'eût publié (HUZARD).

et la terre couverte de neige. Dès que je fus informé de ce voyage, j'écrivis pour faire arrêter le troupeau. Il se trouvait alors à cinquante lieues [vingt-cinq myriamètres] de ma bergerie ; les brebis avaient mis bas en chemin ; les agneaux et plusieurs mères étaient morts ; les beliers et les brebis avaient perdu presque toute leur laine; ils étaient exténués et couverts de gale. On les guérit parfaitement avec l'onguent dont je viens de donner la recette : ils sont à présent en très-bon état.

Ce troupeau est précieux par les excellentes qualités de ses toisons. Je le fais servir à mes expériences sur l'amélioration des laines. La bonne santé des brebis et principalement des beliers, y est absolument nécessaire : c'est ce qui m'a déterminé à rechercher les moyens de la conserver, et de la rétablir lorsqu'elle est dérangée.

MÉMOIRE

Sur le Régime le plus nécessaire aux Troupeaux.

Lu à l'Assemblée publique de la Société royale de Médecine, le 31 Août 1779.

Un bon régime est nécessaire pour conserver la santé des troupeaux ; c'est aussi un des meilleurs moyens de guérir leurs maladies. On doit être attentif au choix et à la qualité des alimens que l'on met dans les râteliers des moutons, et à ceux qu'ils prennent dans la campagne, parce qu'ils ne peuvent avoir d'autre nourriture dans la mauvaise saison que celle qu'on leur donne, et parce que les pâturages les plus succulens sont les plus dangereux.

Les sanves, le trèfle, la luzerne, l'herbe du froment, et toutes celles qui sont aussi appétissantes pour les moutons que favorables à leur santé, peuvent être mortelles, lorsqu'ils en ont brouté une trop grande quantité. L'air qui s'en dégage, enfle le plus grand de leurs estomacs à un point extrême, comme un ballon ; sa tension empêche la rumination ; et l'augmentation du volume de cet estomac comprime les gros vaisseaux, arrête le cours du sang, et cause la mort, si on ne la prévient par de prompts secours qui puissent faciliter la sortie de l'air par les boyaux, ou le passage du sang dans les gros vaisseaux.

Plus les pâtures sont abondantes et succulentes pour les moutons, plus les Bergers doivent s'en défier ; il ne faut les y conduire que lorsqu'ils sont déjà en partie rassasiés, et ne les y laisser que peu de temps.

Les herbes qui seraient nuisibles aux moutons par leurs mauvaises qualités, sont bien moins à craindre ; ils n'en mangent point, même lorsqu'ils sont pressés par la faim : voici les épreuves que j'ai faites à ce sujet.

J'ai mis dans un petit parc formé par quatre claies, deux moutons ; car ces animaux sont tellement accoutumés à être plusieurs ensemble, qu'un mouton qui se trouve seul, est toujours inquiet et occupé à en chercher d'autres. J'ai fait donner successivement dans un râtelier, aux deux moutons renfermés dans le petit parc, différentes herbes de mauvaise qualité, ou soupçonnées d'être nuisibles, telles que les tithymales (1), la bryone (2), la renoncule scélérate (3), la renoncule tubéreuse (4) et plusieurs autres. Les tithymales et la bryone sont restées dans le râtelier du matin au soir, sans que les moutons en aient goûté; au contraire, ils ont mangé avec avidité les renoncules scélérate et tubéreuse. On ne leur a donné pendant huit jours qu'une de ces herbes pour toute nourriture; et chaque jour on leur a présenté de l'eau, dont ils n'ont bu que très-peu, ou qu'ils ont refusée; ce qui prouve évidemment que ces plantes ne causent aucune altération aux moutons, quoiqu'elles soient très-âcres, principalement les tubercules de la renoncule tubéreuse. Ces épreuves me paraissent décisives; puisqu'un mouton passe la journée sans manger, contre une herbe qui est dans son râtelier,

---

(1) *Euphorbiæ.* L.
(2) *Bryonia alba.* L.
(3) *Ranunculus scele-ratus.* L.
(4) *Ranunculus bulbosus.* L.

il ne mangera jamais de cette herbe dans la campagne, où il en trouvera d'autres plus à son goût. Une herbe qui a été la seule nourriture d'un mouton pendant huit jours, sans aucun mauvais effet sensible *, est encore moins suspecte dans la campagne; car il n'y a aucune apparence qu'un mouton la préfère toujours aux autres herbes qui s'y trouvent.

Il paraît que les Bergers n'ont rien à craindre, pour le régime des moutons dans les bons pâturages, que la trop grande quantité d'herbes succulentes qu'ils pourraient manger avec avidité; mais les fourrages qu'on leur donne au râtelier demandent d'autres soins.

---

* *Daubenton* ne se hâte-t-il pas un peu trop ici de conclure; et les effets d'une plante ne peuvent-ils pas se manifester après huit jours de son usage ! Par exemple, de ce qu'un troupeau n'a pas gagné la pourriture après avoir resté huit ou quinze jours dans un pâturage marécageux, on ne peut pas en conclure, et *Daubenton* lui-même est de cet avis, que ce pâturage ne donnera pas cette maladie. On sait d'ailleurs encore combien la végétation plus ou moins avancée des plantes influe sur leurs bons ou mauvais effets; et on a des exemples de ceux que quelques espèces de renoncules ont produits sur les moutons (HUZARD).

Les moutons se dégoûtent de leur fourrage, s'il a contracté une saveur ou une odeur qui leur soit désagréable. Ainsi les foins rouillés dans les prairies, échauffés ou moisis dans les fenils, exposés à la vapeur des fumiers, les pailles infectées par les rats, sont de mauvais alimens, beaucoup plus à craindre lorsqu'ils ne sont pas gâtés au point de répugner absolument aux moutons, mais seulement assez pour les empêcher d'en prendre une quantité suffisante. Dans ce dernier cas, on ne se croit pas obligé de leur donner de meilleurs fourrages, quoique l'on s'aperçoive qu'ils mangent moins que si le fourrage était bien conditionné. On ne sait pas assez que les moutons dépérissent promptement, et sont exposés à plusieurs maladies, lorsqu'ils ne prennent pas la quantité de nourriture qui leur est nécessaire.

Alors l'animal languit; il devient galeux; et les meilleurs remèdes contre cette maladie sont sans effet tant que la cause subsiste. La laine prend un mauvais accroissement; les vaisseaux sanguins, qui sont d'un rouge vif sur le blanc de l'œil dans l'état de santé, pâlissent et annoncent des maladies graves et mortelles, si on ne les prévient en fortifiant le mouton par de meilleurs fourrages.

L'abondance des alimens est nécessaire aux moutons, principalement dans les trois premières années de leur vie, pour fournir non-seulement à leur subsistance, mais aussi à leur accroissement et à la production du suint, qui est particulière à ces animaux, et qui contribue beaucoup à la bonne qualité de la laine.

Lorsque l'herbe des pâtures, ou le fourrage du râtelier, n'est pas en assez grande quantité pour la nourriture de tous les moutons d'un troupeau, les plus vigoureux devancent les plus faibles dans la campagne pour brouter la meilleure herbe, ou les écartent du râtelier pour manger avidement le fourrage. Ainsi, les moutons déjà affaiblis par un mauvais tempérament, ou par le germe de quelque mal, languissent dans la disette des vivres; ils dépérissent de jour en jour; ils perdent leur laine, et ils éprouvent bientôt les symptômes de plusieurs maladies, principalement de celle qu'on appelle *la pourriture*.

On pourrait prévenir tous ces maux, en donnant chaque jour un supplément de nourriture aux moutons qui en auraient besoin. On les reconnaît le soir par l'état de leur ventre, qui n'est pas aussi renflé qu'il devrait l'être : mais ce signe est équivoque, lorsqu'il n'a manqué dans le jour qu'une petite quantité d'alimens. Cependant ce défaut est suffisant pour diminuer la quantité du lait des brebis et l'accroissement des agneaux : il devient très-nuisible lorsqu'il arrive souvent ; il est presque toujours à craindre dans les pays où les pâtures et les fourrages sont peu abondans.

Il faut donc savoir proportionner le nombre des moutons d'un troupeau à la quantité des alimens que l'on peut leur fournir : ce point est essentiel au régime de ces animaux. Mais quelle règle peut-on suivre pour ne pas se tromper dans ce calcul, et pour avoir par conséquent autant de moutons que l'on peut en nourrir ?

J'ai tâché de résoudre cette question, qui m'a paru très-importante pour les propriétaires des terres, pour les cultivateurs, et en général pour le bien des manufactures et du commerce.

J'ai fait mettre dans un petit parc deux moutons qui avaient environ vingt pouces [cinquante - cinq centimètres] de hauteur, prise au garrot (c'est la taille de la plupart de bêtes à laine qui sont en France). Les deux moutons en expérience n'ont eu pendant huit jours, pour toute nourriture, que de l'herbe nouvellement fauchée, et pesée avant d'être mise au râtelier. On avait soin de ramasser et d'y remettre celle que les moutons faisaient tomber, et de peser celle qu'ils ne voulaient pas manger, parce qu'elle était trop dure, ou parce qu'elle avait quelque autre mauvaise qualité. Il a résulté de cette épreuve, répétée plusieurs fois, qu'un mouton de taille médiocre mange environ huit livres [quatre kilogrammes] d'herbe en un jour.

Les mêmes épreuves, faites avec la même exactitude sur les fourrages de foin ou de paille, ont prouvé qu'un mouton, aussi de taille médiocre, mange chaque jour deux livres [un kilogramme] de foin, ou deux livres et demie [douze hectogrammes] de paille.

le plus nécessaire aux Troupeaux. 325

Pour savoir combien il faut d'herbe fraîche pour faire une livre [cinq hectogrammes] de foin, j'ai fait peser de l'herbe dès qu'elle a été fauchée; ensuite on l'a étendue sur des draps exposés au soleil pour n'en rien perdre et pour la faire bien faner. Étant ainsi convertie en foin, son poids s'est trouvé réduit au quart : huit livres [quatre kilogrammes] d'herbes n'avaient fait que deux livres [un kilogramme] de foin.

Les cultivateurs connaissent combien une pâture produirait de charretées ou de bottes de foin ; par conséquent ils seront en état de juger du nombre de moutons qu'ils pourront nourrir en foin ou en herbe. Ils auront donc une règle pour proportionner le nombre de leurs moutons à la quantité de la pâture et des fourrages qu'ils pourront leur fournir.

Ayant déterminé la quantité d'alimens solides qui était nécessaire pour le bon régime des bêtes à laine, j'ai fait d'autres épreuves sur ces animaux, pour savoir en quel temps il faut les abreuver.

On sait qu'ils boivent rarement lorsqu'ils

se nourrissent d'herbes fraîches; mais ils ont besoin d'eau lorsqu'ils ne sont nourris que de fourrages secs. Il y a diverses pratiques pour le temps de les faire boire : on les abreuve une ou deux fois chaque jour dans quelques pays; dans d'autres on passe un, deux, trois ou quatre jours, même jusqu'à quinze, sans les faire boire. De tous ces régimes si différens les uns des autres, quel est le meilleur? J'ai tâché de le connaître par les expériences suivantes.

J'ai renfermé dans une étable, au fort de l'hiver, un petit troupeau, dont tous les moutons étaient numérotés. Il a été retenu jour et nuit sans en sortir, et nourri d'un mélange de paille et de foin, sans aucun autre aliment. Chaque jour un Berger emportait successivement entre ses bras quelques moutons hors de l'étable pour les faire boire en ma présence dans un vaisseau jaugé à différentes hauteurs, et les rapportait dans l'étable après qu'ils avaient bu ou refusé de boire.

Par ce moyen, j'ai su combien ces moutons buvaient d'eau lorsqu'on leur en présentait une, deux ou trois fois chaque jour, ou seulement de deux, trois, quatre ou cinq jours l'un.

La plupart des moutons de ce petit troupeau passèrent un mois dans l'étable sans boire : leur appétit fut toujours le même, et ils n'eurent aucune autre incommodité que celle de la soif, dont ils donnèrent un signe évident ; ils accouraient pour lécher les lèvres mouillées des moutons qui venaient de boire, et que l'on rapportait à l'étable.

Il résulte de ces expériences, dont je ne puis donner ici le détail, que des moutons qui n'auraient point d'autre nourriture que du fourrage sec, et qui seraient à portée de l'eau, passeraient des jours sans boire ; mais ils prendraient une plus grande quantité d'eau le jour suivant que s'ils avaient bu la veille : cette quantité augmente jusqu'à un certain point, s'ils ont été privés d'eau pendant plusieurs jours de suite. Alors ils sont tourmentés par la soif, puisqu'ils s'empressent pour avoir quelques gouttes d'eau ; s'ils trouvaient ce liquide en abondance, ils en boiraient trop pour leur tempérament sujet aux épanchemens de sérosité, qui produisent des hydatides mortelles dans le cerveau *, et la maladie appelée *la pourriture*, qui n'est pas moins funeste.

Le meilleur régime est de conduire tous les jours le troupeau à l'abreuvoir, en le faisant passer lentement sans l'arrêter : par ce moyen les moutons qui auront besoin de boire, seront les seuls qui s'abreuveront.

Dans les pays où l'eau est rare, il arrive souvent que l'abreuvoir est fort éloigné ; on ne peut y conduire les troupeaux sans les fatiguer : dans ce cas on peut passer plusieurs jours sans les faire boire ; mais il ne faut pas tarder trop long-temps, lorsqu'ils n'ont que des fourrages secs.

Cet aliment diffère beaucoup de l'herbe fraîche, par l'humidité qu'il a perdue en se

---

* Il n'est pas encore prouvé que l'hydatide du cerveau, le *tænia cerebralis* de Linné, soit dû à l'excès de sérosité ; il affecte des moutons auxquels on pourrait faire le reproche contraire ; et quelques propriétaires prétendent même en avoir préservé leurs jeunes bêtes par la saignée (HUZARD).

desséchant : cependant les moutons prennent chaque jour la même quantité de substance solide, soit en herbe, soit en foin. Leur appétit a été aussi juste que la balance dans les expériences dont j'ai fait mention, puisqu'ils ont mangé huit livres [quatre kilogrammes] d'herbe, ou deux livres [un kilogramme] de foin, qui sont le produit de huit livres [quatre kilogrammes] d'herbe, suivant mes expériences. L'évaporation qui se fait durant le fanage, enlève les trois quarts de la substance de l'herbe en parties fluides : ainsi le mouton qui mange deux livres [un kilogramme] de foin, est privé de six livres [trois kilogrammes] d'aliment liquide, qu'il aurait eues en mangeant huit livres [quatre kilogrammes] d'herbe. Il supplée une partie de cette perte en buvant environ trois livres [quinze hectogrammes] d'eau lorsqu'il est nourri de foin; mais cette eau n'est pas en aussi grande quantité et n'a pas la même qualité que le liquide de l'herbe enlevé par le fanage.

On ne peut douter que cette différence dans

le régime ne produise de mauvais effets. Je vais en donner des preuves qui ne sont que trop évidentes et trop fréquentes.

Dans des pays où la neige reste sur la terre pendant un mois ou deux, le bétail est réduit aux fourrages secs tant qu'elle dure : alors les bêtes à laine les plus faibles, principalement les agneaux, les moutons qui sont dans leur seconde année, les brebis pleines et celles qui allaitent, languissent et dépérissent. Les Bergers expriment ce mauvais état, en disant qu'*ils fondent leur suif:* en effet, ils maigrissent, et il en périt un grand nombre.

J'ai souvent médité sur la cause de ce mal et sur les moyens de le prévenir. Après avoir fait toutes les recherches que j'ai pu imaginer, il m'a paru ne venir que d'un changement de régime, qui se fait subitement d'un jour à l'autre. Les moutons se trouvent réduits à environ deux livres [un kilogramme] de fourrage sec, et à trois livres [quinze hectogrammes] d'eau, au lieu de huit livres [quatre kilogrammes] d'herbe : ils sont donc privés tout-à-coup des trois huitièmes de leurs alimens, et ces trois huitièmes faisaient la moitié de la partie fluide de leur nourriture.

Suivant mes expériences sur la quantité d'eau que boivent les moutons, il paraît que leur boisson ne peut suppléer que la moitié du liquide que l'herbe a de plus que le foin. Il serait dangereux de les exciter à boire une plus grande quantité d'eau, parce qu'ils sont très-sujets aux infiltrations. Il faut donc tâcher d'avoir au moins une petite quantité de fourrage frais à leur donner chaque jour pour corriger les mauvais effets du fourrage sec.

Le plus sensible de ces mauvais effets est apparent dans le troisième estomac des moutons, que l'on appelle *le feuillet*, parce qu'il est composé intérieurement d'un grand nombre de lames membraneuses détachées les unes des autres, quoiqu'il n'ait que huit à dix pouces [vingt-deux à vingt-sept centimètres] de circonférence lorsqu'on l'a rempli d'air. Pendant la rumination, les alimens passent de la gueule dans ce troisième estomac et se répandent entre toutes ses lames. Je les y ai trouvés fort souvent arides et presque desséchés dans un très-grand nombre de moutons que j'ai disséqués.

Ces alimens, après avoir été ruminés, reçoivent dans le feuillet du mouton et des autres animaux ruminans, une préparation à la digestion, qui ne se fait que dans le quatrième estomac appelé *la caillette*. Les alimens sont arides dans le feuillet, non-seulement lorsque l'animal ne se nourrit que de fourrages secs, qui n'ont pas fourni assez de liquide, mais aussi lorsqu'il est attaqué de quelque maladie qui cause trop de chaleur, et par conséquent trop d'évaporation des liquides nécessaires à la digestion *.

Dans ces deux cas, on préviendrait les mauvaises digestions et les maux qu'elles produisent, si l'on pouvait donner aux moutons, au moins une fois chaque jour, quelques alimens non desséchés.

* Cet état des alimens du feuillet, dans les animaux ruminans, prouve combien peu est fondée l'opinion de ceux qui ont regardé le desséchement des alimens dans cet estomac, comme la cause de plusieurs épizooties putrides ou inflammatoires, dont, au contraire, ce desséchement n'était que l'effet (HUZARD).

Dans tous les temps où la terre n'est pas couverte de neige, les moutons y trouvent assez de nourriture fraîche pour qu'il ne soit pas nécessaire de leur en donner au râtelier, dans la mauvaise saison, avec le fourrage sec. Je suis resté plusieurs fois au milieu d'un troupeau dans des champs à demi-couverts de neige, où je ne voyais aucune herbe. Cependant les moutons ayant l'œil plus près de la terre, apercevaient la pointe de quelques feuilles, et grattaient avec le pied pour en découvrir une plus grande partie, la saisissaient avec les dents, et tiraient quelquefois des racines avec les feuilles. Mais lorsque la neige couvre la terre en entier jusqu'à une certaine épaisseur, il n'y a plus de ressource que dans les plantes qui ont assez de hauteur pour que l'on puisse aisément faire tomber la neige qui les couvre.

Il y a quelques espèces de choux, tels que le chou frisé et le chou cavalier, qui sont fort élevés, qui résistent à la gelée, et dont les feuilles contiennent beaucoup de suc. Elles seraient un mauvais aliment pour les moutons dans les temps où ils ne sont pas réduits au fourrage sec; mais lorsqu'ils n'ont que cet aliment, quelques feuilles de ces plantes suffiraient pour empêcher ses mauvais effets.

Il est difficile d'avoir une assez grande quantité de ces choux pour des troupeaux nombreux : il faut les semer, les transplanter, les arroser pendant plusieurs jours, et cette culture doit être répétée tous les ans; elle serait trop longue et trop dispendieuse pour des cultivateurs. Quelque avantage que l'on puisse tirer des choux pour le régime des troupeaux, je ne conseillerais pas de mettre cette plante au nombre des fourrages, si je n'avais rencontré une espèce de chou que l'on peut avoir sans le semer, sans le transplanter ni l'arroser. Il est aussi inconnu aux naturalistes qu'aux agriculteurs : il résiste à la gelée, comme le chou frisé et le chou cavalier, et leur est préférable pour le bétail, parce que sa culture est très-facile. On peut le multiplier par des boutures; il suffit de couper ses branches latérales, qui sont en grand nombre, et de les mettre en terre, pour avoir bientôt de nouvelles plantes dans toute l'étendue d'un champ bien cultivé. Les feuilles sont moins grandes que celles des autres choux ; mais leur suc est aussi abondant : elles peuvent servir d'aliment aux Bergers comme aux moutons ; quelques poignées de ces feuilles données à un mouton, corrigent les mauvais effets du fourrage sec *.

Le régime des troupeaux est une des parties les plus importantes de la médecine vétérinaire. On ne peut établir cette science que par des expériences exactes et par des observations souvent répétées sur les animaux. Il faut les bien connaître dans leur état naturel, avant d'entreprendre de guérir leurs maladies.

---

* Voyez la note que j'ai insérée, page 74, sur le chou de bouture (HUZARD).

EXTRAIT D'UN MÉMOIRE

Sur les Laines de France comparées aux Laines étrangères.

Lu à la rentrée publique de l'Académie royale des sciences, le 13 novembre 1779.

LES avantages du commerce sont d'autant plus grands, que l'on connaît mieux les choses qui en sont l'objet : le desir du gain est un puissant aiguillon pour exciter l'industrie des commerçans ; mais souvent l'industrie la plus subtile ne donne que des connaissances fautives, si elle n'est appuyée sur les principes des sciences.

Il y a dans les productions de la nature un degré de perfection qui est au-dessus de la portée de nos sens, et que nous ne pouvons apercevoir sans le secours des instrumens qui rendent nos yeux plus perçans; ces moyens sont absolument nécessaires pour distinguer avec précision les différences qui se trouvent entre les laines, par rapport à leur finesse.

Le

Le commerçant qui a les meilleurs yeux et qui est le plus exercé dans le choix des laines, ne peut discerner si les filamens d'une laine superfine sont plus déliés que ceux d'une autre, lorsqu'il n'y a qu'une légère différence entre elles : cependant cette petite différence influe beaucoup sur le prix de cette marchandise, et sur la qualité des étoffes que l'on en fabrique.

Tant que l'on n'aura pas un moyen sûr pour distinguer les différens degrés de la finesse des laines, on sera exposé à de grandes méprises sur celles que l'on vend, que l'on achète et que l'on emploie. On fera venir à grands frais des laines étrangères qui seront souvent inférieures à celles de son propre pays : le prix en sera toujours arbitraire. Le manufacturier achetera au hasard, des laines dont il ne connaîtra la valeur qu'après les avoir employées ; la qualité de ses étoffes ne sera pas proportionnée au prix de la laine.

Ces grands inconvéniens dans le commerce ne sont pas les seuls qui résultent du défaut de connaissance sur le degré de finesse des

Y

laines; il y en a un autre qui n'est pas de moindre conséquence. Faute de connaître les différences qui sont entre les laines superfines, on ne peut se conduire qu'à l'aveugle pour l'amélioration ou pour le maintien de cette production dans les troupeaux; on ne sait si la laine des beliers que l'on donne aux brebis, les fera dégénérer ou les perfectionnera.

Cette incertitude m'aurait empêché de donner aux expériences que j'ai faites sur la production des laines, autant de précision que je le desirais : j'ai été obligé de mesurer la grosseur des filamens de la laine, pour reconnaître et comparer leurs différens degrés de finesse. J'ai pris cette dimension par le moyen d'un microscope et d'un micromètre.

Un microscope est une sorte de lunette composée de plusieurs verres, qui grossit considérablement les petits objets.

Un micromètre représente un petit réseau. Cet instrument étant placé dans un microscope, on juge de la grosseur du petit objet que l'on observe, par l'espace que cet objet paraît occuper dans le micromètre, parce que l'on sait quelle *comparées aux Laines étrangères.* 339

est l'étendue des mailles du micromètre, et combien de fois le microscope grossit l'objet que l'on y voit. J'ai fait tracer exprès, pour mesurer la grosseur des filamens de la laine, un micromètre sur une lame de cristal de roche, par le moyen de la machine à diviser, inventée par M. *Megnié,* ingénieur pour les instrumens de mathématiques.

Ayant observé, avec ce micromètre appliqué au microscope, tous les échantillons que j'ai pu avoir des laines non-seulement de France, mais aussi des pays étrangers, j'ai vu qu'il n'y avait point de laines, même des plus grosses, où il n'y eût des filamens très-fins dont la grosseur n'est que la cinq-cent-soixantième partie de la ligne du pied-de-roi [la deux-cent-quatre-vingtième partie d'un millimètre].

J'ai en même temps reconnu que les laines les plus fines ont quelques filamens dont la grosseur va jusqu'à la cent-quarantième partie d'une ligne [la soixante-dixième partie d'un millimètre]. J'ai fixé à ce point le premier terme de la laine superfine, parce que je n'ai pu trouver aucune laine dont tous les filamens fussent plus fins, ou qui n'en eût point d'aussi gros.

Toutes les laines ayant des filamens très-fins, on ne peut distinguer les différens degrés de la finesse et de la grosseur de la laine, que par les filamens les plus gros. On les trouve facilement ; car ils sont toujours à l'extrémité des flocons de la toison, que l'on appelle *mèches*.

Il n'y a qu'un dixième de ligne [un cinquième de millimètre] entre les côtés parallèles des carrés du micromètre dont je me sers pour mesurer la grosseur des filamens des laines : il est placé au foyer de l'oculaire du microscope; la lentille grossit quatorze fois, par conséquent la grosseur d'un filament de laine qui est au foyer de cette lentille, et qui paraît occuper par sa largeur un carré entier du micromètre, n'est que de la cent-quarantième partie d'une ligne [la soixante-dixième partie d'un millimètre].

Toute laine dont les plus gros filamens ne remplissent par leur largeur qu'un carré du micromètre, est donc une laine superfine au premier degré, c'est-à-dire, une des plus fines de toutes les laines que j'ai pu avoir. Cette connaissance étant acquise, j'ai fait les mêmes observations sur les laines les plus grossières ; et j'ai vu que la largeur de leurs filamens les plus gros occupait jusqu'à six carrés du micromètre, qui valent la vingt-troisième partie d'une ligne [la onzième partie d'un millimètre].

Je dois faire remarquer ici qu'il ne s'agit que des filamens de la vraie laine, et non pas de ceux du jarre, qui ne sont que des poils durs mêlés avec la laine ; les plus gros de ces filamens de jarre remplissent jusqu'à onze carrés du micromètre, et leur grosseur est par conséquent la douzième partie d'une ligne [la sixième partie d'un millimètre] : il y a des jarres moins gros et même des jarres aussi fins que des filamens de laine superfine ; mais pour peu que l'on soit exercé à l'examen des laines, on reconnaît aisément le jarre.

Il ne suffisait pas de connaître les termes extrêmes des laines les plus fines et les plus grosses ; il fallait encore fixer des termes intermédiaires pour distinguer différentes sortes de laines par rapport à différens degrés de leur finesse et de leur grosseur, pour l'emploi que l'on en fait dans les manufactures.

On désigne ces différentes sortes par les dénominations de *laines superfines, fines, mi-fines, moyennes, mi-grosses* et *grosses*; mais on n'a aucune règle sûre pour les distinguer. Ces dénominations varient très-souvent; la même laine au même degré de finesse est regardée comme fine dans un pays, et comme superfine dans un autre. Cette incertitude occasionne beaucoup de méprises dans le commerce, par ignorance ou par supercherie.

J'ai tâché de fixer toutes ces dénominations en indiquant les degrés de finesse de la laine auxquels on peut les rapporter. Cette division des laines en différentes sortes est arbitraire; elle n'a été imaginée que pour la commodité des manufacturiers. La nature ne produit pas ces différentes sortes de laines séparément les unes des autres; au contraire, on en trouve plusieurs mêlées ensemble dans la même toison et dans la même mèche. Il faut en faire le triage pour avoir les laines superfines, les laines fines et d'autres sortes qui sont nécessaires pour différens emplois dans les manufactures.

La division des laines en différentes sortes étant arbitraire, je me suis proposé d'en faire une qui fût d'accord, autant qu'il serait possible, avec les notions reçues parmi les commerçans, et qui pût leur servir de guide dans leurs conventions.

J'ai fait voir qu'une laine est superfine au premier degré, lorsque la grosseur de ses plus gros filamens n'est que d'une cent-quarantième partie de la ligne [une soixante-dixième partie du millimètre]; ce premier terme est certain par les preuves que j'en ai données. Mais quel est le dernier terme de la laine superfine? A quel degré de finesse la laine doit-elle perdre le nom de *superfine* et prendre le nom de *fine !*

Pour résoudre cette question, j'ai observé vingt-neuf échantillons de laines qui venaient de magasins et de manufactures où elles étaient regardées comme superfines. Ayant reconnu par des observations soigneusement répétées, que les gros filamens de ces laines occupaient rarement plus de deux carrés du micromètre, j'ai fixé le dernier terme des laines superfines à celles dont les plus gros filamens remplissent, par leur largeur, un carré du micromètre, et dont le diamètre est de la soixante-dixième partie d'une ligne [la trente-cinquième partie d'un millimètre].

Après les laines superfines, j'en distingue quatre autres sortes sous les dénominations de *laines fines*, de *laines moyennes*, de *grosses laines* et de *laines supergrosses* ; ce qui fait en tout cinq sortes de laines depuis la plus fine jusqu'à la plus grosse.

Cette division est plus commode et plus exacte que celles qui ont été imaginées jusqu'à présent : elle partage en cinq parties égales la différence qui se trouve entre les laines les plus fines et les plus grosses.

Quoique les dénominations de *demi-fin* et *demi-gros* soient en usage, je les ai supprimées, parce que j'ai reconnu après plusieurs essais, que cette multiplicité de noms rendait leur signification équivoque. Les cinq sortes de laines que je distingue s'accordent avec la progression de la nature dans la production des laines, par rapport à leur finesse et à leur grosseur. Celles que j'appelle *moyennes* le sont réellement, puisqu'elles correspondent au terme moyen entre les deux extrêmes des laines superfines et des supergrosses. Les laines fines et les grosses sont placées à égales distances entre les laines moyennes et les laines supergrosses et superfines. Voilà donc une nomenclature simple, exacte, et applicable aux laines de tous les pays, sans qu'elle puisse varier suivant les intérêts des propriétaires, des commerçans et des manufacturiers.

Les laines de chaque sorte ont différens degrés de finesse ou de grosseur, puisque les grosseurs des filamens qui indiquent leurs dénominations, varient de la cent-quarantième partie d'une ligne [de la soixante-dixième partie d'un millimètre]. Quoique cette différence paraisse peu considérable, elle est importante pour la valeur et le prix des laines : il faut nécessairement distinguer dans chaque sorte, des laines de deux qualités différentes; celles de la première sont les plus fines, et celles de la seconde sont les plus grosses.

Cette distinction est plus nécessaire pour les laines superfines et pour les laines fines que pour les autres, parce qu'elles sont d'un plus haut prix, et que l'on en fait des ouvrages où les différens degrés de finesse sont plus intéressans.

En admettant un plus grand nombre de sortes de laines, j'aurais pu supprimer la distinction de deux qualités dans chaque sorte: mais je serais tombé dans un grand inconvénient; j'aurais rendu la connaissance des laines fort équivoque, beaucoup plus difficile et peut-être impossible pour les Bergers, pour les autres gens de la campagne et pour la plupart des marchands.

On ne peut se passer du microscope, lorsqu'on veut déterminer avec précision tous les degrés de finesse de la laine par les différentes grosseurs de ses filamens, pour limiter les différentes sortes de laines, pour les faire connaître dans leur état actuel, et montrer à la postérité les changemens qu'elles auront éprouvés par succession de temps; mais je suis fort éloigné de proposer à tous les marchands, à tous les propriétaires de troupeaux et aux Bergers, d'avoir des microscopes pour reconnaître les différentes sortes de laines. Il n'y a que les commerçans et les grands manufacturiers qui doivent se servir de cet instrument : il leur sera très-utile, et même absolument nécessaire, toutes les fois qu'ils seront obligés de connaître exactement le degré de la finesse de leur laine, dans des cas importans pour leur commerce ou leurs fabriques.

Pour l'usage ordinaire, il suffirait d'avoir des échantillons des cinq sortes de laines qui auraient été vérifiés au microscope, et auxquels on comparerait les laines dont on voudrait connaître le degré de finesse ou de grosseur. Une seule personne pourrait, en peu de temps, choisir et éprouver au microscope un très-grand nombre de ces échantillons pour les distribuer par-tout où il serait nécessaire. De petits flocons de ces laines étant épars, et appliqués sur un velours ou sur un drap noir, on voit leurs rapports avec les laines dont on veut connaître la finesse ou la grosseur.

On pourrait aussi avoir pour objet de comparaison, des fils d'argent trait de la même grosseur que les filamens des cinq sortes de laines : le métal aurait bientôt perdu son éclat, et prendrait une couleur approchante de celle de la laine. Je crois qu'il se fait du fil d'argent aussi fin que les filamens de la laine superfine au premier degré, car M. *Tillet*, actuellement directeur de l'académie, m'a donné un échantillon de fil d'or, qui n'a en grosseur que la soixante-dixième partie d'une ligne [la trente-cinquième partie d'un millimètre], et qui est par conséquent d'une grosseur égale à celle de la laine superfine de la dernière qualité. On pourrait sans doute faire du fil d'argent plus délié, et avoir des échantillons qui correspondraient aux différentes sortes de laines. Ces échantillons ne seraient pas sujets aux accidens qui détruisent la laine : mais je ne les ai pas essayés ; je ne sais s'ils rempliraient mes vues.

Il y aurait encore un autre moyen de reconnaître les différentes sortes de laines, qui serait plus simple pour les gens de la campagne ;

on pourrait leur indiquer sur différentes parties du corps d'un animal qui se trouverait dans tous les pays, le poil qui aurait à peu-près la même grosseur que les filamens de chaque sorte de laine. Le duvet de la fouine est aussi fin que la laine superfine au premier degré; le gros poil est à peu-près de même grosseur que la laine supergrosse. J'ai trouvé aussi des rapports entre le poil qui est sur d'autres parties du corps de cet animal et les autres sortes de laines; mais ces observations ne sont pas assez confirmées. Je m'en tiens, pour le présent, aux échantillons réels des cinq sortes de laines.

Ces échantillons étant appliqués, à deux pouces [six centimètres] de distance les uns des autres, sur une étoffe noire exposée au grand jour, on place la laine que l'on veut comparer, entre les deux échantillons qui paraissent au premier coup-d'œil y avoir le plus de rapport. Supposons qu'elle soit entre le fin et le superfin; en examinant attentivement ces trois objets, on reconnaît si la laine mise à l'épreuve ressemble plus à l'échantillon du fin qu'à celui du superfin; dans ce cas elle est fine de première qualité : au contraire, si elle a plus de rapport avec l'échantillon du superfin qu'avec celui du fin, elle est superfine de seconde qualité.

Par ce moyen on saura de quelle sorte seront les laines, et de quelle qualité dans chaque sorte; on en connaîtra mieux la valeur et le prix. On pourra choisir les beliers les plus convenables pour améliorer les laines d'un troupeau par leurs alliances avec les brebis, ou au moins pour les empêcher de dégénérer, comme il n'arrive que trop souvent par le défaut d'intelligence pour le choix des beliers.

Ces objets n'étaient pas les seuls que j'avais en vue, lorsque j'ai recherché les moyens de constater cinq sortes de laines et de les faire connaître; je me suis aussi proposé de comparer exactement les laines de France, sur-tout les plus fines, avec celles des pays étrangers, et de reconnaître à quel point de perfection j'étais parvenu par mes expériences pour l'amélioration des laines.

J'ai fait la comparaison des laines dans toute

l'étendue qu'il m'a été possible ; j'en ai soumis à l'épreuve rigoureuse du microscope un très-grand nombre de différentes sortes, parmi lesquelles il y en a de pays si éloignés que je n'aurais jamais pu me les procurer sans la protection du Gouvernement, qui a toujours favorisé mes recherches. Ayant observé ces laines avec la plus grande attention, j'ai reconnu que les plus fines venaient d'Espagne.

J'ai observé un grand nombre d'échantillons des laines superfines qui nous viennent de l'étranger ; je ne les ai pas trouvées du premier degré de finesse.

J'ai vu des laines du Roussillon au premier degré de la seconde qualité du superfin, et des laines du Berry et de l'Auxois au dernier degré.

Quoique les grosseurs des filamens des laines superfines au premier et au dernier degré, ne diffèrent que de la cent-quarantième partie d'une ligne [la soixante-dixième partie d'un millimètre], cette différence est très-sensible dans les étoffes fabriquées avec ces laines. Cependant ni le commerçant ni le manufacturier ne peuvent absolument l'apercevoir dans ses différens degrés sur les laines; aussi arrive-t-il quelquefois que le fabriquant fait les meilleures étoffes avec les laines superfines qui lui ont coûté le moins, parce que toutes les laines qui ont un certain degré de finesse, sont vendues et achetées à l'aveugle.

J'étais dans la même incertitude au sujet des laines de ma bergerie, avant d'avoir trouvé le moyen de déterminer avec précision leurs différens degrés de finesse; mes yeux même, avec l'aide d'une loupe, me servaient mal. Lorsque je consultais les meilleurs connaisseurs que je pouvais trouver, je les voyais fort indécis; et souvent ils se contredisaient d'un moment à l'autre.

Enfin j'ai soumis à l'épreuve invariable du microscope les laines qui ont été améliorées par mes expériences; et j'ai vu avec beaucoup de satisfaction qu'elles étaient parvenues au premier degré de superfin.

Par exemple, la laine d'un belier de trois ans est à ce haut degré de finesse, quoiqu'il soit venu d'un belier et d'une brebis, tous les deux métis de race du Roussillon et de l'Auxois,

dont

dont la laine n'était que de la seconde qualité de superfin ; ce belier et cette brebis avaient été produits eux-mêmes par des beliers du Roussillon à laine superfine de la seconde qualité, et par des brebis de l'Auxois à laine moyenne.

Par la première génération, la laine superfine du belier a changé la laine moyenne de la brebis en laine superfine de la seconde qualité dans l'agneau qu'ils ont produit : cette amélioration est si vraisemblable, et je l'ai vue tant de fois, que je n'y trouve rien d'extraordinaire ; mais je suis toujours surpris que dans la seconde génération l'agneau ait eu une laine superfine au premier degré, quoique le père et la mère n'eussent qu'une laine superfine de seconde qualité. J'ai déjà vu plusieurs fois cet événement dans la suite de mes expériences : je ne puis l'attribuer à l'influence du belier ou de la brebis sur leur agneau, puisque cet agneau les surpasse dans la finesse de la laine ; il faut nécessairement qu'elle ait été perfectionnée par une cause étrangère.

Ce n'est pas le choix des alimens ; car tous les métis de ma bergerie ne sont nourris la plupart du temps que de paille : j'ai toujours eu pour principe qu'il ne faut jamais favoriser les expériences de ce genre, mais les faire en toute rigueur.

Mes troupeaux vont au parcours sur de petites montagnes et sur des côteaux secs et maigres : il est certain que ces pâturages sont très-bons pour la production des laines fines; mais quoiqu'il y ait des pâturages de cette nature dans tous les pays montueux, les laines n'y ont pas été améliorées comme dans ma bergerie.

Je présume que le plein air auquel mes troupeaux sont exposés nuit et jour, en tout temps, a beaucoup influé sur l'amélioration de leurs laines; mais je n'en ai point de preuves convaincantes : je tâche d'en acquérir par des expériences que je fais exprès dans cette vue *.

---

* Il paraît qu'on s'était déjà livré en France, avec succès, à l'éducation des bêtes à laine, à l'air libre, dans la vue d'améliorer les laines. Vers le milieu du siècle dernier, des expériences avaient été faites dans le parc de Chambord, sous les yeux de commissaires nommés par le Conseil d'état, et avaient mérité au

Il est toujours très-difficile et souvent impossible de distinguer les différentes causes qui influent sur les productions de la nature; mais nous pouvons les rechercher sans impatience lorsqu'elles produisent de bons effets. Il est certain que l'on peut avoir en France des laines superfines de première qualité, et même au plus haut degré *.

---

propriétaire (*M. de Perce*) un rapport favorable et des priviléges particuliers. On peut consulter, à ce sujet, un *arrêt du Conseil d'état du roi, concernant le régime et l'éducation sauvages des bêtes à laine ; du 15 août 1752* (HUZARD).

* Le C.en *Chanorier*, qui s'est occupé avec un très-grand succès, à Croissi-sur-Seine, de l'amélioration des bêtes à laine, a fait fabriquer par le C.en *Richer*, connu par beaucoup de travaux et auquel l'Académie des sciences a décerné un prix en 1792, un micromètre pour juger de la finesse des laines, qui divise la ligne [deux millimètres] en dix mille parties ; mais celui de *Daubenton* peut suffire (HUZARD).

MÉMOIRE

Sur le premier Drap de Laine superfine du cru de la France.

Lu à l'Académie royale des Sciences, 21 avril 1784.

Jusqu'à présent on n'a pu faire des draps fins qu'avec la laine achetée chez les Espagnols ; mais cette nation, qui a déjà établi assez de manufactures pour employer toutes ses soies, ne manquera pas de garder toutes ses laines, dès que ses fabriques de draps pourront les consommer en entier : alors il ne se ferait plus de draps fins en France, et nous serions obligés de les tirer de l'Espagne.

MM. *Trudaine*, ayant prévu ce grand inconvénient pour le commerce, me firent l'honneur de me consulter en 1766, afin de savoir s'il serait possible d'améliorer les laines de France, au point de suppléer aux laines étrangères dans nos manufactures de draps fins. Les observations que j'avais faites depuis long-temps sur les races métisses des animaux domestiques, me firent penser que par un bon choix des beliers et des brebis, pour leurs alliances, on pourrait rendre les laines plus fines ou plus longues. D'après cette considération, MM. *Trudaine* me proposèrent de faire les expériences nécessaires pour cet objet. Je m'en chargeai avec d'autant plus d'espérance de succès, que le climat de la France me paraissait plus favorable aux bêtes à laine que celui de l'Espagne ou de l'Angleterre, parce qu'il y a moins de chaleur en France qu'en Espagne, et moins de brouillards qu'en Angleterre.

MM. *Trudaine* obtinrent de M. *de l'Averdy*, alors contrôleur général des finances, tout ce qui était nécessaire pour mes expériences. Le Gouvernement fit venir successivement des beliers et des brebis du Roussillon, de Flandre, d'Angleterre, de Maroc, du Thibet et d'Espagne. Je mis toutes ces races de bêtes à laine dans la bergerie que j'ai établie en Bourgogne, près de la ville de Montbard, dans un canton un peu montueux, et par conséquent favorable à la production des laines superfines, qui étaient mon principal objet. Je ne construisis point d'étables ; je tins tous ces animaux en plein air, nuit et jour, pendant toute l'année, sans aucun abri : cette expérience eut un plein succès, dont je rendis compte à l'Académie en 1769, dans une assemblée publique.

J'alliai les beliers dont la laine était la plus fine, avec des brebis à laine jarreuse, qui avaient autant de poil que de laine, pour juger par ces extrêmes de l'effet de la laine du belier sur celle de la brebis : je fus très-surpris de voir sortir de ce mélange un belier à laine superfine. Cette grande amélioration me donna d'autant plus d'espérance pour le succès de mon entreprise, qu'elle avait été produite par un belier du Roussillon ; car je n'avais point alors de beliers d'Espagne.

En 1776, il me vint des beliers et des brebis d'Espagne ; alors j'eus sept races de bêtes à laine très-distinctes, y compris la race de l'Auxois, qui est le pays où ma bergerie est située. J'ai perpétué jusqu'à présent toutes ces races sans mélange, pour savoir ce qu'elles deviendraient dans ma bergerie. J'ai aussi allié ces sept races entre elles, pour avoir d'autres races métisses, et pour connaître à quel degré elles influeraient les unes sur les autres, relativement à l'amélioration des laines.

Par ces expériences, suivies avec les plus grandes précautions pour qu'il n'y eût point d'équivoque, j'ai amené toutes les races de ma bergerie au degré de finesse de la laine d'Espagne, sans tirer de nouveaux beliers de ce pays, ni du Roussillon.

J'ai trouvé de la difficulté à me convaincre moi-même de cette belle amélioration. Il y a des degrés de finesse dans les laines, qu'il est impossible de distinguer au doigt ni à l'œil : lorsque j'y fus parvenu, je ne pouvais plus savoir si j'améliorais ou si je détériorais les laines par de nouveaux mélanges de races. Alors j'apportai des échantillons de ces laines à Paris, et après avoir consulté les meilleurs connaisseurs en ce genre, je les trouvai aussi incertains que moi; j'en conclus que ni les gens qui vendent la laine d'Espagne, ni ceux qui l'achètent, ni les manufacturiers qui l'emploient, n'en peuvent distinguer les différens degrés de finesse, avant d'en avoir fait du drap.

Cependant il fallait nécessairement que je misse de la précision dans les résultats de mes expériences. Pour y parvenir, j'imaginai de mesurer le diamètre des filamens de la laine, par un micromètre appliqué au microscope. Ce moyen me réussit parfaitement; il me fit voir clairement les progrès de l'amélioration des laines : ce moyen est aussi le seul qui puisse éclairer, à l'inspection de la laine, le manufacturier, sur le degré de finesse que doit avoir le drap qu'il va fabriquer. Mais le microscope n'étant pas entre les mains de tout le monde, j'ai indiqué aux propriétaires de troupeaux et aux Bergers, une manière fort aisée de reconnaître les différens degrés de la finesse des laines : le détail de ces procédés est imprimé dans les *Mémoires de l'Académie royale des sciences pour l'année 1777*, et dans l'extrait précédent.

Après m'être assuré que mes laines étaient parvenues au degré de superfin, il fallait encore les éprouver dans la fabrication du drap, et comparer celui qui en serait fait, avec le drap de laine d'Espagne. L'année dernière [1783], j'ai envoyé à l'entrepreneur de la manufacture de draps de Château-du-Parc près Châteauroux en Berry, huit cent vingt-huit livres [quatre cent quatre kilogrammes] de mes laines lavées à dos. Avant d'en faire le prix, il en a fabriqué des draps de différentes couleurs. Après ces épreuves, il s'est engagé à les payer au plus haut prix des laines d'Espagne transportées en France, et à un moindre terme pour l'échéance, parce qu'il a reconnu dans les laines que j'ai améliorées, plus de force et de nerf, avec la même finesse à l'œil, la même douceur au toucher ; parce que non-seulement elles se sont tirées aussi fin à la filature, mais qu'elles ont souffert un tors beaucoup plus considérable sans se casser, et parce que les ouvriers ont trouvé que la chaîne des draps fabriqués avec ces laines, était plus nerveuse et plus forte qu'avec les laines d'Espagne. Quoique les miennes aient été filées et tissues dans le fort de l'hiver, les draps ont pris un foulage très-ferme, et sont devenus plus forts que les draps de laine d'Espagne faits en France : ils ont plus de rapports avec ceux que les Anglais fabriquent. Le manufacturier s'est empressé de faire de ces draps forts avec les laines que je lui ai envoyées, parce qu'il croit qu'ils seront plus durables, qu'ils résisteront mieux à la pluie, et qu'ils auront un meilleur débit dans le commerce du Nord. A présent il va travailler à faire avec ces laines des draps souples et moelleux, comme ceux que nous faisons avec les laines d'Espagne.

La fabrique du premier drap de laine superfine du cru de la France, est un événement important pour les manufactures et pour le commerce. Les moyens que j'ai donnés pour faire croître des laines superfines, d'après de longues expériences, dans plusieurs des Mémoires précédens et dans l'Instruction pour les Bergers, sont faciles et peu dispendieux; si nous les mettons à exécution, nous pourrons faire des draps fins avec nos laines. La durée de cette amélioration est déjà prouvée par seize ans d'expériences sur les laines du

Roussillon, et par huit ans sur les laines d'Espagne.

Il y a en France plusieurs exemples de l'amélioration des laines à un grand degré de finesse : les propriétaires de troupeaux qui ont acquis des beliers dont la laine était plus fine que celle des brebis du pays, ont eu la satisfaction de voir leurs laines se perfectionner et augmenter de prix. Des beliers et des brebis d'Espagne se sont déjà perpétués pendant nombre d'années, dans plusieurs de nos provinces, sans avoir dégénéré : je suis très-convaincu, par ma propre expérience et par celle de beaucoup d'autres, que tous les pays montueux de la France peuvent produire des laines superfines, et que nous aurons des laines très-longues dans les pâturages abondans de nos plaines *.

---

* Je rappellerai ici les notes relatives à cet objet, que j'ai insérées aux pages 113, 166, 172, 285, 354; la *Pratique de l'éducation des moutons et de l'amélioration des laines*, par *Flandrin*; l'*Instruction sur la propagation des bêtes à laine fine*, rédigée par *Gilbert*; les comptes rendus à l'Institut national, et que j'ai déjà

J'ai vu avec plaisir les sages règlemens que l'administration provinciale du Berry a faits pour l'établissement d'une école de bergerie et de parcage, et je me suis empressé de donner un de mes Bergers pour en être le maître : j'enverrai aussi des beliers de ma bergerie, qui m'ont été demandés pour cette province.

Les bêtes à laine étrangères ne sont pas nécessaires pour multiplier en France les laines superfines et les laines longues * : des beliers

---

cités, sur l'amélioration de nos laines; le Mémoire du C.^{en} *Chanorier*, sur un drap fabriqué avec des laines fines de son troupeau, &c. &c. (HUZARD).

* Cette assertion est plus vraie aujourd'hui qu'à l'époque où *Daubenton* l'écrivait ; mais on ne peut cependant disconvenir que l'amélioration marchera d'autant plus vite, que nous introduirons davantage de bêtes à laine fine en France.

Quant aux laines longues, si les expériences que nous suivons, continuent à avoir le même succès; si en laissant les bêtes à laine fine deux années sans les tondre, nous avons le double de longueur et de quantité, sans inconvéniens pour les animaux; nous n'aurons rien à desirer à cet égard; nous réunirons en même temps la finesse et la longueur (HUZARD).

choisis dans le Roussillon et dans la Flandre, en produiront bientôt, si nous prenons de l'émulation comme les Anglais pour faire valoir nos troupeaux, et si le Gouvernement la favorise. Peut-être le besoin nous rendrait-il encore plus actifs : si l'étranger refusait de nous vendre des laines superfines, nous ferions promptement des efforts pour faire croître de ces laines en France, plutôt que de renoncer à la fabrication et au commerce des draps fins.

L'heureux succès des épreuves que j'ai faites avec soin sur les troupeaux et sur les pâturages, pendant dix-huit ans, m'encourage à les continuer avec la même exactitude, dans tout ce qui peut contribuer à l'amélioration des bêtes à laine.

ADDITION AU MÉMOIRE

Sur le premier Drap de Laine superfine du cru de la France.

Lue à l'Académie royale des Sciences, le 23 août 1784.

Lorsque j'ai lu un Mémoire à l'Académie sur le premier drap de laine superfine du cru de la France, on n'avait encore fabriqué que du drap fort avec les laines que j'ai améliorées. La mauvaise saison de l'hiver n'avait pas permis de les filer assez fin, et de les fouler assez pour avoir des draps souples. On vient de faire de ces draps avec mes laines, à la manufacture de Château-du-Parc. Le manufacturier a jugé qu'ils étaient aussi doux que ceux qui sont faits avec la plus belle laine d'Espagne ; et il a remarqué, dans chacune des opérations successives de la fabrique, que la laine améliorée avait un nerf particulier, c'est-à-dire, plus fort et plus sensible que celui de la laine d'Espagne. On avait déjà observé la même qualité de laine, en fabriquant le drap fort dont il s'agit dans le Mémoire précédent.

Ces observations donnent lieu de présumer que les laines qui seront améliorées dans l'intérieur de la France, pourront être non-seulement aussi fines, mais encore plus fortes et plus nerveuses que les laines superfines d'Espagne; et que cette force sera d'autant moindre avec la même finesse, que les troupeaux se trouveront dans les provinces de France les plus méridionales. Cette présomption est fondée sur mes propres expériences; et de plus, sur le produit de la grande importation de bêtes à laine qui fut faite, dans le quinzième siècle, d'Espagne en Angleterre.

Les Anglais distribuèrent mille beliers et deux mille brebis de Castille dans leurs provinces, chez différens particuliers : c'est là l'époque principale de l'amélioration des laines anglaises. Quel a été le produit de cette importation? Qu'est devenue la laine superfine de Castille dans les provinces d'Angleterre? Elle a dégénéré de sa qualité de superfine; mais elle a acquis une autre qualité; elle s'est accrue en longueur, sur un sol frais et fertile, dont les pâturages abondans sont entretenus par l'humidité des brouillards.

En considérant l'état actuel des laines de France, nous voyons que les plus fines se trouvent naturellement dans des lieux élevés, tels que le Roussillon, qui est au pied des Pyrénées, la Bourgogne près de la source de la Seine, le Berry près des sources de l'Indre et du Théols. Au contraire, les plus longues laines sont dans les plaines des provinces les plus basses, sur-tout dans la Flandre. Ce fut dans ce pays et dans le Brabant, qu'il y eut au quatorzième siècle une récolte de laine si abondante et si avantageuse aux habitans, que leur souverain, *Philippe-le-Bon*, duc de Bourgogne, voulut, dit-on, en perpétuer la mémoire par l'institution de l'ordre de la Toison-d'Or.

On dit que dans le dernier siècle on introduisit en Flandre une nouvelle race de bêtes à laine, que les Hollandais avaient tirée des grandes Indes et établie sur les bords du Texel. Cette race est encore aujourd'hui fort abondante en laine longue. A en juger par les
individus

individus que j'ai disséqués, elle m'a paru différer des autres races par la conformation, car j'y ai trouvé sept vertèbres dans les lombes, tandis que je n'en ai vu que six dans les individus des autres races. Cette conformation annonce que la race des bêtes à laine de Flandre est susceptible d'une grande amélioration pour la taille de l'animal et pour la qualité et la longueur de sa laine. Il est à croire qu'elle surpasserait les meilleures races anglaises, quoiqu'il y ait déjà quelques-uns de leurs individus dont la laine a jusqu'à vingt-deux pouces [soixante centimètres] de longueur.

La nature se modifie de mille manières dans les animaux domestiques, par les alliances; nous en voyons tous les jours des exemples aussi incontestables qu'évidens. Les naturalistes conviennent que tous les chiens sont de même race; on en a de bonnes preuves. Cependant le grand danois est de très-haute taille en comparaison des chiens les plus petits. Le poil du lévrier est court, tandis que celui du chien-loup est beaucoup plus long. Le mâtin a un poil gros et fort; au contraire, celui du chien-bouffe, est fin et souple. Toutes ces différentes races d'une même espèce, viennent principalement des alliances de différens individus. L'espèce des moutons doit être sujette aux mêmes variétés. Nous avons déjà beaucoup de races de ces animaux; nous en ferons autant que nous le voudrons, comme il s'en est fait, et comme il s'en fait tous les jours parmi les chevaux, les bœufs, les chèvres, les cochons, les lapins, les chats, &c. C'est une loi générale dans la nature; tous les caractères des animaux, qui ne sont pas essentiels à leur espèce, peuvent changer, et former, pour ainsi dire, une infinité de races.

Ces races se maintiennent aisément, si l'on a soin d'allier leurs individus bien caractérisés, sans aucun mélange d'autres races. Nous avons des exemples toujours subsistans de cette succession dans les races soignées des chiens de chasse, et même dans des races peu soignées, telles que les cochons de Siam, les chiens de Berger, les chats d'Espagne, &c. Une preuve encore plus convaincante, c'est mon expérience sur les races de moutons de Roussillon et d'Espagne, que j'ai maintenues pendant plusieurs années à une grande distance des pays dont elles sont originaires, et dans un climat différent *.

Je suis persuadé que le Gouvernement discutera, avec autant de discernement que d'attention, les meilleurs moyens de favoriser l'amélioration des laines, et qu'ils seront exécutés avec cette sagesse, et cette prudence d'administration, si nécessaires pour faire réussir, dans un grand État, des pratiques d'agriculture nouvelles et importantes.

---

* Le troupeau venu d'Espagne à Rambouillet, en 1786, s'est conservé parfaitement pur, sans aucun mélange, et les animaux ont acquis de la taille. J'ai déjà fait observer que le peu de jarre qu'ils avaient à leur arrivée est disparu. Cette expérience, faite dans un pays en général peu convenable à l'espèce des bêtes à laine, est sans réplique, et vient à l'appui de celles citées par *Daubenton*. On peut y ajouter encore la conservation de la race des bêtes à laine pure d'Espagne, depuis près d'un siècle, en Suéde, en Dannemarck et dans quelques autres parties du Nord de l'Europe (HUZARD).

OBSERVATIONS

Sur la comparaison de la nouvelle Laine superfine de France, avec la plus belle Laine d'Espagne, dans la fabrication du Drap.

Lues à la rentrée publique de l'Académie royale des Sciences, le 16 novembre 1785.

Pour constater un fait de physique dans les arts, il faut observer long-temps et multiplier les épreuves; c'est d'après ces principes que j'ai travaillé à l'amélioration des laines de France au degré du superfin. J'ai commencé par bien m'assurer que j'avais amélioré des troupeaux de laines grossières au degré de finesse du superfin, et que j'avais maintenu dans cet état les laines d'une race de moutons du Roussillon pendant dix-huit ans, et celles d'une race de moutons d'Espagne pendant neuf ans. Ensuite j'ai fait faire plusieurs essais de ces laines dans la fabrication du drap aux manufactures de Château-du-Parc, d'Abbeville et de Louviers, pour savoir si elles pourraient suppléer les laines d'Espagne, qui, jusqu'à présent, ont été absolument nécessaires pour faire des draps fins.

J'ai déjà rendu compte à l'Académie, de la fabrication d'un drap fait à la manufacture de Château-du-Parc en Berry, avec la laine que j'ai améliorée dans ma bergerie en Bourgogne. Le manufacturier a reconnu que cette laine avait plus de force et de nerf que la laine d'Espagne, avec la même finesse à l'œil et la même douceur au toucher; non-seulement elle s'était tirée plus fin à la filature, mais aussi elle avait souffert un tors beaucoup plus considérable sans se casser, et la chaîne du drap s'était trouvée plus nerveuse et plus forte. Quoique la laine eût été filée et tissue au fort de l'hiver, le drap avait pris un foulage très-ferme, et était devenu plus fort que les draps de laine d'Espagne faits en France dans l'été. Le même manufacturier fabriqua avec la même laine améliorée dans ma bergerie, un drap plus souple et aussi doux que ceux qui sont faits avec la laine d'Espagne.

On a fabriqué d'autres draps avec la même

laine, à Abbeville et à Louviers. M. *Bertier*, intendant de la généralité de Paris, qui s'occupe à réunir dans l'école vétérinaire d'Alfort, toutes les parties de l'art vétérinaire et de l'économie rurale, me demanda, sur la fin de 1783, des bêtes à laine de ma bergerie, pour faire des expériences à cette école, sur l'amélioration des troupeaux. Indépendamment de l'intérêt que je prends au succès de l'art vétérinaire, et du desir que j'ai de pouvoir y contribuer, je souhaitais qu'il y eût près de Paris un petit troupeau des bêtes à laine que j'ai améliorées au point du superfin, et que j'y ai maintenues. J'ai cité pour preuves de ces deux faits, dans l'instruction pour les Bergers, les troupeaux de ma bergerie ; mais comme elle est à cinquante lieues [vingt-cinq myriamètres] de Paris, je desirais que l'on pût voir plus près de cette ville, au moins une petite partie de ces troupeaux.

Je fis venir à la ménagerie de l'école vétérinaire quatre beliers et neuf brebis de ma bergerie *.

---

* A cette époque, *Daubenton* occupait une chaire d'économie rurale à l'école vétérinaire d'Alfort. Il fit

Ce petit troupeau ayant été tondu en 1784, M. *Bertier* desira d'en faire une épreuve pour la fabrication du drap, et envoya chez M. *Van-Robais*, à Abbeville, le produit de cette tonte, qui était de trente-sept livres [dix-huit kilogrammes] de laine en toisons entières lavées à dos. On en fabriqua une pièce de royale de vingt-six aunes un quart [trente mètres cent dix-sept centimètres], sur cinq huitièmes [soixante-quatorze centimètres] de large; elle fut remise à M. *Bertier*, qui la fit voir à la Société royale d'agriculture de Paris. Ce drap fut présenté au roi par M. *de Calonne*, contrôleur général des finances, comme un drap de

---

construire dans le parc de cette école, une bergerie semblable à celle qui est décrite dans l'Instruction pour les Bergers, et gravée *Planche II;* elle subsiste encore aujourd'hui. Alors l'école vétérinaire pouvait s'enorgueillir de posséder aussi pour professeurs *Vicq-d'Azyr*, *Fourcroy*, *Broussonet;* mais toutes ces chaires, à l'existence desquelles nous devons, malgré leur peu de durée, d'excellens ouvrages, furent comprises, ainsi que le troupeau d'expériences de *Daubenton*, dans les réformes nombreuses qui suivirent la retraite de M. *de Calonné* du ministère des finances (HUZARD).

laine superfine du cru de la France. M. *Van-Robais* avait écrit à M. *Bertier*, que le déchet de cette laine avait été à-peu-près le même que celui de la laine d'Espagne, et le filage et l'apprêt absolument les mêmes, et qu'en comparant la royale qu'il avait faite, avec une royale semblable fabriquée avec la laine d'Espagne, il faudrait être connaisseur pour en constater la différence. Toujours est-il certain, ajoute M. *Van-Robais*, qu'il n'y en a aucune tant sur le filage que sur l'apprêt.

J'ai envoyé à M. *Jean-Baptiste Decretot*, manufacturier à Louviers, soixante-deux livres [trente kilogrammes] de laine de ma bergerie. M. *Decretot* voulant faire, avec la plus grande attention, un essai de cette laine, pour la fabrication du drap, s'est proposé de la comparer à la laine d'Espagne, dans toutes les opérations nécessaires pour cette fabrique; afin de donner à cette expérience la plus grande authenticité, il a appelé l'inspecteur et les gardes-jurés de la manufacture de Louviers, pour en être témoins. On a pris trois échantillons de la laine de ma bergerie, en suint : l'un a été remis à l'inspecteur, l'autre au bureau de la munufacture, et le troisième à M. *Decretot.*

Les mêmes opérations ont été faites sur la plus belle des laines d'Espagne, que l'on appelle *Léonaise impériale,* et qui s'est vendue cette année 5 livres 15 sous [5 francs 68 centimes] la livre [cinq hectogrammes], et sur une autre laine d'Espagne, de qualité inférieure, que l'on appelle *Moline,* et qui se vend 1 livre 10 sous [1 franc 49 centimes] la livre [cinq hectogrammes] moins que l'impériale. On a pris de chacune de ces deux laines d'Espagne, des quantités égales à celles de la laine de ma bergerie; elles ont été traitées toutes les trois séparément par les mêmes procédés, avec les mêmes quantités des mêmes drogues, par les mêmes ouvriers et dans le même temps, afin qu'il n'y eût aucune différence dans la main-d'œuvre, ni aucun changement dans la température de l'air, qui pût influer sur la préparation de ces laines.

La laine de ma bergerie a eu plus de déchet au dégrais que celle d'Espagne; elle a très-bien pris la teinture; elle s'est très-bien filée et même un peu plus fin que la léonaise impériale. La laine moline d'Espagne s'est plus mal filée que la mienne et que l'impériale.

On a fait une pièce de drap avec chacune des trois laines mises en expérience. Ces trois draps ont été foulés dans la même foulerie et dans la même pile, c'est-à-dire dans le même vase, à la suite les uns des autres, pour ne pas risquer qu'un changement de température causât dans la manière de fouler, d'autres variations que celles qui viendraient de la différence des laines et des filatures. Le drap fait avec la laine de ma bergerie a foulé aussi facilement et a mis le même temps à fouler que le drap fait avec la laine léonaise impériale ; celui-ci avait, après cette opération, une demi-aune [cinquante-neuf centimètres] de plus que le mien. L'expérience dont il s'agit n'est pas encore terminée, comme M. *Decretot* me l'avait promis, pour l'apprêt des draps; mais il vient de m'écrire qu'il peut m'annoncer dès-à-présent que mon drap prend un bel apprêt.

Il résulte de cet exposé, que la laine de ma bergerie a foulé aussi facilement, et dans le même temps que la plus belle laine d'Espagne, qui est la léonaise impériale, et qu'elle l'a surpassée pour la filature, puisqu'elle a filé plus fin ; elle a pris un aussi bel apprêt. Son déchet a été à peu-près le même, suivant M. *Van-Robais ;* mais elle a plus perdu, suivant M. *Decretot :* je vais faire voir les causes de cette différence.

Les laines sont lavées avec l'eau simple, dans des corbeilles, après la tonte, ou sur le corps du mouton avant qu'il soit tondu ; ensuite le manufacturier dégraisse les laines avec l'urine pour en ôter le suint, parce que l'eau ne peut le dissoudre. En même temps que le dégrais emporte le suint, il enlève aussi ce qui peut être resté de matières étrangères dans la laine après le lavage : par conséquent si la laine impériale a été mieux lavée que celle de ma bergerie, elle a dû perdre moins de son poids par le dégrais, sans être de meilleure qualité. Cette différence de poids, après le dégrais, doit donc varier comme le lavage, et comme la quantité et la qualité du suint dont la laine était chargée. Aussi M. *Van-Robais* a-t-il observé que la laine du petit troupeau que j'ai fait venir pour l'école vétérinaire, avait eu à-peu-près le même déchet que la laine d'Espagne.

Il m'a paru que le suint était plus abondant sur les laines superfines que sur les laines grossières; et je crois que cette graisse rend la laine plus onctueuse, plus douce et peut-être plus fine : mais je ne sais quelle influence elle peut avoir dans la fabrication des draps ; je n'ai point fait d'expériences à ce sujet, ainsi je n'ai point d'opinion.

Il y a encore une autre cause de la différence de poids qui s'est trouvée entre les deux laines dont il s'agit, après le dégrais ; c'est que la laine de ma bergerie n'avait point été triée; les toisons étaient entières. On n'en avait pas ôté, comme on le fait en Espagne, la seconde laine et la tierce, qui sont les plus grosses, pour ne laisser que la prime, que l'on appelle *mère-laine*, parce que c'est la plus belle et la plus fine. La laine la plus grossière d'un mouton est aussi la plus sale, parce qu'elle se trouve sur les parties de son corps qui portent sur la terre et sur le fumier lorsqu'il se couche, et qui sont salies par ses excrémens. Cette laine doit perdre au dégrais plus de son poids que la prime ; il ne faut donc pas être surpris que la laine de ma bergerie, qui avait la seconde et la tierce, ait plus perdu que l'impériale dans une épreuve qui en a été faite, et que son déchet ait été à peu-près le même dans une autre épreuve. M. *Decretot* m'a prévenu pour cette explication ; il ajoute que le défaut du triage dans ma laine, a aussi été cause que le drap qui en a été fait, avait une demi-aune [cinquante-neuf centimètres] de moins que celui de la laine impériale ; mais il y a lieu d'être surpris de ce que la laine de ma bergerie, sans avoir été triée, ait filé plus fin que la plus belle prime d'Espagne.

Les soins que j'ai mis pendant nombre d'années à l'amélioration des troupeaux, m'ont toujours donné de la satisfaction. J'en ai beaucoup aujourd'hui par les preuves authentiques que je viens de rapporter, et qui constatent que la laine de ma bergerie a égalé, et même surpassé à quelques égards, la plus belle laine d'Espagne dans la fabrication des draps. Ce succès de mes expériences m'encourage à continuer mes soins pour l'amélioration des troupeaux de la France. On trouve toujours quelque opposition mal fondée, lorsqu'on propose au public des choses nouvelles, quoiqu'elles soient fort utiles et bien prouvées : mais dans le genre dont il s'agit, les raisonnemens sont superflus ; il me suffit de montrer les troupeaux à laine superfine que j'ai améliorés, et les draps que l'on a faits avec cette laine.

Je vois avec plaisir que beaucoup de particuliers s'occupent de cette amélioration. J'exhorte les propriétaires de terres et les fermiers, à donner de l'attention à leurs troupeaux ; le soin qu'ils y mettront leur profitera beaucoup, par la valeur des moutons, par le prix des laines, par le produit du parcage et par les fumiers faits en plein air, dont l'activité pour fertiliser les terres est plus grande que celle des fumiers qui se font dans des étables.

ADDITION

Aux Observations sur la comparaison de la nouvelle Laine superfine de France, avec la plus belle Laine d'Espagne, dans la fabrication du Drap.

Lue à l'Académie royale des Sciences, le 29 mars 1786.

M. DECRETOT, manufacturier à Louviers, ayant terminé toutes les opérations et les observations qu'il se proposait de faire, pour comparer le drap fabriqué avec la laine de ma bergerie aux laines d'Espagne, moline et léonaise impériale, m'a écrit, le 14 novembre 1785, la lettre suivante :

« Monsieur, j'ai différé de quelques jours à
» vous faire passer le résumé que je vous avais
» annoncé, parce que je voulais voir, avant de
» le faire, l'effet de la presse sur le drap
» d'impériale et sur celui de la moline. Vous
» aurez vu facilement par vous-même, qu'il
» résultait de tous les détails de mes deux
» lettres, 1.° que votre laine dégraissait bien,

» c'est-à-dire qu'elle lâchait facilement son
» suint;

» 2.º Qu'après le dégrais, le battage et le
» triage, elle tombe environ aussi près du
» tiers, que la laine d'Espagne tombe près du
» quart; ce qui fait une différence d'environ
» un dixième à l'avantage de l'impériale. Cette
» différence doit provenir, au moins en très-
» grande partie, des secondes et des tierces,
» qui n'ont point été retirées dans votre ber-
» gerie, comme elles le sont en Espagne,
» dans la proportion du quart au cinquième;

» 3.º Que votre laine a bien pris la teinture;

» 4.º Qu'elle s'est très-bien filée, et même
» d'environ un vingt-cinquième plus fin que
» l'impériale;

» 5.º Que le tisserand en a fait une très-
» belle toile;

» 6.º Qu'elle s'est foulée aussi facilement
» et dans le même temps, mais moins fort que
» celle d'Espagne; ce qui n'est pas étonnant,
» vu que les secondes et tierces, lorsqu'elles
» sont grossières, ne foulent pas aussi fort, et
» ne garnissent pas autant que les primes;

» 7.º

» 7.º Que votre demi-pièce s'est très-bien
» apprêtée, mais qu'il a fallu la ménager au
» tondeur, un peu plus que l'impériale, qui
» ayant feutré davantage, a fourni plus de
» laine dans les apprêts.

» Les nuances de ces trois draps diffèrent
» un peu, et cependant ils sont teints sur la
» même dose : cela vient, ou d'un peu plus
» ou moins de chaleur, ou d'un peu plus ou
» moins d'eau dans la chaudière, ou de ce
» que les laines y sont restées un peu plus
» ou moins de temps.

» Il est bon d'observer que la teinture de
» cette couleur (olive légère) des trois draps
» ne fatigue pas les laines, mais qu'elle en laisse
» aussi beaucoup plus voir les défauts de qua-
» lité et de fabrication, que les couleurs
» très-foncées qui les couvrent, et qui, en
» attendrissant les laines fortes ou sèches, les
» raffinent et leur font rendre le même effet
» que celles qui sont plus fines. La vôtre a
» très-bien supporté cette épreuve, et peut
» être assimilée aux laines d'Espagne de la
» première classe.

» Comme vous le voyez par votre coupon
» que je vous envoie, votre drap est très-fin
» et bien beau : comme il a foulé moins fort
» que celui de la laine de l'impériale, il est
» un peu dans le genre des royales, ou draps
» d'été. Il était question d'un essai comparatif,
» et non pas d'une opération particulière sur
» votre laine : mais je vois par l'expérience,
» que, pour en faire des draps forts et garnis,
» il faudrait, 1.° en retirer les secondes et
» tierces, opération qui se ferait plus faci-
» lement sur la toison entière dans votre
» bergerie, que dans notre manufacture,
» puisqu'elle consiste à mettre de côté les
» laines du ventre, des pattes, du dessous de
» la croupe, du dessous des cuisses et des
» épaules.

» 2.° Il faudrait faire fouler les draps plus
» long-temps et plus fort ; c'est ce que je ferai
» sur la pièce que je dois mettre en fabrication. »

Ayant fait fabriquer des draps avec la laine de ma bergerie, dans les manufactures du Berry, d'Abbeville et de Louviers, pour savoir si elle en ferait d'aussi fins que la laine d'Espagne, j'ai encore voulu savoir si elle était susceptible d'une aussi belle teinture que celle de l'écarlate. Pour en faire l'essai, j'ai remis à MM. *de Julienne, Oger* et compagnie, propriétaires des manufactures royales de draps et teintures des Gobelins, cent livres [cinquante kilogrammes] de la laine de ma bergerie. M. *Oger*, après en avoir fabriqué une pièce de drap écarlate, m'a fait part de ses observations par la lettre suivante, du 1.er mars 1786 :

« Monsieur, la pièce de drap écarlate que
» nous vous avons promis de faire fabriquer
» dans notre manufacture, avec les cent livres
» [cinquante kilogrammes] de laine provenant
» de la toison de vos moutons, vient de sortir
» des presses ; et nous vous avouerons avec
» plaisir, que nous y voyons si peu de diffé-
» rence d'avec celles fabriquées de laine prime
» léonaise d'Espagne, qu'il faut être très-
» connaisseur pour l'apercevoir.

» Il y a même lieu de croire que si votre
» laine, qui s'est déchargée de son suint avec
» la plus grande facilité, et s'est trouvée par
» conséquent de la blancheur éclatante dont

» nous avons besoin pour donner le feu à nos
» écarlates, avait été triée et lavée par prime,
» seconde et tierce, comme on le fait en
» Espagne, la différence n'aurait pu être qu'en
» faveur de votre laine de première qualité.

» Nous sommes persuadés que si vous
» voulez prendre la peine de faire faire ce
» triage et lavage à l'avenir, nous n'éprou-
» verons pas plus de déchet que celui que
» nous avons sur les laines d'Espagne, qui
» perdent dix livres [cinq kilogrammes] sur
» cent livres [cinquante kilogrammes], au lieu
» de vingt livres [dix kilogrammes] que les
» vôtres ont perdues, ce que nous attribuons
» aux tierces et secondes particulièrement, qui
» se trouvant beaucoup plus courtes, et s'é-
» chappant au battage, nous ont fait une
» différence d'environ un vingtième de moins
» sur la longueur de la pièce, quoique nous
» ayons mis autant de trame et de chaîne que
» dans nos autres draps fabriqués en laine
» prime léonaise, dont la finesse contribue
» à faire entrer plus de trame.

» Quoi qu'il en soit, nous vous payons cette

» laine le même prix que celle d'Espagne,
» et nous vous retenons toutes celles que vous
» pourrez avoir par la suite, dont nous vous
» aurions obligation de nous donner la préfé-
» rence.

» Nous desirons bien sincèrement que tous
» les propriétaires de troupeaux aient connais-
» sance de cette épreuve, et fassent leur pos-
» sible pour vous imiter dans les soins que vous
» avez pris pour arriver à ce point de perfec-
» tion. Ce sera payer, en quelque sorte, le tri-
» but d'éloges qui vous en est dû, et dont toutes
» les manufactures vous seront éternellement
» reconnaissantes ; d'autant plus que même en
» se soumettant à payer les droits énormes que
» l'on impose tous les jours en Espagne, elles
» ne sont pas sûres d'en avoir long-temps pour
» leur consommation. »

Les toisons employées pour la fabrication des draps dans les manufactures du Berry, d'Abbeville, de Louviers et des Gobelins, venaient de beliers et de brebis du Roussillon et d'Espagne, et de ces races alliées avec des brebis de l'Auxois, de Flandre, d'Angleterre, de Maroc et du Thibet, dont les laines ont été améliorées dans ma bergerie, au degré de superfin du Roussillon et d'Espagne. La race du Roussillon s'est maintenue à ce degré depuis 1767 jusqu'à présent, et la race d'Espagne depuis 1777, sans que pour les soutenir j'aie introduit dans ma bergerie aucun nouveau belier, ni aucune nouvelle brebis du Roussillon ni d'Espagne, afin que l'on ne puisse attribuer la durée de l'état de superfin des laines, au renouvellement des races primitives tirées du Roussillon et d'Espagne.

Quoique la laine de ma bergerie, dont on a fait des draps, n'ait pas été triée, ni aussi bien lavée que la laine d'Espagne, cependant elle a filé plus fin dans la manufacture de M. *Decretot* à Louviers, et elle a pris un aussi beau blanc au dégrais, et ensuite une aussi belle teinture d'écarlate à la manufacture de MM. *de Julienne* et *Oger* aux Gobelins. Les manufacturiers, au premier coup d'œil, en la recevant, n'en avaient pas de si belles espérances, parce qu'ils n'y voyaient pas les mêmes apparences que dans la laine d'Espagne : en effet, ce n'était pas de la laine d'Espagne, mais de la laine de France, recueillie en Bourgogne, au milieu du royaume. Ces fausses apparences venaient de ce que cette laine n'était pas triée : on avait laissé dans les toisons la laine la plus grossière et la plus sale, que l'on appelle *seconde* et *tierce*, qui ont été supprimées des toisons de laine que l'on ne reçoit d'Espagne qu'en *prime*, qui est la plus fine et la plus blanche de chaque toison.

Dans les manufactures où l'on ne fabrique que des draps fins, comme celles d'Abbeville, de Louviers et des Gobelins, on n'est pas exercé à faire le triage des laines; aussi a-t-on employé, contre mon intention, celles de ma bergerie, sans les avoir triées. Cependant elles ont filé plus fin; elles sont devenues aussi blanches, et elles ont pris une aussi bonne teinture que les laines d'Espagne les mieux triées. J'ai donc lieu de présumer qu'elles auront encore de meilleures qualités lorsque je les aurai fait trier à ma bergerie, à la tonte prochaine, au lieu de m'en rapporter aux manufacturiers pour cette opération.

En faisant laver les laines de ma bergerie

avec autant de soin qu'elles le sont en Espagne, j'empêcherai certainement, de l'aveu même des manufacturiers, qu'elles n'éprouvent plus de déchet au dégrais que les laines d'Espagne, comme le disent MM. *Decretot* et *Oger*; cependant M. *Van-Robais* a assuré que leur déchet était à-peu-près le même que celui des laines d'Espagne, et qu'il n'y avait eu aucune différence, tant sur le filage que sur l'apprêt. Au fond, la différence de déchet a moins de rapport aux qualités essentielles des laines, qu'à l'intérêt pécuniaire, parce que le manufacturier perd sur les laines qu'il a achetées, le poids des matières étrangères à cette marchandise, qui auraient dû être emportées par le lavage avant que la laine eût été vendue.

Je ne pouvais prévoir les petits inconvéniens dont j'ai fait mention, qu'après avoir été instruit par les observations des manufacturiers, dans les épreuves qu'ils ont faites de ma laine pour la fabrication du drap. Je ne négligerai pas de prévenir ces inconvéniens; mais je ne suis pas fâché qu'ils soient arrivés, puisqu'ils prouvent que cette laine mal lavée et sans aucun triage, s'est soutenue dans la comparaison qui en a été faite avec la plus belle laine d'Espagne, qui est la léonaise impériale ; qu'elle l'a même surpassée pour la finesse, ayant filé plus fin d'un vingt-cinquième, et enfin puisqu'elle a été estimée et payée au même prix que la laine d'Espagne.

Nous avons confirmé toutes les observations de *Daubenton* sur la fabrication des draps, par celles que nous avons fait faire à la manufacture des C.ens *Leroy* et *Rouï*, de Sedan, avec des laines fines et améliorées, les C.ens *Chanorier*, *Tessier*, *Gilbert* et moi. On peut voir à ce sujet le mémoire du C.en *Chanorier*, sur le drap fabriqué avec la laine de son troupeau, et les différens comptes que nous avons rendus à l'Institut national sur le troupeau de Rambouillet.

Mais il est une autre observation importante au commerce et aux manufactures de France, que je crois devoir faire connaître ici.

Si nous avons un million de bêtes à laine fine et en amélioration, comme nous sommes fondés à le croire d'après les relevés qui nous ont été fournis ; si ce million de bêtes dépouille cinq livres [vingt-cinq hectogrammes] de laine par bête, ce qui est basé au plus bas, nous avons cinq millions de livres [deux cent quarante-trois mille neuf cent deux myriagrammes] pesant de laine en suint, qui produisent deux millions de livres [cent quarante-six mille trois cent quarante myriagrammes] pesant de laine lavée, en estimant le déchet du lavage aux trois cinquièmes; ce qui n'a pas lieu pour les laines métisses. Ces deux millions de livres [cent quarante-six mille trois cent quarante myriagrammes] de laine lavée donnent à la fabrication un million d'aunes [un million cent quatre-vingt-huit mille mètres] de drap, avec lequel on peut habiller cinq cent mille hommes, à deux aunes [deux mètres trente-six centimètres] par habit. Voilà une masse déjà assez considérable de laine fine et améliorée, pour laquelle il n'y a eu aucune exportation de numéraire, et qui est toute entière du cru de la France : il est à desirer qu'elle augmente et se perfectionne au point de nous mettre à portée de nous passer entièrement des laines de l'étranger pour la fabrication de nos draps (HUZARD).

INSTRUCTION

Sur le Parcage des Bêtes à laine,

Publiée par ordre du Gouvernement, en 1785.

Si l'usage de faire parquer les bêtes à laine sur les terres destinées à la culture du froment et même de beaucoup d'autres plantes, est avantageux dans les années ordinaires, il devient indispensable cette année, pour suppléer à la disette des pailles, et pour empêcher que les désastres de la sécheresse n'influent sur les récoltes suivantes [*]. C'est dans la vue de répandre de plus en plus cette pratique importante, de l'introduire dans les provinces où elle n'a pas lieu, d'engager dans les autres les cultivateurs à mettre plus de bêtes à laine au parc ; enfin pour leur donner des principes

---

[*] Le printemps et l'été de 1785 furent excessivement secs ; les pâturages furent brûlés, et il périt beaucoup de bestiaux faute de nourriture. La Société d'agriculture de Paris et le Gouvernement publièrent et répandirent plusieurs instructions qui, comme celle-ci, tendaient à rendre les effets de la sécheresse moins funestes (HUZARD).

certains qui puissent leur servir de règle, que la présente instruction a été rédigée.

De l'étendue du Parc, et de la manière de le former.

FAIRE parquer les moutons, c'est les renfermer dans une enceinte de claies, sur la portion de terrain qu'on veut fertiliser. Une bête à laine peut fumer, dans un parc, environ dix pieds carrés [cent cinq décimètres carrés] de surface : un troupeau de trois cents bêtes féconderait par conséquent trois mille pieds carrés [trois cent quinze mètres carrés] en un seul parc ; et si on le change de place trois fois dans les vingt-quatre heures, il ne faudra guère plus de cinq jours pour fumer un arpent, mesure de roi, c'est-à-dire, un espace de cent perches carrées, de vingt-deux pieds chacune [cinquante ares *] : on fumera donc avec trois cents bêtes, environ six arpens [trois hectares] par mois ; et comme le parc peut durer trois à quatre mois, un fermier qui a

---

* Voyez la note que j'ai insérée *page 191* (HUZARD).

trois cents bêtes à laine fumera facilement vingt arpens [dix hectares].

Les claies qui forment le parc, doivent réunir deux qualités; il faut qu'elles soient assez hautes pour que les loups ne puissent pas sauter par-dessus, et en même temps qu'elles soient assez légères pour que le Berger puisse les transporter facilement. La proportion la plus ordinaire est de quatre pieds et demi à cinq pieds [un mètre cinquante centimètres à un mètre soixante-sept centimètres] de hauteur, et de sept, huit ou neuf pieds [deux ou trois mètres] de longueur : on les construit de baguettes de coudrier, ou de tout autre bois léger et flexible, entrelacées entre des montans un peu plus gros que les baguettes. On en fait aussi avec des voliges assemblées ou clouées sur des montans. On laisse aux claies faites avec le coudrier trois ouvertures placées à la hauteur de quatre pieds [un mètre trente-quatre centimètres]; l'une au milieu, de six pouces [seize centimètres] de largeur sur un pied [trente-trois centimètres] de longueur; les deux autres aux deux bouts : ces deux dernières de trois pouces [huit centimètres] seulement de largeur, sur un pied [trente-trois centimètres] de longueur, servent à passer le bout des crosses destinées à soutenir les claies. On donne le nom de *crosses* à des bâtons de sept, huit à neuf pieds [deux à trois mètres] de longueur, ayant au gros bout une courbure qui forme patte, qui est percée d'un trou, et qu'on fixe en terre avec un piquet; le bout le plus menu, destiné à passer dans les ouvertures des claies, est percé de deux trous où l'on place des chevilles de neuf à dix pouces [vingt-quatre à vingt-sept centimètres] de long : ces chevilles sont espacées et disposées de manière qu'en faisant anticiper deux claies l'une sur l'autre, au point que l'ouverture de la droite de l'une réponde à celle de la gauche de l'autre, les deux claies se trouvent serrées l'une sur l'autre par les deux chevilles lorsque le gros bout de la crosse touche à terre.

Lorsqu'un Berger veut former un parc, il le commence communément au coin du champ; il y dispose ses claies carrément, en attachant celles de l'angle avec des ficelles; il soutient toutes les autres par le moyen des crosses. La crosse entre aisément, toute armée de ses chevilles, dans les ouvertures correspondantes des deux claies, en présentant les chevilles selon la longueur ; on ne fait passer que la première cheville, et, retournant la crosse à l'équerre, on tient les deux claies prises entre les deux chevilles qui débordent de trois à quatre pouces [huit à onze centimètres] de chaque côté les deux montans, l'ouverture étant moins large que longue : l'une de ces chevilles se trouve ainsi derrière le montant, et l'autre devant ; ensuite on abaisse contre terre le gros bout de la crosse, et l'on enfonce avec un maillet la clef ou le piquet qui, traversant la patte de la crosse, assure tout l'édifice.

Pour transporter chaque claie, le Berger passe le bout de sa houlette, ou souvent même le bout d'une crosse, lorsqu'elles sont assez fortes, dans l'ouverture qui est au milieu de la claie ; il appuie son dos contre cette claie ; il la soulève et la porte en faisant passer la houlette sur son épaule, et en la tenant ferme avec les deux mains. On peut aussi transporter les claies en passant le bras droit à travers la voie du milieu.

Lorsque le parc a été une fois commencé au coin du champ, on le continue de proche en proche dans toute son étendue, en ne relevant jamais à chaque changement que trois côtés de claies; le quatrième sert pour le nouveau parc. Le Berger doit toujours avoir soin de tracer son parc pendant le jour, et d'en marquer les extrémités avec des piquets garnis de chiffons blancs, afin qu'il les puisse apercevoir pendant la nuit lorsqu'il changera le parc, et qu'ils lui servent de guide. On peut éviter cette difficulté, et ménager la peine du Berger, en faisant le jour un parc divisé en deux parties par une cloison de claies; le Berger n'a qu'à faire passer les moutons de l'une dans l'autre pour changer le parc : cette pratique est indispensable dans quelques provinces, pour éviter que les bêtes à laine ne soient exposées à devenir la proie des loups pendant qu'on change le parc ; elle a un autre avantage, c'est de fumer avec plus d'égalité. On a observé que les bêtes à laine fument beaucoup plus abondamment

abondamment dans la première moitié de la nuit que dans la seconde : on dispose donc la rangée intérieure des claies qui sépare le parc du soir de celui du matin, de façon que la surface de celui-ci soit à celle du premier dans la proportion de deux à trois ; alors la *fumure* se trouve très-égale. C'est la méthode d'Angleterre et celle du pays de Caux [département de la Seine-inférieure] : elle exige un plus grand nombre de claies ; mais la répartition plus égale de l'engrais, la sûreté des moutons dans les pays exposés aux loups, et en tout pays la diminution de la peine du Berger, qui n'a qu'une claie intérieure à lever pour changer ses moutons de parc, et qui, par conséquent, fait son devoir avec plus d'exactitude, doivent faire préférer généralement cette méthode.

La grandeur du parc doit être proportionnée au nombre de bêtes à laine que l'on veut faire parquer, et à la quantité de terre que chaque bête fertilise. On a vu plus haut que chaque bête à laine pouvait fertiliser une étendue de dix pieds carrés [cent cinq décimètres carrés] ; ce calcul est relatif au parc du soir.

Il est aisé, d'après cela, de proportionner le nombre des claies à la force du troupeau : par exemple, il faut pour un parc de cinquante bêtes, douze claies de sept à huit pieds [deux mètres trente-cinq centimètres à deux mètres soixante-huit centimètres] de long, ou de neuf à dix pieds [trois mètres à trois mètres trente-six centimètres] : et pour un parc de quatre-vingt-dix bêtes, douze claies de dix pieds [trois mètres trente-six centimètres]; il en faut deux de plus si les claies n'ont que neuf pieds [trois mètres], et quatre de plus si elles n'ont que huit pieds [deux mètres soixante-huit centimètres]. Il est aisé de calculer de même ce qu'il faut de claies pour un parc double, quand on veut éviter au Berger la peine de le changer pendant la nuit.

Ces calculs sont encore susceptibles de quelques variations, selon la taille et la force des bêtes à laine : il faut un plus grand espace pour la haute et longue race anglaise et flamande; il en faut un moindre pour la petite race berrichone ou espagnole. L'intelligence du propriétaire doit suppléer à ce qu'on ne peut lui dire avec précision, faute de connaître de quelle race sont ses moutons.

Le parc le plus petit que l'on puisse faire est de cinquante bêtes ; autrement la dépense nécessaire pour l'entretien du Berger excéderait le bénéfice : mais plusieurs cultivateurs peuvent réunir leurs troupeaux pour les faire parquer ensemble sous la conduite d'un même Berger ; de même un cultivateur industrieux peut louer des moutons pour le temps du parc seulement, et réunir plusieurs petits troupeaux pour former un parc plus considérable.

De la manière de gouverner un Parc.

LA manière de gouverner le parc n'est pas la même dans toutes les saisons : dans les longs jours, on y fait entrer le troupeau une heure après le soleil couché, c'est-à-dire, vers neuf heures ; alors, comme les herbes ont beaucoup de suc, comme la fiente et les urines sont très-abondantes, un parc de quatre heures suffit pour amender la terre, et on le change trois fois depuis le soir jusqu'au matin ; la première à une heure du matin, la seconde à cinq heures, et la troisième à neuf heures du matin. Les derniers parcs se font de jour; et on peut même se dispenser de les enfermer de claies, parce qu'on n'a point également à craindre d'être surpris par les loups : il suffit de placer les chiens de manière qu'ils contiennent les moutons dans l'espace destiné au parc; c'est ce qu'on nomme *parquer en blanc*. On peut au surplus avancer ou reculer le changement des parcs lorsqu'on le juge à propos; mais il faut alors les faire de grandeurs inégales, et leur donner d'autant plus d'étendue que les bêtes doivent y séjourner plus long-temps. Lorsque le mois de septembre [fructidor et vendémiaire] arrive, les nuits sont plus longues; les bêtes à laine ont moins de temps pour pâturer; les herbes ont moins de suc; les urines et la fiente sont moins abondantes : il faut alors ne faire que deux parcs par nuit; et si l'on continuait à parquer pendant l'hiver, on n'en ferait qu'un par vingt-quatre heures.

La cabane du Berger doit toujours être à côté du parc, afin qu'en ouvrant l'une des deux portes, il puisse voir le troupeau : elle doit à cet effet être très-légère, et posée sur des roues pour être d'un transport facile ; on la construit en bois, et il suffit qu'elle ait six piéds [deux mètres] de long, trois pieds et demi [un mètre dix-sept centimètres] de large, et qu'elle soit couverte en paille ou en bardeau : elle doit contenir un matelas, des draps, une couverture, et une tablette pour placer quelques hardes et des provisions de bouche ; les portes en doivent fermer à clé.

Les Bergers sont dans l'usage de faire coucher les chiens à l'air dans le parc, ou en dehors près de leur cabane : ces animaux, que la nature n'a point prémunis, comme les moutons, contre les intempéries des saisons, en sont quelquefois incommodés ; et cet inconvénient deviendrait d'autant plus grand qu'on prolongerait le parc plus avant dans l'hiver. Il serait possible d'avoir une petite loge extrêmement légère, qu'on placerait à l'angle opposé à celui où serait la cabane du Berger, de l'autre côté du parc.

On fait sortir les moutons du parc le matin pour les mener au pâturage lorsque la rosée est passée, et on les gouverne au surplus de la même manière que s'ils vivaient dans les étables. On doit avoir soin en été de les mettre à l'ombre dans le milieu du jour pour les préserver de la chaleur du soleil.

De la préparation des Terres avant et après le Parcage.

COMME les terres que l'on se propose de parquer sont en général destinées à recevoir du blé, il faut commencer, avant d'y mettre le parc, par leur donner au moins deux bons labours à plat, afin que l'urine pénètre plus facilement la terre. Il est important de labourer promptement le champ après que le parc y a passé, afin de mêler la fiente et l'urine avec la terre avant qu'il y ait évaporation; d'ailleurs, pour peu que le terrain soit en pente, s'il vient des averses avant que le champ ait été labouré, une partie du crottin est emporté. Des agriculteurs dont l'autorité est d'un grand poids, assurent qu'on peut parquer les terres à blé même après que la plante a poussé, et jusqu'à ce qu'elle ait atteint un pouce [trois centimètres] de hauteur, pourvu que ce soit par un temps sec; on l'a essayé en Angleterre: les moutons broutent l'herbe; mais on assure qu'ils font bien à la racine en foulant les terres, et qu'ils écartent les vers par leur odeur. Ce n'est qu'avec beaucoup de réserve, et d'abord sur de petites portions de terrain, qu'on doit tenter cette méthode; il en résulterait de si grands avantages, qu'il serait à souhaiter que l'expérience en confirmât la bonté, et que quelques personnes riches en voulussent faire l'essai sur de petites parties : si elle réussissait, la facilité de continuer à faire parquer les bêtes à laine sur les terres à blé pendant presque tout l'hiver, offrirait un profit de la plus grande importance. Il est bien prouvé aujourd'hui que ces animaux supportent sans inconvénient les rigueurs du froid et l'intempérie des saisons.

Du Parcage des Prairies naturelles et artificielles.

LE parcage dans les prés hauts est très-avantageux, sur-tout pour leur rendre de la vigueur lorsqu'ils sont épuisés; mais il faut que la durée du parc soit beaucoup plus longue sur les prés que sur les terres labourables. Dans les temps secs, on peut laisser le troupeau dans le même parc pendant deux ou trois nuits ; mais dans les temps humides, il faut le changer tous les jours, parce que les excrémens de la veille saliraient les moutons : cette méthode fertilise admirablement les prairies, et on peut l'appliquer avec succès aux luzernes, au ray-grass, aux trèfles, au fromental ; toutes ces plantes conservent leur verdure l'hiver, lorsqu'elles ont été parquées : il n'en est pas de même pour le sainfoin ; les moutons sont les ennemis de cette plante, et le parcage la détruit au lieu de l'améliorer. On doit éviter d'établir le parcage dans les prés bas ; leur humidité serait nuisible aux bêtes à laine.

Des avantages du Parcage dans l'exploitation d'une Ferme.

L'AVANTAGE du parcage est de fumer les terres sans consommer de paille ; et cet avantage est inappréciable, parce que c'est la paille qui manque presque toujours dans l'exploitation d'une ferme. En supposant qu'un cultivateur fasse valoir une ferme de deux charrues, ou de cinquante arpens par sole, mesure de roi [vingt-cinq hectares]; qu'il ait un troupeau de trois cents bêtes à laine et dix à douze vaches, il peut espérer dans une année ordinaire, et dans des terres de fertilité commune, d'obtenir deux cents voitures de fumier, chacune de quarante à cinquante pieds cubes [treize cent soixante-onze à dix-sept cent treize décimètres cubes]; cette quantité répandue sur les cinquante arpens [vingt-cinq hectares] destinés à être ensemencés en blé, ne donnera pour chacun que quatre voitures de fumier; et avec aussi peu d'engrais il ne peut espérer que de très-médiocres récoltes : mais si ce même cultivateur envoie son troupeau au parc pendant quatre mois de l'année, d'après les calculs qui ont été présentés ci-dessus, il fumera environ vingt arpens [dix hectares]; il ne lui restera plus, par conséquent, que trente arpens [quinze hectares] à fumer, sur chacun desquels il pourra répandre six à sept voitures de fumier, en sorte que son industrie aura produit sans augmentation de dépense, le même effet que si ses pailles eussent été augmentées de plus d'un tiers.

Indépendamment de ces avantages, le parcage a celui de donner aux terres une fumure plus durable, et les avoines qu'on sème la seconde année s'en ressentent encore sensiblement. Il serait à souhaiter qu'on pût parquer de nouveau les mêmes terres au bout de trois ans, et on prétend qu'elles seraient améliorées pour long-temps; mais la plupart des cultivateurs n'ont pas assez de bestiaux pour parquer ainsi toutes leurs terres, et sur-tout pour les parquer deux fois de suite.

MÉMOIRE

Sur l'amélioration des Troupeaux dans la Généralité de Paris et dans les autres Provinces de France.

Lu à la séance publique de la Société royale d'Agriculture de Paris, le 30 mars 1786.

Il est rare qu'une amélioration en économie rurale puisse se faire sans dépense ; mais il arrive toujours que le produit en est plus ou moins grand, suivant les circonstances où l'on se trouve. L'amélioration que je propose depuis long-temps pour les troupeaux de bêtes à laine, est une épargne, au lieu d'une dépense, dans toutes les provinces de la France; et son produit sera plus grand dans la généralité de Paris que dans les autres, à cause du voisinage de la capitale.

J'ai dix-sept ans d'expérience qui prouvent que des troupeaux tenus en plein air, jour et nuit, sans aucun abri, dans toutes les saisons de l'année, ont été plus forts et plus vigoureux que ceux qui étaient dans des étables. Cette expérience n'a pas été faite dans la partie méridionale de la France, mais au milieu du royaume, près de la ville de Montbard en Bourgogne, où mes troupeaux ont éprouvé, le 30 janvier 1776, à cinq heures et demie du matin, dix-huit degrés de froid au thermomètre de *Réaumur*, et quinze degrés le 4 janvier dernier, sans en avoir ressenti aucun mal réel; au contraire, ils ont toujours eu une meilleure santé que ceux du voisinage de ma bergerie, qui étaient renfermés dans des étables. Cette différence dans la santé, est la preuve d'une bonne amélioration qui se fait avec épargne, puisqu'on est dispensé de la construction des étables et de leur entretien.

Si l'on profite de ce bon état des troupeaux pour relever leur taille, pour rendre la laine plus abondante, et pour en perfectionner la qualité, on augmentera le produit du troupeau, relativement à ces trois objets, et l'on y parviendra par un seul moyen.

Ce moyen est peu dispendieux en comparaison du profit que l'on en tirera très-promptement : il suffit, comme je l'ai proposé dans plusieurs Mémoires, de se procurer un belier qui soit de plus forte taille que les brebis du troupeau que l'on veut améliorer, et dont la laine soit de meilleure qualité et en plus grande quantité. Si on choisit ce belier dans le canton où l'on se trouve, ou à quelques lieues [myriamètres] de distance, il ne sera pas de beaucoup plus cher que celui qu'il remplacera. Le surplus du prix rentrera au double dès la première année, par la vente de sa toison et de celle d'une trentaine d'agneaux qu'il produira, et par la valeur de ces agneaux, si l'on juge à propos de les vendre; car tous ces objets seront plus profitables qu'ils ne l'auraient été avec le belier que l'on a rebuté. Mais si l'on compte le profit que l'on retirera dans les années suivantes, on le trouvera au double, au centuple de ce que pourrait coûter un belier qui viendrait du Roussillon ou d'Espagne, ou de Flandre, ou d'Angleterre.

Ces profits seraient toujours plus considérables dans la généralité de Paris que dans les autres, à cause de l'immense consommation de toutes choses qui se fait dans cette grande ville, dont les richesses refluent de toutes parts, et en plus grande quantité dans les lieux qui en sont le plus près.

J'ai fait sur les toisons, des observations qui peuvent être utiles pour tous les propriétaires de troupeaux dans tout le royaume. On distingue communément, dans une toison, trois sortes de laines par leurs différens degrés de finesse. La plus fine est nommée *prime*, c'est-à-dire, *première laine :* on l'appelle aussi *mère-laine*, parce que ses qualités surpassent celles des deux autres sortes de laines ; la *seconde*, moins fine que la prime, est plus fine que la troisième sorte de laine, que l'on appelle *tierce*, et qui est d'une qualité inférieure à tout le reste.

La *prime* est autour du cou, sur le dos jusqu'à la croupe, sur le haut des épaules, des côtés du corps et des cuisses.

Dans toutes les toisons, l'on regarde comme *seconde* laine, celle qui est sur la croupe, sur le haut des cuisses, sur le bas des côtés du corps, et sur le ventre.

La laine *tierce* est sur le bas des épaules et des

cuisses, sur les fesses, sur la queue et autour de son origine.

On évalue la seconde laine et la tierce à un cinquième de la toison, en comptant un vingtième pour la tierce, et près d'un septième pour la seconde laine. Ainsi la prime ferait les quatre cinquièmes de la toison : il y a même des gens qui n'en comptent que les trois quarts pour la prime.

Ces estimations peuvent être justes pour les toisons qui ne sont pas superfines ; mais elles sont fausses à plusieurs égards, pour les toisons superfines. J'ai observé avec grande attention la laine d'un bon belier de race d'Espagne, sur les différentes parties de son corps : j'ai trouvé de la laine superfine sur tout le corps, excepté sur le bas de l'avant-bras et de la jambe proprement dite, sur les fesses et sur les parties moyennes et inférieures de la queue, et, dans certains moutons, sur le bord du fanon, depuis la poitrine jusqu'au garrot.

En Espagne, on tond séparément la laine du ventre, et l'on en fait un second triage, pour en mettre une partie avec la prime. J'ai observé que la laine du ventre était aussi fine que celle du dos, des côtés du corps, &c.; mais elle est plus sujette à être salie, parce que le mouton se couche sur le ventre : c'est pourquoi les Espagnols lavent les laines avec grand soin; ils emploient même de l'eau tiède pour faire un premier lavage dans des baquets; ensuite on jette la laine dans des ruisseaux bien clairs, où elle est encore lavée successivement dans trois retenues d'eau. C'est ainsi que les Espagnols rendent leurs laines parfaitement blanches, tandis que les nôtres ont, en comparaison, une teinte jaunâtre. Nous ne les lavons pas à l'eau tiède, mais seulement dans des corbeilles, en pleine eau, ou sur le corps du mouton, dans une rivière ou dans un étang. Comme les laines de ma bergerie n'ont été jusqu'à présent lavées que sur le corps du mouton, et qu'elles n'ont pas été triées, M. *Decretot*, manufacturier à Louviers, M. *Oger*, directeur de la manufacture des Gobelins, les ont trouvées, après le dégrais, un peu moins blanches que les laines léonaises impériales, qui sont les plus belles primes d'Espagne;

d'Espagne ; mais elles sont devenues très-blanches à la foulerie. Ces observations prouvent la nécessité de laver nos laines avec autant de soin que le font les Espagnols.

Nous devons aussi être très-attentifs à tenir la laine propre sur le corps du mouton, et à ne le tondre qu'au temps de sa maturité. Les anciens agriculteurs prenaient, à ce sujet, des précautions singulières. Feu M. *Grosley*, de l'Académie des inscriptions, m'a écrit, peu de temps avant sa mort, une lettre où il rapporte des passages de *Columelle*, de *Varron*, d'*Ælien*, de *Pline*, d'*Horace* et de leurs commentateurs, qui ne permettent pas de douter que les Tarentins et les Mégariens n'aient couvert leurs moutons avec des peaux qu'ils faisaient venir d'Arabie. On donnait à ces moutons la dénomination d'*oves pellitæ*. On les couvrait ainsi, suivant *Varron*, pour empêcher que leur laine ne se gâtât et qu'elle ne fût dans le cas de ne pouvoir être bien nettoyée, bien lavée et bien teinte. Les laines de Tarente et de l'Attique étaient les plus belles que l'on connût alors.

Les Romains donnaient dans un grand luxe

et avaient beaucoup d'esclaves : la soie leur manquait ; il n'est pas surprenant qu'ils employassent des moyens très-recherchés pour avoir les laines dont on faisait des robes de sénateurs, de consuls et d'empereurs. Nous ne savons pas ce que nous ferions nous-mêmes pour nous procurer de très-belles laines, si nous n'avions pas de soie pour nos vêtemens.

On ne peut prévoir ce que deviendrait la laine d'un mouton, si elle était continuellement couverte sur le corps de cet animal par une peau. Il y a des gens qui mettent sur des chevaux de prix une couverture de toile blanche de lessive, et par-dessus une couverture de laine que l'on ôte le soir, le cheval couche avec sa couverture de toile, que l'on est obligé de changer chaque jour, parce qu'elle se salit pendant la nuit. On prétend que ces couvertures maintiennent le poil du cheval lisse et uni, et qu'elles contribuent à la bonne santé de l'animal, en le préservant de la poussière, qui boucherait les pores de la peau, et ralentirait la transpiration.

Quelques auteurs modernes ont cru que les

anciens habitans de Tarente et de l'Attique ne couvraient leurs moutons que pour empêcher qu'ils ne perdissent leur laine en passant dans des broussailles. Cette précaution marquerait que l'on attendait, pour tondre la laine, le temps de sa parfaite maturité.

Quoi qu'il en soit, l'autorité de *Varron* mérite assez de confiance pour que l'on fasse l'expérience des moutons couverts : je la tenterai sur quelques-uns dans ma bergerie, qui est vouée depuis long-temps aux expériences sur les troupeaux. C'est au moins un objet de curiosité.

Il y en a un plus important sur lequel les fermiers ont une prévention bien mal fondée ; ils croient que le fumier des étables leur est plus utile que ne le seraient le parcage des moutons dans les champs, et le fumier qui se ferait dans le parc domestique, en plein air : ils sont dans une erreur très-nuisible à leurs intérêts. Pour se détromper par leurs propres observations, je ne leur demande que de faire de petits essais sur ces deux objets : c'est le moyen le plus facile, le plus sûr et le moins dispendieux, pour se déterminer sur différentes pratiques d'agriculture. Si l'on trouve de la difficulté à faire des essais par soi-même, il faut consulter les fermiers qui font parquer leurs terres. Ils diront qu'ayant une fois connu les bons effets du parcage, ils ont fait le plus grand cas de cette pratique.

Quant à la différence qui est entre les fumiers des étables et ceux qui se font en plein air, dans un parc domestique, il y a trente ans que la comparaison en a été faite par M. *Dailly*, à la ferme du Trou-d'Enfer, dans la forêt de Marly. Cet habile fermier tenait ses moutons sans abri, dans la cour de sa ferme : il reconnut bientôt que leur fumier, fait en plein air, produisait plus d'effet sur les terres pour les fertiliser, que le fumier renfermé dans des étables, où il est sujet à s'échauffer, au point de perdre sa propriété fécondante, en prenant une couleur blanche.

Par le moyen d'amélioration que je propose pour les troupeaux, les fermiers auront non-seulement de meilleurs fumiers, dans une quantité proportionnée à leurs pailles, et des récoltes que le parcage rendra plus abondantes, mais ils auront aussi de meilleures laines. Celles de ma bergerie, et celles d'un petit troupeau qui est venu de ma bergerie à l'école vétérinaire d'Alfort, se sont vendues aux prix des laines d'Espagne : les draps qui en ont été faits dans plusieurs manufactures, sont aussi beaux que les draps des plus belles laines d'Espagne, comme il est bien prouvé par les observations que M. *Decretot*, manufacturier à Louviers, a faites en fabriquant un drap avec la laine de ma bergerie, et en le comparant à un drap qu'il fabriquait en même temps avec la plus belle laine d'Espagne, qui est la léonaise impériale.

Que faut-il donc faire pour se procurer tous ces avantages ? il suffit de mettre de bons beliers dans les troupeaux.

L'amélioration des laines sera proportionnée à la qualité des beliers, et par conséquent au prix qu'ils auront coûté. Si on les prend dans le voisinage, ils coûteront peu ; mais l'amélioration qu'ils produiront sera médiocre : si on les fait venir du Roussillon pour avoir des laines superfines, ou de Flandre pour avoir des laines longues, ils seront plus chers; mais l'amélioration sera plus profitable * : si l'on tire des troupeaux entiers de beliers et de brebis du Roussillon ou d'Espagne, de Flandre ou d'Angleterre, on aura lieu d'espérer un plus grand profit; mais il y aura plus de risques à courir et il en coûtera beaucoup. J'ai proposé tous ces différens moyens dans l'Instruction que j'ai publiée pour les Bergers et pour les propriétaires de troupeaux. En Angleterre, les entreprises qui ont des améliorations pour objet, doivent être combinées de manière que

---

* Il a été prouvé par un grand nombre d'expériences, que les beliers de Flandre et d'Angleterre transportés dans des parties de la France placées méridionalement à celles où ils avaient pris naissance, non-seulement n'amélioraient pas d'une manière constante les races avec lesquelles on les croisait, mais que cette amélioration disparaissait promptement, et que les animaux eux-mêmes dégénéraient assez vîte par cette transplantation. Ces expériences confirment une vérité déjà connue en histoire naturelle, c'est que les races, transportées du nord au midi, dégénèrent et n'améliorent que momentanément seulement celles avec lesquelles on les allie, tandis que les races du midi, transportées au nord, non-seulement peuvent être conservées pures, mais améliorent celles avec lesquelles on les croise; et cette vérité n'est pas particulière à l'espèce du mouton seulement (HUZARD).

l'une ne nuise pas aux autres, par rapport à l'argent dont on peut disposer : c'est ce qui m'a déterminé à présenter l'amélioration des troupeaux à différens prix, afin que l'on pût choisir les moyens les plus convenables à sa fortune ou à ses intentions.

M. *Bertier*, intendant de la généralité de Paris, se propose de procurer de bons beliers aux habitans de sa généralité qui ne pourraient faire aucune dépense pour l'amélioration de leurs petits troupeaux. Il fera venir du Roussillon et de Flandre un nombre de beliers qui seront placés dans les troupeaux des communautés, et chez des fermiers qui auront donné des preuves de leur intelligence et de leur zèle pour l'amélioration. Les beliers du Roussillon seront mis dans les cantons où le terrain maigre et sec produit l'herbe convenable aux moutons à laine superfine. Les beliers de Flandre seront distribués dans les plaines dont le terrain fertile produit des pâturages assez abondans pour les moutons de haute taille qui portent des laines longues. Par ces moyens et par toutes les précautions nécessaires que prendra M. *Bertier* pour en assurer le produit dans les troupeaux, on aura des laines superfines et des laines longues pour suppléer celles que nous tirons de l'étranger. Les propriétaires qui n'ont que de petits troupeaux, les amélioreront sans être obligés d'avoir d'autres beliers que ceux du troupeau général de leur communauté ; et de cette manière ils participeront aux secours accordés par le Gouvernement, en ce qu'ils auront des agneaux plus gros, des moutons plus grands, qui se vendront plus cher. Les toisons seront plus pesantes et de meilleure qualité, et par conséquent d'un plus grand prix.

EXTRAIT D'UN MÉMOIRE

Contenant le plan des Expériences qui se font au Jardin des Plantes sur les Moutons et d'autres Animaux domestiques.

Lu à la classe des Sciences physiques et mathématiques de l'Institut national, le 21 Floréal an 4.

Les professeurs administrateurs du Muséum national d'histoire naturelle ont laissé à ma disposition, pour faire des expériences sur les moutons, une partie de terrain et des bâtimens dont j'ai fait une bergerie; j'y ai mis des moutons et d'autres animaux domestiques, sur lesquels j'avais déjà tenté des épreuves qui donnent des faits d'expérience toujours certains et souvent utiles pour l'avancement de nos connaissances. Mon âge et mes infirmités m'ayant empêché, depuis plusieurs années, d'aller à Montbard, j'avais interrompu ce travail; mais les facilités que mes confrères m'ont procurées au Muséum m'engagent à le continuer.

Depuis vingt-huit ans que je m'occupe de

l'amélioration des troupeaux, j'ai toujours vu avec regret que l'on n'employait pas les remèdes qui ont été indiqués pour le traitement des moutons dans leurs maladies, parce qu'ils sont trop coûteux. En effet, on ne se résoudra pas à faire plus de dépense pour guérir un mouton malade, qu'il ne vaudrait en santé : il faut donc que le traitement coûte beaucoup moins ; car tous les malades ne guérissent pas. J'ai trouvé des moyens de traiter, à très-peu de frais, les maladies les plus communes dans les troupeaux. Ce travail est près de sa fin *.

---

* Il n'est pas terminé, et il est resté trop incomplet pour pouvoir être livré à l'impression. *Daubenton* nous avait chargés (*Gilbert* et moi) de faire et de répéter des expériences qu'il nous avait tracées, ou qu'il avait déjà tentées : plusieurs ont été suivies à l'établissement rural de Sceaux, et à la ménagerie de Versailles où il fut transféré. La mort de *Daubenton* ; le voyage de *Gilbert* en Espagne, pour amener un troupeau de bêtes à laine fine; la fin prématurée de ce véritable ami de son pays, à la suite des fatigues de ce voyage, et du dénuement absolu où le Gouvernement l'a laissé trop long-temps ; et enfin la destruction de l'établissement rural de la ménagerie, empêchèrent de terminer ces expériences. On trouvera ci-après le seul mémoire sur cet objet auquel *Daubenton* ait mis la dernière main (HUZARD).

On dit que le bouc s'accouple volontiers avec la brebis, et le belier avec la chèvre : cependant une chèvre a été dans ma bergerie près de Montbard, pendant plusieurs années, dans un troupeau de beliers, sans qu'elle ait fait de chevreaux. Si le bouc et le belier étaient de même espèce, s'ils s'accouplaient, si leur accouplement était fécond, on verrait de grandes variétés dans les produits de ces espèces : il s'en trouverait quelques-uns dont les cornes auraient des rapports avec celles du belier et celles du bouc, ou qui seraient couverts de poil de chèvre et de laine. Cependant les caractères distinctifs de ces deux animaux ne sont jamais équivoques sur aucun individu : mais tant de gens assurent qu'ils produisent ensemble, cette opinion est si répandue, qu'il est intéressant pour l'histoire naturelle de constater le fait de cet accouplement, et de savoir, au cas qu'il ait lieu, quel est son produit. Pour cet effet je mettrai une chèvre avec un belier et une brebis avec un bouc *.

---

* Nous avons eu constamment dans le troupeau de bêtes à laine fine de Rambouillet, et dans celui de bêtes

Je rendis compte à l'Académie des sciences, en 1779, des expériences que j'avais déjà faites pour connaître les alimens qui ne feraient point de mal aux moutons, et ceux qui leur seraient nuisibles. Je suis à portée, au Muséum, d'étendre ces épreuves sur un très-grand nombre de plantes que je n'aurais pu trouver dans le canton du département de la Côte-d'Or où j'ai travaillé pendant une longue suite d'années à l'amélioration des troupeaux.

On a de bonnes preuves que le parcage des moutons sur les terres à blé et sur les prairies augmente beaucoup leur rapport; cependant le parcage n'est pas encore en usage dans la plupart des départemens de la République française. Si l'on parquait toutes les terres, on parviendrait peut-être à recueillir assez de blé pour la consommation de la République, ou au moins on ne serait plus obligé d'en tirer

---

à laine métisses du Rainci, de Sceaux et de la ménagerie de Versailles, des boucs et des chèvres; et jamais, jusqu'à présent, nous n'avons vu de productions résultant du croisement des deux espèces (HUZARD).

une si grande quantité de l'étranger *. J'ai pensé que l'on répandrait l'usage du parcage des moutons, si l'on en faisait parquer un petit troupeau au Jardin des Plantes : il y vient des gens de tous les départemens, qui verraient la manière dont on construit un parc et dont on le change de place, la cabane où couche le Berger qui le garde, la loge du chien, &c.

Ils verraient aussi l'effet que produit le parcage sur des pièces de terres en rapport, dont une partie aurait été parquée et l'autre ne l'aurait pas été. Pour étendre l'usage d'une pratique aussi utile, aussi importante, aussi nécessaire que le parcage des moutons sur les terres à blé et sur les prairies, il faut employer tous les moyens qui peuvent y contribuer. Je fais faire dans les enclos de ma bergerie, près de Montbard, des expériences bien circonstanciées sur le produit du parcage, je compare les récoltes des champs et des prés qui ont été parqués, avec les récoltes des terres voisines qui

---

* Il est bon, en lisant ceci, de se rappeler l'époque où ce Mémoire a été écrit (HUZARD).

ne l'ont pas été, avec celles des terres qui n'ont été ni parquées ni fumées, et des terres qui n'ont été que fumées sans parcage. Il faut nécessairement donner des preuves incontestables des avantages du parcage, pour le faire employer par les gens qui ne seraient pas convaincus du grand profit que l'on en peut tirer. Je ne puis trop répéter que si l'on faisait parquer tous les troupeaux qui sont sur le sol de la République, ils augmenteraient considérablement la quantité de la première de nos subsistances. Cette considération mérite une attention particulière du Gouvernement.

On pourra voir, au Jardin des plantes, un petit troupeau en partie de race espagnole, à laine superfine, continuellement en plein air, sans aucun abri, qui y a toujours été depuis qu'il est né, et qui a été produit par des beliers et des brebis continuellement à l'air, de génération en génération depuis vingt-sept ans. On pourra voir des agneaux naître en plein air, et y mieux prospérer que dans des étables, quelle que soit la rigueur de la saison. Cet exemple pourra déterminer les propriétaires de troupeaux à supprimer les étables : la dépense de l'entretien de ces bâtimens, au lieu d'être utile aux bêtes à laine, leur est nuisible. Lorsqu'il n'y a point d'étable dans une ferme, et que l'on n'est pas disposé à en faire construire, on ne met point de moutons dans cette ferme : on ne sait pas qu'ils seraient mieux en plein air que dans des étables ; le petit troupeau du Jardin des plantes peut le prouver évidemment. Ce sera un bien, non-seulement pour des particuliers, mais pour la République entière, puisque les troupeaux sont une de ses principales richesses.

Dans les expériences que j'ai faites, à ma bergerie près de Montbard, sur les moutons, pour connaître les herbes qui leur sont convenables et celles qui leur seraient nuisibles, je mettais deux moutons dans un petit parc ; ces animaux sont si fort accoutumés à être plusieurs ensemble, qu'un mouton qui se trouve seul est toujours inquiet et occupé à en chercher d'autres au lieu de manger. Je faisais donner aux deux moutons renfermés dans le petit parc une seule espèce de plante dans un râtelier, pour toute nourriture pendant huit jours. Je puis essayer au Jardin des plantes un nombre de végétaux beaucoup plus grand que dans le canton du département de la Côte-d'Or où ma bergerie est située; mais la plupart de ces plantes n'y sont pas assez abondantes pour les essayer pendant plusieurs jours sur deux moutons. J'ai été obligé de diviser de petits parcs en deux, et de ne mettre qu'un seul mouton dans chacun : n'étant séparés que par une claie, ils se croient réunis, et ils mangent sans s'inquiéter pour avoir compagnie.

Il paraît que *Linné* est le premier qui ait conçu le projet de faire des essais pour connaître les plantes que les animaux mangent et celles dont ils s'abstiennent. *Linné* a fait de ces expériences par lui-même et les a conseillées à ses disciples. Elles ont été publiées dans l'ouvrage intitulé *Pan Suecus* ; on y trouve aussi le procédé que l'on a suivi pour faire ces essais. J'ai cru devoir m'en écarter, parce que j'y ai vu de grands inconvéniens.

On a posé des herbes devant des animaux, et l'on a conclu trop tôt, pour l'avenir, qu'elles leur seraient toujours agréables ou qu'ils les
refuseraient

refuseraient toujours, parce qu'ils les avaient mangées ou qu'ils s'en étaient abstenus lorsqu'elles leur avaient été présentées. Je crois que ces essais doivent être prolongés pendant plusieurs jours de suite, quand on a une assez grande quantité d'herbes de même espèce pour y suffire ; car j'ai vu des moutons refuser opiniâtrément de l'avoine la première fois qu'on leur en présentait, et la manger dans la suite avec avidité lorsqu'ils en avaient goûté.

Linné ne veut pas que l'on fasse des essais d'herbes pour la nourriture des moutons, lorsqu'ils sont à jeun, au sortir de l'étable ; mais au retour du pâturage, lorsqu'ils sont presque rassasiés. Je crois que ce procédé serait bon si l'on voulait savoir quelles sont les herbes que les moutons aiment le mieux : mais ce n'est pas là ce que je cherche ; je voudrais connaître les plantes dont les moutons peuvent se nourrir, quoiqu'ils ne les mangent qu'au défaut de celles auxquelles ils sont accoutumés.

La manière dont je fais des essais de plantes sur les moutons, fera distinguer :

1.º Les plantes dont ils mangent de bon appétit ;

Ee

2.º Celles qu'ils ne mangent que malgré eux, pour apaiser la faim;

3.º Celles qu'ils refusent absolument de manger;

4.º Celles qui les font boire plus qu'à l'ordinaire, ce qui est un mauvais symptôme pour les moutons;

5.º Celles qui les font beaucoup uriner;

6.º Celles qui leur donnent la colique de panse;

7.º Celles qui leur donnent le dévoiement;

8.º Celles qui causent le pissement de sang;

9.º Celles qui leur sont mortelles.

MÉMOIRE

Sur les Moyens d'augmenter la production du Blé sur le sol de la République française, par le Parcage des moutons et par la suppression des Jachères.

Lu à la classe des Sciences mathématiques et physiques de l'Institut national, le 26 nivôse an 5 *.

DE toutes les opérations de l'agriculture, une des plus importantes est le parcage des troupeaux, parce qu'il augmente la fécondité de la terre pour produire en plus grande quantité la première de nos subsistances, et celle des animaux qui vivent d'herbes, et dont nous tirons une grande utilité.

---

* Je me suis déterminé à insérer ce Mémoire à la suite des autres, quoiqu'il contienne quelques répétitions de ce qu'on trouve dans les précédens, parce qu'il renferme aussi des observations qui peuvent être utiles aux propriétaires de terres et de troupeaux, et que d'ailleurs il complète le recueil des travaux économiques de *Daubenton*, qui se trouveront tous rassemblés dans ce volume (HUZARD).

La fiente et sur-tout l'urine des moutons sont un des engrais les plus actifs pour les champs et pour les prés. Lorsque les déjections restent mêlées avec la litière pour faire du fumier, elles perdent de leur force fécondante; mais cette force a toute son activité lorsque l'animal répand sa fiente et son urine immédiatement sur la terre qu'il doit fertiliser. C'est ce qui se fait par le moyen du parcage. Le troupeau est retenu pendant toute la nuit, ou partie de la nuit, sur un espace de terre proportionné au nombre des moutons qui le composent. On donne ordinairement dix pieds carrés [cent cinq décimètres carrés] pour chaque mouton. Afin que tout profite, on n'établit le parc qu'après un ou deux labours, pour que l'urine et même la transpiration du corps de l'animal couché sur la terre, et la vapeur de son suint, la pénètrent plus facilement. Après le parcage, on donne un dernier coup de labour, le plutôt qu'il est possible, afin de prévenir le desséchement de la fiente.

Quoiqu'il soit bien certain que le parcage est le meilleur des engrais, on n'en fait point usage dans la plupart des départemens de la République française, et même on ne le connaît pas : il est donc nécessaire de le faire connaître. J'ai pensé que l'on répandrait l'usage du parcage des moutons, si l'on en faisait parquer un petit troupeau au Jardin des plantes : il y vient des gens de tous les départemens, qui verraient la manière dont on construit un parc et dont on le change, la cabane où couche le Berger qui le garde, la loge du chien, &c.

Mais il ne suffit pas de dire que le parcage augmente de beaucoup la récolte des grains et des fourrages ; les promesses vagues ne portent pas la conviction, pas même la persuasion : il faut des preuves circonstanciées de la quantité de cette augmentation, pour que les gens qui ne connaissent pas tous les avantages du parcage, se déterminent à en faire usage.

Je ne sache pas que l'on ait fait des expériences pour découvrir quelle est cette quantité ; c'est sans doute parce qu'elle doit être sujette à beaucoup de variétés qui dépendent des différentes sortes de grains que l'on a semés, des terrains qui les ont produits, de la taille des moutons, de la saison où ils ont parqué, et du temps que chaque parc a duré, parce que la quantité des excrémens des moutons, et par conséquent celle de l'engrais, varie par toutes ces circonstances.

On pourrait se convaincre des bons effets du parcage en voyant au Jardin des plantes, des pièces de terre en rapport, dont une partie aurait été parquée, et l'autre ne l'aurait pas été. Pour étendre l'usage d'une pratique aussi utile, aussi importante, aussi nécessaire que le parcage des moutons sur les terres à blé et sur les prairies, il faut employer tous les moyens qui peuvent y contribuer.

Je fais parquer depuis un grand nombre d'années, des prairies artificielles qui produisent d'abondantes récoltes, sur des coteaux où il n'y aurait que très-peu d'herbes sans le parcage. Je ferai faire dans les enclos de ma bergerie, près de Montbard, au département de la Côte-d'Or, des expériences bien circonstanciées, dans un grand espace, sur le produit du parcage. Je comparerai les récoltes des champs qui auront été parqués, avec les récoltes des terres voisines qui ne l'auraient pas été, avec celle des terres qui n'auraient été ni parquées ni fumées, et des terres qui n'auraient été que fumées sans parcage. Les résultats de ces expériences prouveront évidemment à quel degré le parcage est profitable. On verrait aisément l'avantage qui résulterait, pour l'État, de ce grand produit du parcage : mais encore il serait suivi d'une réforme qui n'aurait pas moins d'importance ; ce serait la suppression des jachères.

De trois récoltes annuelles et consécutives, la jachère en fait perdre une. Au lieu de semer des plantes utiles, on laisse croître sur la terre des herbes de différentes espèces qui y viennent d'elles-mêmes, et qui ne donnent ordinairement qu'une maigre pâture au bétail ; tandis que si l'on avait ensemencé la terre d'herbes utiles, elle aurait produit un pâturage abondant ou une récolte de bons grains, &c. Le plus grand abus que l'on puisse faire d'une terre cultivée, bonne ou médiocre, est de la laisser en jachère.

On trouve beaucoup de résistance de la

part des gens de la campagne, quand on veut introduire une bonne pratique en agriculture, ou en supprimer une mauvaise ; ils suivent d'anciens usages avec une opiniâtreté qui n'est pas sans fondement, quoiqu'on leur en propose de meilleurs. La plupart des cultivateurs ne sont pas assez instruits pour entendre les raisons que l'on pourrait leur donner d'une nouvelle pratique qui leur serait profitable : n'étant pas convaincus des avantages qu'ils pourraient en tirer, il ne faut pas les blâmer de s'en tenir à l'ancien usage. D'ailleurs il y a de mauvais préceptes dans les instructions qu'on leur a données : la plupart de ces ouvrages n'ont pas été faits d'après l'expérience ; on a copié d'anciens livres pour en faire de nouveaux ; on a répété des ouï-dires, au lieu de les vérifier, et l'on a fait des instructions fautives : les cultivateurs qui leur ont donné trop de confiance, ont été trompés et les ont décriées ; à présent ils veulent voir pour croire. Il faut donc leur montrer ce que l'on veut leur persuader ; il n'y a que l'évidence réelle qui puisse les convaincre du profit qu'ils feraient en changeant leur routine contre une bonne pratique.

N'espérons donc pas de faire supprimer l'année de jachère par de bonnes raisons qui prouvent le tort qu'elle nous fait : il faut nécessairement des preuves palpables au doigt et à l'œil. Tous les cultivateurs assez instruits pour être convaincus des avantages de cette suppression, devraient en donner l'exemple. Ces avantages sont si grands, si profitables et si évidens, que les autres cultivateurs n'hésiteraient pas à suivre ce bon exemple.

On met en jachère toute sorte de terres, les bonnes, les médiocres et les mauvaises. Les bonnes terres peuvent rapporter tous les ans, pour peu qu'on y mette d'engrais ; il faudrait être bien mal avisé pour les laisser en jachère.

Il faut plus d'engrais pour les terres médiocres, et un choix par rapport à la qualité des plantes que l'on y sème successivement deux années de suite. Il y a une grande différence dans la direction des racines qui tracent et celle des racines qui pivotent : les racines qui tracent s'étendent à-peu-près horizontalement, et à peu de profondeur dans la terre ; celles qui pivotent pénètrent verticalement, et à une plus grande profondeur. Soit que les plantes ne tirent de la terre que de l'humidité, comme plusieurs expériences semblent le faire soupçonner, soit qu'elles en reçoivent d'autres substances, il est certain que les racines des plantes qui pivotent, n'agissent pas sur la même portion de terre que les racines des plantes qui tracent. Si l'on sème alternativement ces deux sortes de plantes, on ne risquera pas de fatiguer ou d'épuiser la même portion de terre. Par exemple, en semant des pois, des haricots ou des lentilles, qui pivotent, dans l'année que l'on abandonnait aux jachères, on ne peut nuire à la production du froment, qui trace, et que l'on semera l'année suivante dans le même champ.

Il faut encore plus d'engrais pour les mauvaises terres que pour les médiocres, et cet engrais doit être différent. Le parcage, ni même le fumier de mouton, ne leur seraient pas les plus convenables, parce que la plupart de ces terres sont situées en montagne, ont peu de profondeur, ou sont légères. Le fumier de mouton, et encore plus le parcage les dessécheraient : au contraire, le fumier de vache favorise les productions de ces mauvaises terres, en y entretenant de l'humidité plus long-temps.

Quoique le parcage ne contribue pas immédiatement à l'engrais des mauvaises terres, il y influe beaucoup, en ce qu'il augmente la quantité des engrais tirés des animaux, et qu'il a le plus d'activité. Un mouton fertilise par le parcage une plus grande étendue de terre qu'il ne le ferait par son fumier, et l'engrais du parcage est plus actif. Ces différences viennent de ce qu'il n'y a rien de perdu des excrémens d'un mouton qui parque ; ils sont immédiatement déposés sur la terre, et bientôt recouverts par la charrue, avant que le desséchement ait diminué leur activité. Au contraire, l'urine perd de sa force d'engrais en pénétrant la litière dans un fumier ; la fiente s'y échauffe et s'y brûle, ou se refroidit, et peu-à-peu ensuite se pourrit et se convertit en terre : dans ces deux cas, la vertu fécondante est presque nulle ; il n'y a plus d'engrais. Le parcage conserve donc une plus grande quantité de la substance de l'engrais, et le met à portée d'être employé dans sa plus grande activité ; par conséquent, les mêmes moutons fertiliseraient une plus grande étendue de terre par le parcage que par leur fumier. Quant à l'emploi des litières, des pailles et des autres matières végétales et animales dont on fait des engrais, on les mettra dans les fosses à fumier.

La quantité et l'activité des engrais destinés aux bonnes terres et aux médiocres, étant augmentées par le moyen du parcage, il resterait pour les mauvaises terres, du fumier de vache, qui leur est le plus convenable. L'abondance des engrais produirait celle des récoltes tant en grains qu'en fourrages; les cultivateurs et les propriétaires pourraient nourrir un plus grand nombre de moutons, et y seraient engagés par l'espérance d'un gain assuré ; la terre étant de plus en plus fécondée, on n'hésiterait pas à l'ensemencer tous les ans; les jachères seraient supprimées, au moins dans les bonnes terres et dans les médiocres, par l'effet du parcage.

par le Parcage.

Cette opération de l'agriculture est si profitable, qu'elle s'établirait par-tout avec le temps ; mais il nous importe de jouir au plutôt de son riche produit. Cette affaire mérite bien la sollicitude du Gouvernement : il pourrait engager la section de l'économie rurale de l'Institut national, à rechercher ce qui a été écrit de bon au sujet du parcage et des jachères, tant en France que dans les pays étrangers, et en faire un recueil qui serait imprimé et envoyé dans tous les départemens de la République française. Il faudrait aussi inviter chacun des membres de la section de l'économie rurale, à faire, lorsqu'ils en auraient l'occasion, des observations et des expériences sur le produit du parcage, sur la durée de ses engrais, et sur ses effets relativement aux différentes sortes de terres et aux plantes qui y ont été ensemencées. La même invitation devrait être faite aux cultivateurs qui sont en état de conduire une expérience et d'en rendre compte. Toutes ces observations ne pourraient pas manquer de donner de la confiance aux bons effets du parcage dès le temps où on les ferait ; ensuite elles seraient envoyées de toutes parts à la section de l'économie rurale, qui les rédigerait, et en ferait une instruction que l'on distribuerait dans tous les départemens. On ne trouvera rien de superflu dans toutes ces précautions, si l'on fait attention que le parcage doit augmenter nos récoltes, et les multiplier par la suppression de la jachère.

MÉMOIRE

Sur les Remèdes purgatifs bons pour les Bêtes à Laine.

Lu à la Société royale de Médecine, le 12 septembre 1780 [*].

ON a cru jusqu'à présent qu'il suffisait, pour le traitement des maladies des animaux domestiques, de proportionner les doses des remèdes qui sont en usage pour l'homme, à la grandeur des animaux, sans avoir appris par des expériences si l'effet des remèdes est le même sur chaque espèce d'animal que sur le corps humain. Il y a certainement de grandes différences dans

---

[*] Ce Mémoire était destiné, par *Daubenton*, à faire partie de l'ouvrage qu'il se proposait de publier sur la médecine des bêtes à laine, à laquelle il est entièrement relatif; mais comme cet ouvrage n'est pas terminé, j'ai cru d'autant moins pouvoir priver les propriétaires de bêtes à laine de la lecture de ce Mémoire, qu'il peut leur être utile, et que d'ailleurs le traducteur allemand de l'Instruction pour les Bergers (M. *Wichmann*), l'a déjà inséré dans la seconde édition de sa traduction (HUZARD).

ces effets; il y a même des remèdes très-puissans sur l'homme, qui n'agissent en aucune manière sensible sur les animaux. L'opium, suivant les expériences de M. *Vitet* *, n'est pas somnifère pour le mouton, le bœuf ni le cheval. J'ai fait prendre à un mouton une once [trois décagrammes] d'opium, poids de marc, délayée dans un verre de vin, le matin à jeun. On garda ce mouton à vue : il s'agita dans la nuit suivante, et il parut souffrir quelques douleurs de colique; mais au reste, l'opium ne produisit aucun autre effet sensible.

Cette observation me détermina à faire des expériences, pour reconnaître les effets de plusieurs remèdes sur les moutons. J'ai cru ces expériences d'autant plus nécessaires, que les moutons et tous les ruminans diffèrent beaucoup des autres animaux.

Tous les animaux qui ruminent ont plusieurs estomacs, dont le dernier est proprement un ventricule; il est nommé la *caillette*; il a une forme de cornemuse, comme l'estomac des

---

* *Médecine vétérinaire*, tome III, page 99.

autres animaux et de l'homme : la sécrétion du suc gastrique, et par conséquent la principale digestion, se font dans la caillette. Ce dernier estomac des moutons est précédé de trois autres viscères, qui sont, le *feuillet*, la *panse* et le *bonnet*. On les a long-temps regardés comme trois estomacs ; mais le premier n'est qu'un réservoir d'eau : je l'ai prouvé par les observations que j'ai données dans le Mémoire sur le mécanisme de la rumination (ci-devant page 245).

Cette fonction, particulière aux moutons et aux autres ruminans, paraît devoir influer sur les effets des remèdes purgatifs : il y a tout lieu de le présumer lorsque l'on considère la manière dont les moutons ruminent.

Lorsqu'ils broutent l'herbe, ils la brisent seulement entre leurs dents, pour la mettre en état d'être avalée : par cette première déglutition, l'herbe passe dans l'œsophage pour arriver dans la panse, où elle reste en macération sans être digérée. Dans le temps de la rumination, la masse d'herbe qui est dans la panse revient successivement par petites pelotes dans la gueule de l'animal, en repassant par l'œsophage. Pour cet effet, il faut une seconde déglutition qui est inverse de la première, et qui se fait dans le bonnet : l'herbe qui a déjà été macérée dans la panse, est broyée dans la gueule, et ensuite avalée une seconde fois par une troisième déglutition ; mais au lieu d'arriver dans la panse comme la première fois, elle est conduite dans le feuillet, où elle éprouve une seconde macération : enfin elle passe dans la caillette pour y être digérée.

Les remèdes purgatifs que l'on donne aux moutons, restent en digestion avec une masse d'herbes dans la panse ; ils sont ensuite broyés dans la gueule avec cette herbe macérée lorsque l'animal rumine ; ils passent encore avec les mêmes herbes dans le feuillet, et y éprouvent une seconde macération avant d'entrer dans la caillette, qui est le véritable estomac, où ils commencent à être digérés et à exercer leur action purgative, comme dans l'estomac de l'homme et des animaux qui ne sont pas ruminans.

Il y a lieu de croire que des remèdes

purgatifs qui sont en digestion avec différentes sortes d'herbes dans la panse et dans le feuillet, et qui sont broyés avec ces mêmes herbes dans la gueule des moutons, peuvent avoir un effet différent de celui qu'ils produisent sur les animaux qui ne sont pas sujets à la rumination *.

Les fluides peuvent passer de l'œsophage dans la caillette par le moyen d'un canal en forme de gouttière, dont les bords longitudinaux s'approchent et ferment le canal, suivant les besoins de l'animal.

---

* Non-seulement les moutons malades ne ruminent pas, puisque la cessation de cette fonction est un des premiers symptômes de leurs maladies; mais encore les remèdes qu'on leur administre, en santé, pour faire des expériences, interrompent souvent la rumination, lorsqu'ils ont une odeur ou une action un peu forte, comme quelques purgatifs. Ainsi ils ne repassent pas tous dans la gueule pour y être remâchés une seconde fois; et on ne peut calculer leurs effets d'après cette marche, qu'ils ne suivent pas toujours. Tel est, au moins, le résultat d'un assez grand nombre d'expériences que j'ai faites à l'École vétérinaire d'Alfort, avec différens remèdes donnés à des ruminans, et qui paraissent confirmées par celles que *Daubenton* rapporte dans ce Mémoire (HUZARD).

Je me suis d'abord proposé de voir de mes yeux les remèdes purgatifs, solides ou liquides, que j'aurais fait prendre à des moutons, et de tâcher de reconnaître ces remèdes dans les routes où ils auraient passé, et dans les viscères où ils seraient parvenus.

Le 24 avril 1770, on a fait avaler, en ma présence, à un mouton anténois, c'est-à-dire, dans la seconde année de son âge, un gros [quatre grammes] de gomme gutte, dissoute dans deux verres d'eau, trois bols de mie de pain, et une balle de plomb de trois lignes et demie [sept millimètres] de diamètre; ensuite sans perdre de temps, on a tué ce mouton, en soutenant son corps dans la direction verticale; on l'a ouvert; on a enlevé les quatre estomacs, en les maintenant dans leurs situations respectives. Le bonnet était plein d'alimens comme la panse; la balle de plomb s'est trouvée parmi les alimens contenus dans le bonnet : ils étaient imbibés et teints en jaune par la dissolution de la gomme gutte; et j'y ai vu distinctement des parcelles de cette gomme; il y avait aussi des parcelles des bols de mie de pain ramollies, parmi les alimens renfermés dans la panse; la gouttière était humectée et teinte par la dissolution de gomme gutte. Cette liqueur se trouvait en abondance et sans mélange dans la caillette, et avait pénétré dans les intestins grêles sur la longueur de plus d'une aune [un mètre dix-huit centimètres].

Cette expérience prouve que les remèdes fluides que l'on fait avaler à un mouton coulent en petite partie dans la panse, et en très-grande partie dans la caillette, et que les remèdes de consistance solide tombent dans la panse. La balle de plomb et la portion d'alimens qui se sont trouvés dans le bonnet, étaient certainement sorties de la panse par les mouvemens convulsifs que le mouton avait éprouvés en mourant.

Pour éviter ce dérangement et pour confirmer la première épreuve par rapport aux routes que prennent les remèdes liquides et solides, j'ai fait une seconde expérience. J'ai donné à un mouton anténois la dissolution d'un gros [quatre grammes] de gomme gutte dans un verre d'eau, deux bols de charbon pilé, deux bols de poix noire et quatre balles de plomb qui avaient, les unes six lignes [douze millimètres] de diamètre, et les autres quatre à cinq lignes [huit à dix millimètres]. On a tenu ce mouton dans une attitude naturelle; quatre minutes après la déglutition de ces différentes substances, on a appuyé sa tête sur un billot, et on l'a coupée d'un coup de hache pour prévenir les convulsions qui pourraient faire refluer des matières de la panse dans le bonnet. Malgré cette précaution, il s'en est trouvé dans le bonnet avec les deux plus petites balles de plomb; mais les deux plus grosses, les bols de charbon et de poix, étaient au milieu de la panse et des alimens qu'elle contenait: j'ai vu la dissolution de gomme gutte dans la caillette et dans les intestins grêles, sur la longueur de trois ou quatre pieds [un mètre ou un mètre trente-quatre centimètres]. Une petite partie de cette dissolution restée dans le bonnet, avait teint les alimens qui avaient passé de la panse dans le bonnet.

Cette seconde expérience prouve encore qu'il ne passe aucun remède solide immédiatement de l'œsophage à la caillette par le canal qui s'étend depuis l'œsophage jusqu'à cet estomac. La même expérience prouve aussi qu'il entre aisément dans le bonnet quelque partie des matières contenues dans la panse, lorsqu'un mouton est dans un état violent.

Par une troisième expérience, on a fait avaler à un mouton anténois deux gros [huit grammes] de gomme gutte délayée dans un verre d'eau : on l'a tué trois heures après. J'ai vu la teinture de gomme gutte et sa poudre dans la caillette, sans en apercevoir aucun vestige dans la panse ni dans le feuillet ; mais il en était resté dans la gouttière du feuillet. C'est une preuve décisive que les remèdes liquides et les poudres qu'ils charrient, passent en grande partie immédiatement de l'œsophage dans la caillette, par le canal qui communique de l'un à l'autre.

Ce mécanisme rapproche la conformation des animaux ruminans de celle de l'homme et du cheval, relativement à l'effet des remèdes purgatifs liquides, puisque la plus grande partie de ces remèdes n'entre pas dans la panse ni dans le feuillet : mais les remèdes solides qui passent successivement dans ces deux estomacs, qui y restent quelque temps, et qui sont broyés dans la gueule avant d'arriver dans la caillette, agissent-ils plus lentement, et sont-ils plus ou moins efficaces que les remèdes liquides? Cette question est très-importante pour le traitement des maladies des animaux ruminans. J'ai tâché de la résoudre par les expériences suivantes.

On a donné à un mouton, le matin à jeun, quatre grains [deux décigrammes] d'émétique en bol, et à un autre mouton la même dose en lavage. J'ai augmenté la dose, de deux jours l'un, de quatre grains [deux décigrammes]. L'émétique en bol n'a produit aucun effet sensible, même à la dose de trente-six grains [dix-huit décigrammes], tandis que l'émétique en lavage a causé des symptômes très-graves, à la dose de trente-deux grains [seize décigrammes] : le mouton fut enflé, et il grinça les dents jusqu'au soir du premier jour; il eut aussi un dévoiement qui dura deux jours. Cette expérience confirme ce que l'on savait déjà des mauvais effets de l'émétique sur les moutons;

elle prouve encore que ce remède peut agir plus vîte en lavage qu'en bol.

J'ai fait donner à un mouton un gros [quatre grammes] de gomme gutte en bol, et un gros [quatre grammes] de la même drogue, dissoute dans de l'eau, à un autre mouton : le premier a été purgé après vingt-quatre heures, et le second après vingt-trois heures, tous les deux sans aucun signe de douleur.

Cette expérience prouve que les remèdes sous forme solide peuvent purger les moutons, et vraisemblablement les autres animaux ruminans, au moins aussitôt que les remèdes liquides ; mais il arrive aussi que ceux-ci font leur effet beaucoup plutôt que les autres.

Deux scrupules [vingt-quatre décigrammes] de gomme gutte, et quatre gros [quinze grammes] de jalap en poudre, donnés dans de l'eau à un mouton, ont commencé à le purger après dix heures, et sans douleur.

Le même remède donné en bol à un autre mouton ne l'a purgé qu'en près de vingt-quatre heures, et avec beaucoup de douleur ; l'effet de ces remèdes a duré pendant trois jours.

Il paraît, par ces expériences, que les purgatifs sous forme liquide, sont préférables pour les moutons.

La gomme gutte, prise à la dose de deux scrupules [vingt-quatre décigrammes], est quelquefois sans effet sur les moutons; je ne l'ai pas vu manquer à un gros [quatre grammes]; son effet est mortel à deux gros [huit grammes].

Un mouton ayant pris cette dose de gomme gutte, incorporée dans du miel, à sept heures du matin, mourut à quatre heures du soir, après avoir beaucoup souffert, et sans avoir pu prendre de nourriture : mais la gomme gutte à la dose d'un gros [quatre grammes] n'a produit aucun changement dans la bonne santé des moutons qui en ont pris. Je n'ai employé ce remède que parce qu'il est très-violent, et que, dans les expériences, il faut aller aux extrêmes pour mieux juger des termes moyens. On a cru pendant long-temps que la gomme gutte était un remède spécifique contre l'hydropisie : à cet égard, elle serait bonne, dans certains cas, contre la maladie des moutons appelée *la pourriture*, qui est une sorte d'hydropisie assez rebelle pour exiger un remède très-actif.

Toutes les expériences rapportées dans ce Mémoire ont été faites sur des moutons de taille médiocre, qui avaient environ vingt pouces [cinquante-cinq centimètres] de hauteur, mesurée à l'endroit du garrot, ou trente pouces [quatre-vingt-deux centimètres] de longueur, depuis l'oreille jusqu'à l'origine de la queue.

Je vais rapporter les résultats des expériences que j'ai faites avec des purgatifs qui ne sont pas à redouter dans leurs effets. Le jalap en poudre n'en produit pas de sensibles sur les moutons jusqu'à la dose de trois gros [douze grammes]; et même à cette dose et à celle de quatre gros [quinze grammes], son effet manque souvent; il est plus sûr à cinq gros [dix-neuf grammes]. Dans les expériences que j'ai faites avec le jalap; il a commencé à purger après huit ou neuf heures, sans que les moutons aient paru souffrir et sans qu'ils aient cessé de manger.

A la dose de deux onces [six décagrammes], la manne fondue dans de l'eau n'a fait aucun effet sur les moutons à qui j'ai fait prendre ce remède. A la dose de trois onces [neuf décagrammes], et à celle de quatre onces [douze décagrammes], elle a produit des évacuations après neuf heures, sans que les moutons aient paru souffrir, et sans qu'ils aient cessé de manger. L'effet de la manne a été le même à la dose de cinq onces [quinze décagrammes]; cependant elle a paru causer un peu de douleur.

La manne et le jalap sont de bons purgatifs pour les moutons : mais le premier est trop cher; il ne peut être employé que pour des beliers, qui vaudraient beaucoup plus que le prix courant des bêtes à laine.

Jusqu'à présent on a conseillé pour les moutons des remèdes à-peu-près aussi chers que pour les chevaux, les bœufs, les cochons, &c.; on n'a pas prévu que la dépense du traitement devait être proportionnée à la valeur de la bête malade, et au risque de ne la pas guérir. Il faut donc que la dépense soit fort au-dessous du prix qu'aurait la bête si elle était guérie : or, je suppose en général que des moutons, dans leur convalescence, vaillent chacun 6 francs;

on n'a dû risquer que le quart de leur prix pour leur guérison. Si l'on eût risqué la moitié de ce prix, et que de quatre moutons il en fût mort deux, les frais du traitement eussent absorbé la valeur des deux moutons qui seraient restés.

Ces considérations m'ont déterminé à rechercher les remèdes les moins coûteux pour le traitement des maladies les plus communes dans les troupeaux : j'en ai fait une liste que je me propose de publier, avec un essai sur les maladies qui me sont connues.

Il résulte encore des expériences contenues dans ce Mémoire, quelques autres observations générales, importantes pour le traitement des maladies des bêtes à laine et des autres animaux ruminans, dont les médecins vétérinaires et les propriétaires instruits feront facilement l'application.

1.° Les remèdes liquides ne s'arrêtant que peu ou point dans les premiers estomacs, et passant immédiatement dans le quatrième, ils ne produisent aucun effet sur ces estomacs et sur les alimens qu'ils contiennent.

2.° Lorsqu'on veut agir sur ces estomacs ou sur les alimens qui y sont renfermés, il ne faut donc pas se borner à donner des remèdes liquides à petites doses; mais, au contraire, les faire prendre en grande quantité à la fois, pour vaincre l'obstacle de la gouttière; ou donner des substances solides, plus ou moins humectées, qui, en y séjournant, opéreront les effets qu'on en attend.

3.° Lorsqu'on ne veut que purger ce qu'on appelle *les humeurs*, comme dans le cas d'hydropisie ou de la maladie appelée *pourriture*, on peut se borner aux purgatifs sous forme liquide.

4.° Lorsqu'on veut débarrasser les estomacs de la trop grande quantité d'alimens qu'ils contiennent, on doit, de préférence, employer les purgatifs sous forme solide.

5.° Dans la météorisation ou enflure de la panse, les remèdes liquides n'y pénétrant que peu ou point, et passant outre dans la caillette, il faut, de préférence, employer des remèdes qui, pouvant y entrer et y séjourner, agiront sur le gaz ou l'air, qui, en se dégageant des alimens, donne lieu à la maladie, et en détruiront les effets.

6.° Cette facilité des liquides à traverser les premiers estomacs sans s'y arrêter, est une des causes de l'endurcissement des alimens dans le feuillet, dont il a été parlé dans le Mémoire sur le régime le plus nécessaire aux troupeaux (*pages 331, 332*).

7.° Enfin, cette organisation de l'appareil alimentaire dans les ruminans, appareil qu'on n'a pas encore assez étudié, est peut-être un des obstacles qui s'opposent à la réussite du traitement employé jusqu'à présent pour un assez grand nombre de maladies aiguës qui affectent ces animaux (HUZARD).

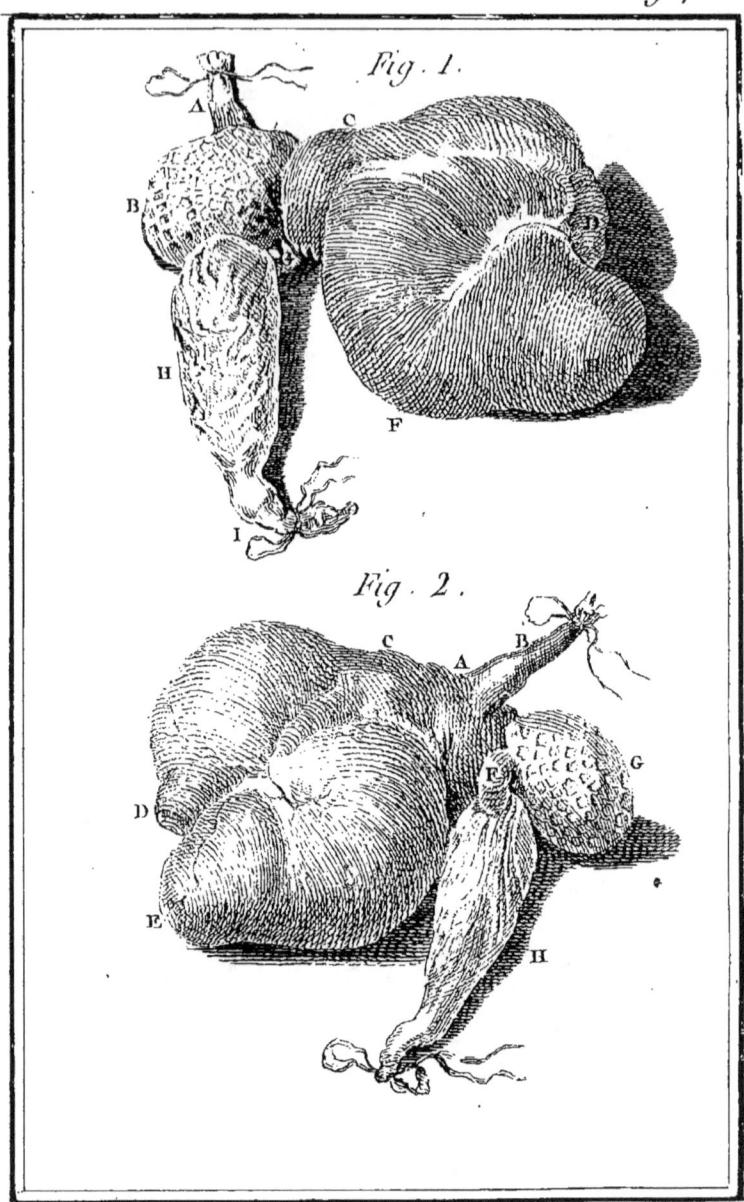

EXPLICATION DES PLANCHES.

PLANCHE XV.

Cette Planche représente les quatre estomacs d'un mouton, grouppés et unis les uns aux autres par différens liens, comme dans l'état naturel.

Ces quatre estomacs sont vus par-dessous *Fig. 1*, et par-dessus *Fig. 2*, en supposant l'animal debout sur ses quatre pieds. Ces estomacs sont renflés, parce qu'on les a remplis d'air après qu'ils ont été vidés de toutes les matières qu'ils contenaient.

On voit dans la *Fig. 1*, une partie A de l'herbière, le bonnet B, la panse C, D, E, F, le feuillet G, la caillette H, et une portion I du premier boyau. On a aussi donné à la panse les noms d'*herbier* ou de *double*, au bonnet le nom de *réseau*, au feuillet les noms de *millet*, *mellier* ou *pseautier*, et à la caillette le nom de *franche-mulle*.

On aperçoit, à travers les parois du bonnet B, les mailles du réseau qui est exprimé en relief au-dedans de cet estomac. On voit à l'extrémité de la panse C, D, E, F, ses deux convexités D, E ; la convexité droite E est plus grosse et plus arrondie que la gauche D. On distingue sur les parois de la caillette H, des indices de ses plis intérieurs.

Les quatre estomacs sont plus distincts dans la *Fig. 2*, parce qu'ils y sont vus par leur face supérieure. L'insertion A de l'herbière B, dans la panse C, est apparente. Les deux convexités D, E de la panse sont plus évidentes. Le feuillet F paraît en entier. Au reste on aperçoit le réseau du bonnet G, et les plis de la caillette H, comme sur la *Fig. 1*.

PLANCHE

Pl. XVI. Pag. 465.

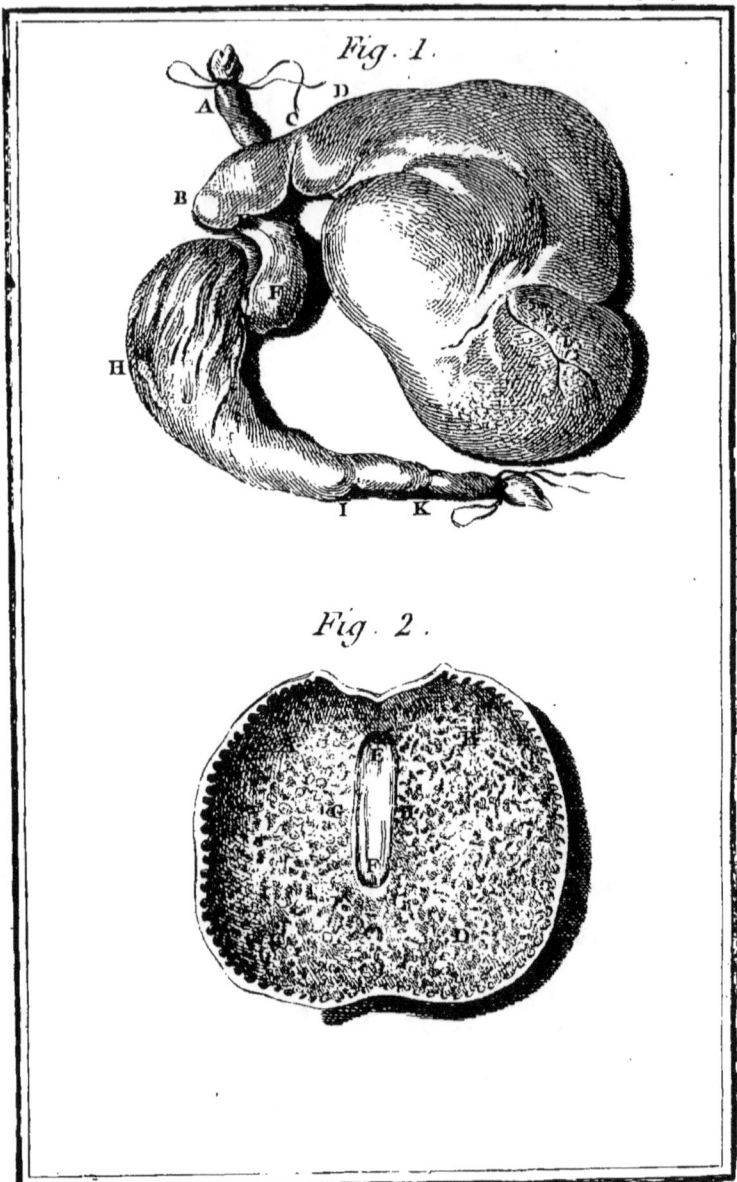

Fig. 1.

Fig. 2.

Fossier del. Patas Sculp.

PLANCHE XVI.

La *Fig. 1*, représente les quatre estomacs d'un mouton, débarrassés des liens qui les réunissaient en grouppe, comme on les voit *Fig. 1* et *2* de la Planche XV.

Les parois intérieures du bonnet B, en état de resserrement, sont représentées *Fig. 2*.

Les quatre estomacs *Fig. 1*, sont détachés les uns des autres autant qu'il est possible, sans les séparer entièrement. On voit sur cette figure une portion A de l'herbière, le bonnet B, la jonction C du bonnet B avec la panse D, la jonction E du bonnet B avec le feuillet F, la jonction G du feuillet F avec la caillette H, et la jonction I de la caillette H avec le premier boyau K.

Lorsque le bonnet B se resserre, on ne voit point de reliefs en réseau à larges mailles, sur les parois intérieures *Fig. 2*. Il n'y a plus que de petites fentes irrégulières A, B, C, D.

On a aussi représenté, *Fig. 2*, l'orifice E de l'herbière, l'orifice F du feuillet, et la

Gg

gouttière E, F, qui s'étend depuis l'un de ces orifices jusqu'à l'autre. Les bords G, H, de cette gouttière peuvent s'approcher, se toucher, la fermer dans sa longueur, et en faire un canal.

Pl. XVII. Pag. 467.

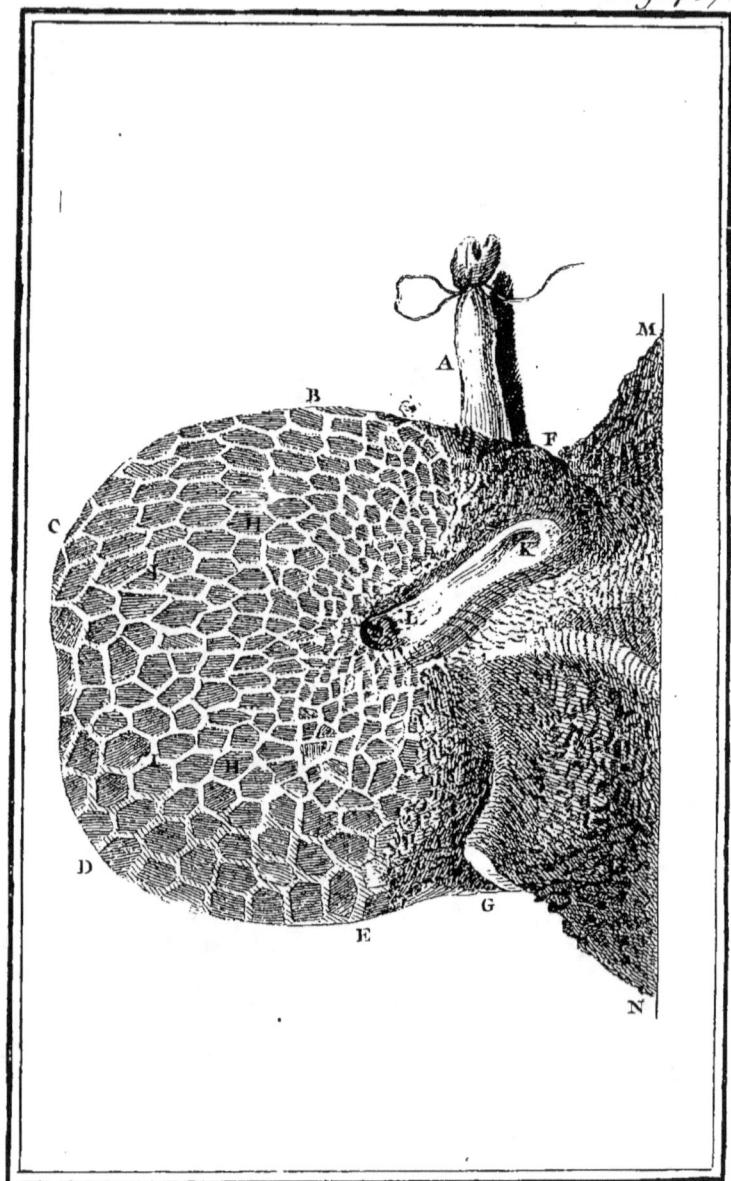

Fossier del. Patas Sculp.

PLANCHE XVII.

On voit dans cette Planche une portion A de l'herbière, les parois intérieures B, C, D, E du bonnet, et les parois intérieures de la partie F, G de la panse, qui tient au bonnet B, E.

Le bonnet est représenté en état de relâchement; on voit sur ses parois intérieures un réseau dont les mailles H, H, sont séparées les unes des autres par des cloisons I, I, qui ont environ deux millimètres [une ligne] de hauteur dans un mouton de taille médiocre; les plus grandes mailles ont vingt millimètres [dix lignes] de largeur. Les cloisons se croisent de façon que les mailles ont quatre ou cinq côtés, et la plupart six, comme les alvéoles d'un gâteau de cire.

La gouttière E, F, indiquée Planche XVI, *Fig. 2*, avec les parois intérieures du bonnet en état de resserrement, est représentée Planche XVII, K, L, dans sa position naturelle, avec la portion F, G de la panse, et avec les parois intérieures B, E du bonnet, en état de relâchement. La gouttière a sept centimètres [deux pouces et demi] de longueur dans un mouton de moyenne taille.

La panse a été coupée à l'endroit M, N, et cette coupe se rapporte à la coupe A, B, de la Planche XVIII.

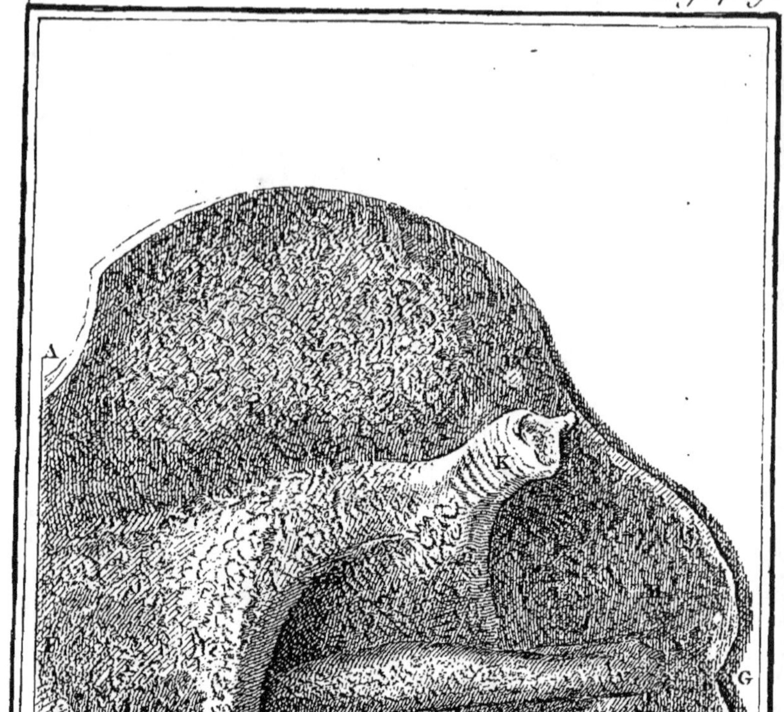

Pl. XVIII. Pag. 469.

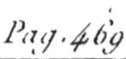

Fossier del. Patas sculp.

PLANCHE XVIII.

Cette Planche représente la plus grande partie des parois extérieures de la panse d'un mouton, qui avait été coupée à l'endroit A, B: cette coupe se rapporte à la coupe M, N de la Planche XVII.

La panse, Planche XVIII, a été ouverte en commençant la coupe sur la grosse convexité E, *Fig. 1*, de la Planche XV, en passant sur la petite convexité D, et en la continuant jusqu'à l'endroit E. Par conséquent la portion C, D, E, F, G, Planche XVIII, formait la partie inférieure de la panse entière, et le reste de la figure était la partie supérieure.

On voit sur les parois intérieures de la panse la grosse convexité H, H, la petite I, et les rebords K, L, qui sont épais et d'une consistance plus ferme que le reste de la panse. Ils sont revêtus d'une membrane nue, qui a une couleur de blanc sale et jaunâtre, tandis que les autres parties des parois intérieures de la panse sont revêtues d'un très-grand nombre de papilles oblongues et fort minces; les plus grandes ont quatre millimètres [deux lignes] de longueur et deux millimètres [une ligne] de largeur dans un mouton de taille médiocre. Ces papilles sont placées fort près les unes des autres; elles couvrent presque entièrement la membrane dont elles sortent; elles sont revêtues, de même que la membrane, d'une sorte de velouté fort mince qui leur sert de gaine. Lorsque cette gaine se détache, les papilles en sortent fort étroites et fort souples.

Pl. XIX. Pag. 471.

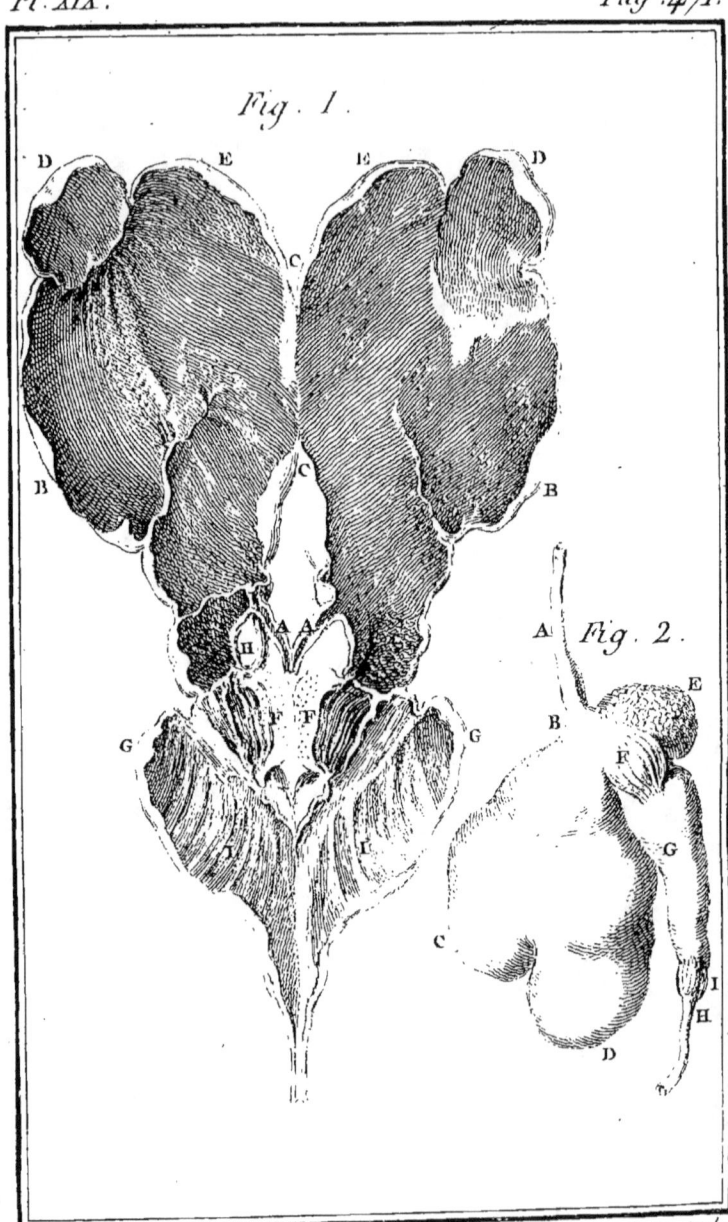

Fig. 1.

Fig. 2.

Fossier del. Patas sculp.

PLANCHE XIX.

On voit sur cette planche, *Fig. 1*, les estomacs d'un mouton ouverts, excepté le bonnet; et *Fig. 2*, les estomacs d'un agneau avec une gobbe dans la caillette.

Les estomacs, *Fig. 1*, ont été remplis d'air et séchés avant d'être ouverts, afin qu'ils gardassent, autant qu'il serait possible, leur forme naturelle, pour être dessinés. La portion de l'herbière qui tient à la panse, a été coupée dans sa longueur en deux parties A, A. On a continué la coupe sur les deux côtés B, B, C, C, de la panse, et sur ses deux convexités D, D, E, E. Ensuite on a ouvert le feuillet en deux parties F, F, et la caillette aussi en deux parties G, G. Le bonnet H est resté dans son entier.

On voit sur cette coupe, de plus que sur les planches précédentes, les lames F, F, du feuillet qui sont au nombre de soixante à quatre-vingts, plus ou moins. On voit aussi les replis I, I, de la caillette.

La *Fig. 2* représente l'herbière A d'un

agneau, la panse B, C, D, le bonnet E, le feuillet F, la caillette G, et une portion H du premier boyau. On aperçoit aussi une gobbe I, dans la caillette près du boyau.

Si l'on compare la *Fig.* 2 de cette Planche XIX, avec la *Fig.* 2 de la Planche XV, on verra que le feuillet d'un agneau est à proportion plus grand que dans un mouton qui a pris tout son accroissement.

Pl. XX. Pag. 473.

Fossier del. Patas Sculp.

PLANCHE XX.

On voit sur cette Planche une bande de drap ou de velours noir A, B, C, D, attachée à un mur près d'une fenêtre pour qu'il y ait plus de jour. On a placé sur cette bande des échantillons de laine supergrosse E, de grosse laine F, de laine moyenne G, de laine fine H, et de laine superfine I. Un Berger examine ces échantillons avec une loupe K; c'est un verre convexe qui grossit les objets à la vue.

Lorsque l'on veut savoir si une laine est fine ou superfine, on la place à l'endroit L. On l'examine à la vue simple, ou avec la loupe; on la compare avec les échantillons H et I. Si l'échantillon L a plus de rapport avec la laine H qu'avec la laine I, il est fin de première qualité : mais s'il ressemble plus à la laine I qu'à la laine H, il est superfin de seconde qualité. Si l'échantillon L est plus fin que la laine I, il est surperfin de première qualité.

Supposé que l'on veuille savoir si une laine est grosse ou fine, on en place un échantillon à l'endroit M; on l'examine et on le compare avec la laine moyenne G, et avec la laine fine H : si l'échantillon M a plus de rapport avec la laine G qu'avec la laine H, il est moyen de première qualité; mais s'il ressemble plus à la laine H, qu'à la laine G, il est fin de seconde qualité.

On fera de même pour savoir si une laine est grosse ou moyenne, supergrosse ou grosse; mais il est aisé de distinguer ces différens degrés de grosseur, et ils ne sont pas si importans que les différens degrés de finesse.

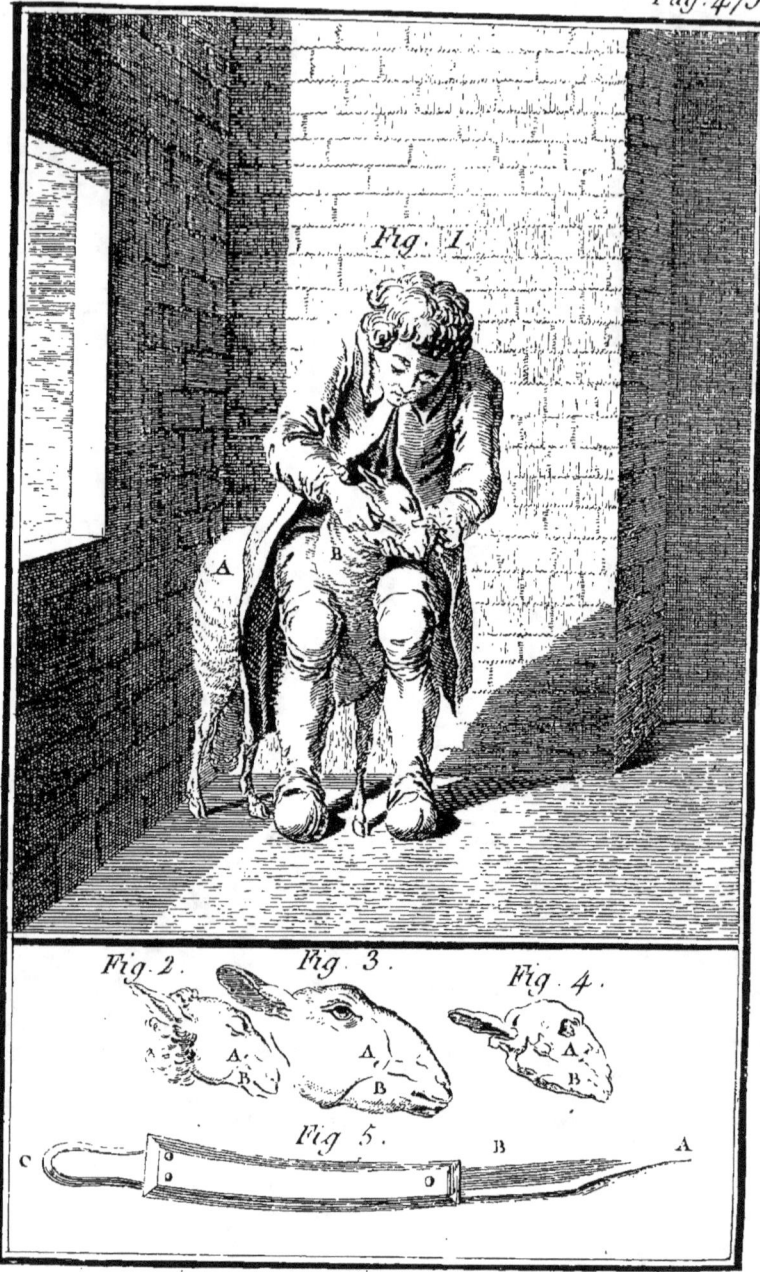

PLANCHE XXI.

Cette Planche représente un Berger saignant un mouton, la veine que l'on ouvre pour faire la saignée, et l'instrument qui sert de lancette, de bistouri et de grattoir.

Le Berger, *Fig. 1*, tient un mouton A, B, entre ses jambes, et appuie la croupe A de ce mouton dans l'angle d'un mur pour l'empêcher de reculer. Il passe la main gauche sous la tête du mouton, et il empoigne la mâchoire de dessous de manière que ses doigts se trouvent sur la branche droite de cette mâchoire près de son extrémité postérieure, pour comprimer la veine qui passe dans cet endroit. Le Berger tient la lancette de la main droite, et ouvre la veine au-dessous du tubercule formé sur le bas de la joue du mouton, par la racine de la quatrième dent mâchelière qui est la plus grosse de la mâchoire de dessus. Ce tubercule indique la place de la veine, et même le Berger peut la sentir avant de l'ouvrir, puisqu'il l'a fait gonfler en la comprimant.

La *Fig. 3* représente le tubercule A, et la veine B, sur la tête d'un mouton. On voit les mêmes parties A et B, sur la tête d'un agneau *Fig. 2*, et sur une tête décharnée *Fig. 4*.

L'instrument, *Fig. 5*, est affilé des deux côtés de son extrémité A, pour servir de lancette. On peut l'employer comme un couteau ou un bistouri par son tranchant A, B. Le bout C du manche est aminci et fait un grattoir.

PLANCHE XXII.

On voit sur la *Fig. 1* de cette Planche, un Berger qui gratte un mouton pour le frotter ensuite avec l'onguent contre la gale. La boîte de l'onguent est représentée *Fig. 2*, et le grattoir *Fig. 3*.

Le Berger, *Fig. 1*, passe la tête du mouton entre ses jambes pour le retenir en le serrant à l'endroit du cou. Si le mouton s'agite, il faut l'appuyer contre un mur ou contre un arbre, pour l'empêcher de reculer. Lorsque le Berger s'est ainsi assuré du mouton, il a les deux mains libres pour écarter les filamens de la laine à l'endroit A, où il voit des signes de gale. Les boutons qui causent cette maladie étant à découvert, le Berger enlève les croûtes par le moyen du grattoir B. Ensuite il prend la boîte, *Fig. 2*, et il en tire de l'onguent avec le doigt pour en mettre à la place des croûtes, et pour l'étendre tout autour.

Le suif qui entre dans cet onguent lorsqu'il doit être employé en été, lui donne assez de consistance pour l'empêcher de couler au-delà des parties galeuses. La graisse que l'on y met en hiver au lieu de suif, lui donne assez de consistance pour que l'on puisse l'étendre aisément. Voyez la composition de cet onguent dans la douzième Leçon, *page 173.*

L'instrument *Fig. 3,* ne sert de grattoir que par l'extrémité A de son manche A, B, C; la lame D, E, qui en fait un couteau et une lancette, est repliée sur le manche.

XVI.ᵉ LEÇON.

Sur la manière de trouver dans l'Instruction pour les Bergers les choses qu'ils voudront y chercher.

D. Un Berger qui saura lire, pourra-t-il trouver dans son Instruction les choses dont il aura besoin, sans feuilleter le livre pendant long-temps ?

R. Pour que les Bergers aient cette facilité, il faut qu'ils sachent bien quelle place doit occuper chaque lettre de l'alphabet dans l'ordre suivant : *A, B, C, D, E, F, G, H, I, J, K, L, M, N, O, P, Q, R, S, T, U, V, X, Y, Z.*

D. La connaissance de l'ordre que doivent suivre les lettres de l'alphabet, suffit-elle aux Bergers pour pouvoir se servir de l'Instruction ?

R. Il faut aussi qu'ils comprennent qu'une table alphabétique est une liste de mots rangés suivant l'ordre alphabétique des lettres dont ils sont composés. Par exemple, le mot *Berger* sera placé avant le mot *Mouton*, parce que le *B*, qui est la première lettre du mot *Berger*, précède dans l'alphabet la lettre *M*, qui est la première du mot *Mouton*.

D. N'y a-t-il pas encore quelques autres observations à faire pour que les Bergers puissent trouver plus facilement les mots dont ils ont besoin ?

R. Oui : par exemple, lorsque deux mots commencent par la même lettre, c'est la seconde lettre de chacun de ces mots qui indique leurs places ; ainsi le mot *Balle* doit être mis avant le mot *Berger*, parce que la seconde lettre du premier mot est un *a*, et celle du second un *e*.

Lorsque les deux premières lettres de deux mots sont les mêmes, c'est la troisième qui décide les places qu'ils doivent occuper dans la liste alphabétique ; par exemple, le mot *Belier* sera placé avant le mot *Berger*, parce que la lettre *l* précède la lettre *r* dans l'alphabet. On suit le même ordre pour toutes les lettres de chaque mot.

Si les lettres d'un mot, tel que *Berger*, sont les mêmes et placées dans le même ordre que les premières lettres d'un autre mot, tel que

Bergerie,

Bergerie, qui est terminé par d'autres lettres, le premier mot doit précéder le second.

D. Comment une liste de mots rangés par ordre alphabétique fera-t-elle trouver facilement dans l'Instruction pour les Bergers, les choses dont ils auront besoin ?

R. Supposé qu'un Berger veuille trouver dans son Instruction les endroits où il s'agit des étables, il cherchera dans la liste alphabétique les mots qui commencent par un *É*. En les parcourant il verra parmi les derniers le mot *Étable*, parce que le *t* qui est la seconde lettre de ce mot, est une des dernières de l'alphabet. Après le mot *Étable* il y a des chiffres qui renvoient aux numéros des pages de l'Instruction, où il est fait mention des étables en général. Ensuite le Berger trouvera sur la liste les mots *Étables fermées*, *Étables ouvertes*, avec des chiffres qui renvoient aux pages où il s'agit de ces étables en particulier. Par ce moyen les Bergers trouveront promptement les choses dont ils auront besoin.

D. Quel nom donne-t-on à ces listes alphabétiques, et où sont-elles placées ?

XVI.ᵉ LEÇON. *Sur l'Instruction &c.*

R. On les appelle *tables des matières*, parce que l'on y voit comme sur un tableau les différentes matières, c'est-à-dire, les différens sujets qui sont traités dans un livre. On place ces tables à la fin des livres, parce qu'elles ne peuvent être faites qu'après que le livre est fini, à cause des renvois des chiffres qu'elles contiennent, aux numéros des pages. C'est pourquoi la table de l'Instruction pour les Bergers se trouve ici dans la seizième et dernière Leçon.

F I N.

TABLE

GÉNÉRALE ET ALPHABÉTIQUE

DES MATIÈRES.

Nota. Les chiffres romains indiquent les feuilles qui précèdent l'Instruction.

A.

Abondance des alimens. Est nécessaire aux moutons, *page* 322 *et suivantes.*

Abris. Anecdote à ce sujet, relative au troupeau de *Daubenton*, liv. — Sont quelquefois nécessaires aux bêtes à laine, 32.

Accouplement. Quel est le temps le plus favorable pour le permettre aux bêtes à laine, 102 *et suiv.* 278, 279. — Précautions à prendre pour l'accouplement, 123. — Quel soin on doit prendre des brebis après l'accouplement, 123.

Accroissement des agneaux. Est retardé par les grands froids, 103. — De la taille des bêtes à laine, 108.

Adoption d'agneaux par d'autres brebis que leurs mères; moyen d'y réussir, 136.

Age des bêtes à laine. Moyens pour le reconnaître, 38 *et suiv.* — A quel âge il faut prendre les bêtes à laine pour former un troupeau, 49. — A quel âge les beliers sont en état de produire, 105. — A quel âge il faut faire saillir les brebis, 107.

— A quel âge il faut les faire voyager, 120.
— A quel âge il faut engraisser les moutons, 164.
Agneau. Quelle doit être sa situation dans le ventre de la mère, 126, 127. — Quelles sont les mauvaises situations, et les moyens d'y remédier, 127 *et suiv.* — Ce qu'il faut faire pour que la brebis allaite son agneau et le soigne, 129, 130. — Combien une brebis fait d'agneaux d'une même portée, 131. — Ce qu'il faut faire lorsqu'un agneau est nouveau-né, 135. — Quand la mère n'a point ou pas assez de lait, 135. — Moyen pour faire adopter à une brebis un agneau qui ne vient pas d'elle, 136. — Comment on peut nourrir soi-même un agneau, 136 *et suiv.* — Ce que doit faire le berger quand il s'aperçoit qu'un agneau est triste, faible ou maigre, 137. — Preuves que beaucoup d'agneaux meurent de faim, 138. — Moyens de les ranimer lorsqu'ils sont engourdis par le froid, 139, 280. Ce qu'on doit faire des agneaux qui sont venus tard, 140. — Comment on engraisse les agneaux, 141. — A quel âge les agneaux peuvent prendre d'autre nourriture que le lait, 142. — A quel âge ils sont bons à manger, 143. — Quelles précautions demandent les agneaux, jusqu'à ce qu'ils soient sevrés, 143. — Quand il faut les sevrer, 144. — Manière de les sevrer, 145. — Faut-il leur raccourcir la queue, 146. — Comment on la leur coupe, 147. — A quel âge on les châtre, 148. — Différentes manières de faire cette opération, 149 *et suiv.* — S'il faut tondre tous les agneaux, 171. — Expériences à ce sujet, 172. — Les agneaux nouveau-nés peuvent résister à

un froid très-vif, et n'en deviennent même que plus vigoureux, 272 *et suiv.* — Précautions à prendre pour qu'ils ne périssent point par le froid, 30. — Quand on donne ce nom aux bêtes à laine, 38. — Il faut donner peu et souvent aux agneaux faibles.

Agnelage. Ce que le berger doit faire dans ce cas, 125 *et suiv.* — Les Planches VI et VII représentent des brebis qui agnèlent.

Ail. Il faut en donner aux brebis et aux beliers qui ne sont pas assez ardens, 123.

Air. Le grand air est nécessaire aux moutons, 22. — Ils résistent aux injures de l'air, 28, 29, 259, 260 *et suiv.* 299, 411. — Il faut mettre à couvert les bêtes malades et les agneaux languissans, 31. — L'air paraît influer sur l'amélioration des laines, 354, 411, 412.

Air froid. Ses mauvais effets sur les moutons qui sortent des étables chaudes, 21.

Allaitement. Ce qu'il faut faire pour que la brebis allaite son agneau, 129, 130. — L'allaitement trop long est nuisible, 133.

Allemagne. Bien qu'y a fait la traduction de l'*Instruction pour les bergers*. xxxvij.

Alliances des bêtes à laine. Moyens d'en tirer un bon produit, 102 *et suiv.* — But de ces alliances, 284 *et suiv.*

Amélioration des bêtes à laine, 102 *et suiv.* — Moyen de la conserver et de la continuer, 118, 283 *et suiv.* — Mémoire sur ce sujet, 411. — Elle est une épargne plutôt qu'une dépense, 412.

Amélioration des laines. Son histoire, xlix *et suiv.* 283 *et suiv.* — Elle a déjà été tentée en France dans le milieu du siècle dernier, 354. — Ouvrages qui ont paru à ce sujet, 363. — Elle ira d'autant plus vîte que nous introduirons davantage de bêtes à laine fine, 364. — Expériences à ce sujet, 352 *et suiv.* 357 *et suiv.* Voyez *Laine.*

Amourettes (Les). Ce que c'est, 234.

Angleterre. Les bêtes à laine y restent en plein champ tout l'hiver, 30. — Retirées saines et sauves de dessous la neige après y avoir été enfoncées plusieurs jours, 30. — Moyens qu'on y emploie pour réchauffer les agneaux, 140, 280. — Importation de bêtes à laine d'Espagne en Angleterre, 367. — Les laines y ont dégénéré, 367. — Ont perdu en finesse et gagné en longueur, 368.

Animaux ruminans. En quoi ils diffèrent des autres, 245.

Antenois. Ce que c'est, 38.

Apoplexie. Voyez *Chaleur.*

Appentis. Ce que c'est, et s'ils sont un bon logement pour les moutons, 23.

Arbres. On fait manger l'écorce et les feuilles de plusieurs aux moutons, 85.

Arpent. Ses différences ; sa conversion en mesures nouvelles, 191. — Temps nécessaire pour le fertiliser, 198. — Combien il faut de bêtes à laine, 198, 396, 398, 409, 436.

Auges. Comment on doit les placer dans le parc domestique, et de quelle manière on les construit, 35. — Leur figure, Planche XII.

Aune. Ses feuilles sont très-bonnes pour les moutons, 80.

Avertissement de Daubenton sur cette nouvelle édition, xlix.

Avoine. Sert à nourrir les moutons en hiver, 75. — On la leur donne aussi en gerbées, 79. — On peut donner de ces gerbées aux agneaux, 143. — Sa paille est la meilleure de toutes pour nourrir les bêtes à laine, 86. — Elles en mangent aussi la balle, 87. — L'avoine empêche les moutons de dépérir en hiver, 91. — Elle est bonne pour faire venir du lait aux mères brebis, 132. — Sa farine est très-bonne pour nourrir les agneaux, 142. — On leur donne aussi de l'avoine en grains, 142. — C'est la nourriture qu'ils aiment le mieux, 143. — Elle sert pour l'engrais de pouture, 161. — Le parcage influe encore la seconde année sur les avoines, 410.

Avortement. Causes auxquelles on peut l'attribuer, 9, 122, 124. — Moyens de prévenir les accidens qu'il peut causer aux brebis, 124.

B.

BALLE des grains. Quel usage on en fait pour les moutons, 87. — La balle de l'orge s'attache quelquefois à la langue, et toujours à la laine, 87.

Baromètre. Description succincte de cet instrument, avec la manière de s'en servir, 170.

Belier. Quelles sont les proportions du corps qui font reconnaître un bon belier, 46. — En quel temps faut-il donner le belier aux brebis ? 102. — Les beliers qui n'ont pas de cornes, sont-ils aussi bons que ceux qui en ont ? 105. — A quel âge il faut prendre les beliers pour les faire entrer dans un troupeau, 49. — A quel âge ils sont en état de produire de bons agneaux, 105. — Combien il faut donner de brebis à un belier, 106. — Les bons beliers sont plus nécessaires que les bonnes brebis pour l'amélioration, 115, 413. — Choix qu'il faut faire des beliers pour améliorer les races, 123, 413. — La méthode de les laisser toute l'année dans le troupeau est vicieuse, 122.

Berger. A quel âge on doit le choisir, 1. — Son état suffit pour le faire vivre, 1, 2. — Connaissances qu'il doit avoir, 2. — Quelles choses lui sont nécessaires pour conduire son troupeau, 3. — Comment il doit le conduire et le gouverner, 65 *et suiv.* — Il doit savoir saigner, 304.

Bergers allemands. Sèvrent les agneaux à un mois et demi, 132, 133.

Bergerie construite dans le parc de l'école vétérinaire d'Alfort d'après *Daubenton*, 375. — Voyez *Étable.*

Bêtes à laine. Restent tout l'hiver en plein champ en Angleterre, 30. — Quelles sont les principales différences que l'on remarque entre elles, 38. — Comment on connaît leur âge, 38 *et suiv.* — Leurs diverses races, 39. — Différences de leur taille, 40. — Moyens de la relever, 108, 293. — Diverses qualités de leur laine, 41 *et suiv.* — Signes pour reconnaître leur mauvaise santé, 46. — Choix qu'on doit en faire, 47. — Description de leurs maladies les plus ordinaires, avec les moyens d'y remédier, 300 *et suiv.* — Réflexions sur le traitement de ces maladies,

301. — Quelles sont les différentes sortes de saignées que l'on fait aux bêtes à laine, et quelle est celle qui mérite la préférence, 302 *et suiv.* — Quel choix il faut faire pour avoir de bonnes bêtes à laine, 47.—Si l'on doit préférer dans tous les pays, celles qui sont de la plus grande race, 49. — A quel âge il les faut prendre pour former un troupeau, 49. — Attention que l'on doit avoir par rapport au terrain, lorsqu'on les fait passer d'un pays dans un autre, 51.— Règles que l'on doit suivre pour les faire paître, 53 *et suiv.* — Alliances des bêtes à laine ; moyens d'en tirer un bon produit, 102 *et suiv.* 284 *et suiv.* — A quel âge et en quelle saison il faut les faire voyager, 120. — Précautions à prendre lorsqu'on les établit dans un pays nouveau pour elles, 121. — En quel temps il faut les tondre, 165. — Comment on les lave avant de les tondre, 167. — Comment doit se faire la tonte, 170. — Quels sont les soins qu'exigent les bêtes à laine après la tonte, 173 *et suiv.* — Parcage des bêtes à laine, 186 *et suiv.* 395 *et suiv.* — Ce que chaque bête à laine peut fertiliser de terrain par le parcage, 198, 398, 409, 436. — Le parcage dans les prés humides leur est nuisible, 408. — Leur rumination, 59, 245 *et suiv.*— Elles peuvent rester sans boire plus long-temps que les chameaux, 257. — Il faut les abreuver avec circonspection, 255. — Celles d'Espagne donnent long-temps des agneaux, 107. — Se conservent parfaitement pures, en France et dans le nord de l'Europe, 371. — Nombre présumé de bêtes à laine fine en France, 393. — Grande importation de

bêtes à laine d'Espagne en Angleterre, 367.
— Bêtes à laine des grandes Indes introduites en Flandre, 368. — Les bêtes à laine de Flandre diffèrent des autres races par la conformation, 369.

Betterave champêtre. Peut être donnée pour nourrir les moutons en hiver, 75.

Biberon. On s'en sert pour faire boire les agneaux qui n'ont pas de mère, 136, 137.

Billonner. Ce que c'est, 151.

Bise. Voyez *Vent.*

Bistouri. Description d'un instrument de cette sorte, qui suffit seul au berger pour toutes ses opérations, 314. — Représenté Planche XXII.

Bistourner. Ce que c'est, 151. — Les beliers bistournés s'engraissent dans les pâturages humides, 154.

Boisson. Nuit aux bêtes à laine, lorsqu'elle est trop fréquente, 90, 256. — Elles peuvent s'en passer pendant long-temps, 97. — Plus long-temps que les chameaux, 257. — En quel temps il faut abreuver les moutons, 97, 326. — Expériences faites à ce sujet, 97, 326. — Moins une bête à laine boit, mieux elle se porte, 98. — Boisson à donner à la brebis quand elle ne peut mettre bas par faiblesse, 125. — Boisson à substituer au lait pour les agneaux, 137. — Nécessaire aux bêtes à l'engrais, 157.

Boîte de fer-blanc, pour mettre de l'onguent, 3. — Doit être dans la panetière, 5.

Bonnet, l'un des quatre estomacs que l'on attribue aux animaux ruminans, 246, 449. — Ses fonctions dans la rumination, 248 *et suiv.*

Boucs et *Chèvres,* dans les troupeaux de bêtes à

laine, n'ont point encore donné de productions croisées de ces deux espèces, 427, 428.

Bouffe. Voyez *Balle des grains.*

Bouleau. Ses feuilles sont très-bonnes pour nourrir les bêtes à laine, 80.

Bourre de chaillats. Ce que c'est, 86.

Bourre de foin. Ce que c'est, 75, 76. — On en nourrit les moutons en hiver, 75. — Ce qu'il y a de bon, 76.

Bouteille (La). Ce que c'est, 227.

Branches d'arbres. Avec leurs feuilles servent à la nourriture des moutons l'hiver, 80.

Brebis. Quelles sont les proportions du corps qui font reconnaître les bonnes, 47. — A quel âge on doit les prendre lorsqu'on veut composer un troupeau, 49. — Combien il faut en donner à un belier, 106. — A quel âge il faut les faire saillir, 107. — Précautions à prendre pour leur accouplement, 123. — Quel soin on doit en prendre après l'accouplement, 123. — Combien de temps elles portent, 124. — Comment on connaît qu'une brebis est près de mettre bas, 124. — Divers soulagemens que le berger doit procurer aux brebis, lorsqu'elles agnèlent, 125 *et suiv.* — Ce qu'il faut faire à une brebis après qu'elle a mis bas, 129. — Comment on l'engage à allaiter et à soigner son agneau, 130. — Combien une brebis fait d'agneaux d'une même portée, 131. — Ce qu'il faut faire lorsqu'une brebis fait plus d'un agneau d'une seule portée, 131. — Ce qui arrive à celles qui allaitent trop long-temps, 133. — Quelles sont celles que l'on peut traire,

134. — Ce qu'il faut faire à celles qui ne veulent pas allaiter, 136.

Brebis châtrices. Voyez *Moutonnes.*

Brebis du Pérou. Voyez *Paco.*

Brelée. Ce que c'est, 79.

Brionne. Les moutons ne veulent pas manger de cette herbe, 319.

Brouillard. Dégoûte les moutons, 100.

C.

CABANE *du Berger.* Sa description, sa situation, 194, 404, 405. — Représentée Planche XIV.

Caillette, l'un des estomacs des bêtes à laine, 245. — Ses fonctions dans la digestion, 332, 448.

Camphre. Son odeur est-elle un préservatif pour la laine contre les teignes, 184, 185.

Cantons où l'on peut se passer de chiens pour la conduite des troupeaux, 8.

Carottes. Sont préférables au colza et aux choux pour nourrir les moutons en hiver, 74. — Bonnes pour donner du lait aux brebis, 132.

Castration des agneaux. A quel âge elle se fait, 141, 148. — Différentes manières de la faire, 149 *et suiv.*—Précautions à prendre, 150.— Accident qui en est quelquefois la suite, 150. — Représentée Planche VIII.

Cavesson. Voyez *Muselière.*

Cerf. Boit rarement, 256.

Chaillats. Ce que c'est, 86.

Chaleur. Est plus à craindre pour les moutons, lorsqu'elle est forte, que le grand froid, 56, 300.

— Danger de la situation que les moutons prennent d'eux-mêmes pour se garantir de la grande chaleur, 57.

Chaleur, maladie des moutons, 57. — Ses divers symptômes, 208, 300. — On y remédie par la saignée, 57, 208, 300. — Quels sont ceux qui y sont les plus sujets, 208, 300. — Ouverture des animaux morts, 209, 300.

Chambord. Expériences qui y ont été faites pour l'amélioration des laines, 354.

Chameau. Il a un réservoir d'eau, 249. — Peut se passer de boire pendant long-temps, 256. — Moins long-temps que les moutons, 257.

Chancellement. Voyez *Chaleur*.

Chanorier s'est occupé avec succès de l'amélioration des laines, 355, 393.

Charme. Ses feuilles sont très-bonnes pour les moutons, 80.

Châtrer en agneau. Ce que c'est, 149.

Châtrer en veau. Ce que c'est, 149.

Châtrices. Voyez *Moutonnes*.

Chaumes. Peuvent servir dans certains pays pour l'engrais des moutons, 159.

Chêne. Ses fruits servent à la nourriture des moutons. Voyez *Glands*.

Chenevi. On en donne aux moutons pendant l'hiver, 75. — Quel est son effet, 76. — On en fait des tourteaux, 75, 77. — Leurs mauvais effets, 77.

Chenilles-teignes. Ne sont pas des vers, 179. — En quoi elles en diffèrent, 179. — Leur description, 180. — Leur figure, Planche XI. — Dommage qu'elles causent à la laine, 180 *et suiv*. — Leur changement en papillons, 182.

Moyen d'en garantir en grande partie les laines, 183, 184.

Chervi. Ses racines sont propres à nourrir les moutons en hiver, 74.

Chèvre. Peut nourrir un agneau, 135. — Boit peu, 256. — Voyez *Boucs*.

Chevreuil. Boit rarement, 256.

Chiens de Berger. Sont-ils nécessaires pour la conduite des troupeaux, 7. Quels sont les cantons où l'on peut s'en passer, 8. — Quel mal ils peuvent faire aux moutons, et comment l'empêcher, 8, 9. — Comment ils servent à régler la marche d'un troupeau, 9. — Manière de les dresser, 10 *et suiv.* — A quel âge on doit les prendre, 12. — Quelle race de chiens on doit prendre pour le service des troupeaux, et combien il en faut, 14. — Quels sont ceux qu'on préfère dans les cantons où les loups sont peu à craindre, et quels sont les meilleurs pour les endroits où les loups peuvent faire du ravage, 16. — Quelles précautions il faut prendre lorsque l'on est obligé de se servir d'un chien mal discipliné qui blesse les moutons, 16. — Comment il faut nourrir les chiens de Berger, 17. — Comment le Berger peut suppléer à leur défaut, 17, 68. — Description de la loge du chien de Berger, 197, 405. — Les chiens de Berger ont deux ongles aux pieds de derrière; ils aiment l'ouvrage, les moutons, et même l'odeur de leur fumier.

Choix des beliers. Pour améliorer les races, 123. — Des bêtes à laine, 47.

Choux, nourriture fraîche dans la mauvaise saison,

72. — Peuvent-ils nuire aux moutons, 73. — Combien il en faut donner à un mouton pour un repas, 89. — Bons pour donner du lait aux brebis, 132. — Ils peuvent servir pour l'engrais de pouture, 161 et suiv.

Chou cavalier et Chou frisé, nourriture fraîche dans la mauvaise saison, 72. — Peuvent faire du mal aux moutons, 73. — Sont bons pour empêcher les mauvais effets du fourrage sec, 73, 334. — Résistent à la gelée, 333. — Difficulté de les cultiver, 334.

Chou de bouture, espèce inconnue aux botanistes, 73, 74. — Cette dénomination est incertaine, 74. — La culture en est très-facile, et on peut en tirer un grand avantage pour la nourriture des moutons, 334. — Il résiste à la gelée, 334.

Chou cabus. Les moutons mangent ses feuilles en entier, 89, 90.

Chou frisé du Nord. Est à préférer, parce qu'il résiste au froid, 74.

Chrysalide de la chenille-teigne, 182.

Chute de la laine, 166. — N'a pas lieu dans les bêtes à laine fine, 167.

Ciseaux des tondeurs. Voyez *Forces*.

Claies d'un parc. Manière de les faire, 186. — Comment on les dresse, 187, 397. — Représentées Planche XII.

Climat. Combien celui de la France est favorable pour l'amélioration des laines, 281, 357.

Clôture. Hauteur à donner à celle d'un parc domestique, 33, 397.

Colique, occasionnée par l'humidité, 55.

Colique de panse. Ce qui l'occasionne, 62.—Moyen de la prévenir et d'y remédier, 63 *et suiv.*

Collier des chiens de Berger. Comment il doit être fait, 16.

Colza, nourriture fraîche dans la mauvaise saison, 72. — Peut faire du mal aux moutons, 73. — Empêche les mauvais effets des fourrages secs, 73. — On en fait des tourteaux, et ce que c'est, 75, 77.

Commission d'agriculture. Conserve le troupeau de *Daubenton*, xxxiv, xxxv, lij. — Celui de Rambouillet, xxxiv, xxxv. — Obtient un décret de la Convention nationale pour la réimpression de l'*Instruction pour les Bergers*, xxxiv. — Répand l'extrait de cet ouvrage, xxxiv.—Etablit une école de Bergers à Rambouillet, 7.

Comparaison de nos laines avec celles étrangères, 350, 351. — Du drap de laine de France avec celui de laine d'Espagne, 361, 372.

Composition d'un topique préférable à tous les autres pour la gale des moutons, 173, 313, 314. — Manière de l'appliquer, 314.

Conformation. Différente dans les races de bêtes à laine, 369.

Consanguinité. N'est point un obstacle à l'amélioration, 118.

Conseau. Ce que c'est, 79. — Quand il faut le donner aux moutons, 91.

Conseigle. Voyez *Conseau*.

Convention nationale. Décrète l'impression de l'ouvrage de *Daubenton* aux frais de la nation, xxix.

Coquiole. On l'emploie pour les prairies artificielles, 83.

83. — Ses qualités, 83, 84. — Elle peut servir à l'engrais des moutons, 159.

Coquelicot. Peut faire du mal aux moutons, 61, 62.

Cordon ombilical. Dans quel cas le Berger doit tâcher de le rompre, 128.

Cornes. Les beliers qui n'en ont pas doivent-ils être préférés aux autres, 105.

Cornet (Le). Ce que c'est, 137.

Coucous. Quels sont les agneaux qu'on appelle ainsi, 140, 141.

Coudrier. Ses baguettes servent à faire les claies du parc, 187, 397.

Coup de sang. Voyez *Chaleur.*

Couper. Voyez *Châtrer.*

Couteau. Nécessaire à un Berger, 5. — Quelle en est la forme, et à quoi il sert, 5.

Craie. Préserve les agneaux du dévoiement, 141.

Crinon ou *Dragoneau*, ver des moutons, 269, 270. — Erreur présumée à son sujet, 269.

Croisement des races des bêtes à laine. Nécessaire pour l'amélioration, xliij, xliv. — Voyez *Bêtes à laine.*

Crosses. Ce que c'est, 187, 188, 398. — Représentées Planche XII.

Couleurs. Mauvaises couleurs des laines, 41, 42. — Les couleurs fortes en teinture cachent les défauts de qualité et de fabrication, que les couleurs légères laissent mieux voir, 385.

Culture de la terre. Propre pour le parcage, 199, 406, 436. — Après le parcage, 436.

D.

DAUBENTON. Discours sur sa vie et ses ouvrages, v. — Extrait du procès-verbal de la Convention nationale, qui ordonne l'impression de son ouvrage sur les moutons, xxix. — Notice historique et bibliographique de l'*Instruction pour les Bergers*, xxxj. — Ses différentes éditions, xxxij *et suiv.*—Traduction allemande, xxxv ; — italienne, xxxviij ; — espagnole, xxxix. — Avertissement sur cette nouvelle édition, xlix. — Réponse à M. *de Tolozan*, xlij. — Histoire de l'amélioration de nos laines, xlix *et suiv.* — Du troupeau d'expériences à Montbard, 1 *et suiv.*

Déchet des laines. Van-Robais dit que celui de la laine fine de France est à peu près le même que celui de la laine d'Espagne, 376, 379, 392. — M. *Decretot* dit qu'il est plus considérable, 377, 379, 384. — Causes de cette différence, 379, 381, 384, 388.

Décret qui ordonne l'impression de l'ouvrage de Daubenton aux frais de la nation, xxx.

Decretot (M.). Sa lettre à *Daubenton* sur la fabrication du drap avec les laines de son troupeau, 383. — Expériences à ce sujet, 377 *et suiv.*

Défilé. Comment un Berger y fait passer son troupeau, 67.

Dégoût des bêtes à laine. Quelles en sont les causes, 100.— Le sel y remédie, 100.— Est occasionné par la saveur et l'odeur désagréables des fourrages, 321.

Dégraissage de la laine. Comment il se fait, 176. — La laine fine de France se dégraisse bien, 384.

Délivre. Ce que c'est, et ses fonctions, 129. — Ce qu'il faut faire pour l'extraire, 129.

Démangeaisons. Leurs causes, 310.

DES MATIÈRES. 499

Demi-fin, dénomination de laine supprimée par Daubenton, 344.

Demi-gros. Voyez *Demi-fin.*

Demi-parcage. Comment il se fait, 200.

Dents des bêtes à laine. Leurs différentes pousses, leurs formes, leur dépérissement et leur chute, 38. — Indices qu'elles fournissent pour en faire connaître l'âge, 38, 39. — Représentées Planche III.

Dépense nécessaire pour l'amélioration des races, 116. — Moyens de l'éviter, 116.

Description d'un instrument qui sert à gratter la peau des moutons galeux, 314. — Représenté Pl. XXII.

Dévoiement. La rosée et la gelée blanche que mangent les bêtes à laine, en sont une des causes, 99. — Moyen d'en préserver les agneaux, 141. — Est funeste pendant l'engrais, 157.

Discours sur la vie et les ouvrages de *Daubenton*, v.

Disette. Voyez *Betterave champêtre.*

Double. Voyez *Panse.*

Dragée que l'on donne aux moutons ; ce que c'est, 79.

Dragoneau. Voyez *Crinon.*

Dranie. Voyez *Dragée.*

Drap. La laine la plus fine est employée pour la trame, 394. — La moins fine pour la chaîne, 395. — De laine superfine du cru de la France, 356 *et suiv.* 366 *et suiv.* — Fabriqué à la manufacture de Château-du-Parc, 361, 372. — D'Abbeville, 372, 375. — De Louviers, 372, 376, 383 *et suiv.* — Comparé avec celui de laine d'Espagne, 361. — Jugé aussi doux, aussi souple que celui fabriqué avec la plus belle,

365, 373, 421. — Drap royal, fabriqué avec les laines du troupeau de l'école vétérinaire d'Alfort, 375. — Difficile à en constater la différence, 376. — Foule aussi bien que celui fait avec la laine d'Espagne, 378, 384. — Drap écarlate fait aux Gobelins avec des laines françaises, comparé à celui fait avec des laines léonaises, 387. — A pris la teinture aussi bien, 388. — Toutes les expériences de *Daubenton*, sur les draps, confirmées à la manufacture des C.ens *Leroy* et *Roui* de Sedan, 393. — Quantités présumées de drap fabriqué avec les laines fines de France, 394.

Dromadaire. Voyez *Chameau*.

E.

EAU. Quelles sont les bonnes ou les mauvaises eaux pour les moutons, 95, 96. — Quelle quantité d'eau ils boivent, 96, 326. — En quel temps on les fait boire, 97, 325. — En trop grande abondance leur est nuisible, 257.

Eau froide. Empêche la gangrène des parties gelées, 4.

Eaux de pluie. Ne doivent pas séjourner dans le parc, 32.

Écarlate. Voyez *Drap*.

Échantillons, pour reconnaître les différentes sortes de laine, 43, 44, 343, 347, 348 *et suiv*.

École pratique de Bergers, établie à Rambouillet, 7. — Dans le Berry, 364.

École vétérinaire d'Alfort. Bêtes à laine envoyées à cette école pour faire des expériences, 374. —

Drap fabriqué par *Van-Robais* avec les laines de ce troupeau, 375. — Présenté à la Société royale d'agriculture de Paris, 375. —*Daubenton* fait construire dans le parc de cette école le hangar vu Planche II, 375.

Écorces d'arbres. On en fait manger aux moutons, 85. — Manière de les préparer, 85.

Écouffure. Voyez *Colique de panse.*

Éditions de l'*Instruction pour les Bergers*, xxxij et suiv.

Éducation (L') *des bêtes à laine*, à l'air libre, a déjà été tentée en France avec succès, 354.

Égagropiles. Ce que c'est, et combien ils sont dangereux pour les moutons, 138, 276.

Ellis, auteur du *Guide des Bergers*, 279. —Indique beaucoup de remèdes pour la gale, 315.

Émétique. Ses effets sur les moutons, 456.

Enflure, maladie des bêtes à laine : plantes qui l'occasionnent, 84, 158, 317, 318. — Remèdes qu'il faut y employer de préférence, 462. — Voyez *Colique de panse.*

Enflure de vents. Voyez *Colique de panse.*

Enfourcher une bête à laine. Ce qu'on appelle ainsi, 51. — La Planche III représente un mouton enfourché.

Engobbée. Bête à laine engobbée ; ce qu'on entend par-là, 138.

Engourdissement par le froid ; ce que le Berger doit faire dans ce cas, 3, 4.— Des agneaux : moyens d'y remédier, 139, 280.

Engrais des agneaux. Comment on y parvient, 141.

Engrais des bêtes à laine. De combien de sortes il y en a, 156.

Engrais de pouture, 156. — Manière dont il se fait, 159. — Quelles sont les meilleures nourritures pour cette espèce d'engrais, 161.

Engrais d'herbes. Voyez *Herbes*.

Engrais du parcage. Sa durée, 200. — L'urine des moutons en est un puissant, 436.

Épanchement d'eau ou *de sérosité.* Les moutons y sont sujets, 98. — La trop grande quantité de boisson en est la cause, 98, 328. — Voyez *Pourriture*.

Éperons du seigle. Ce que c'est, 87.

Errata, ou fautes à corriger, lxiv.

Espagne. On tire quatre sortes de laines sur la même toison en Espagne, 178, 415. — Fournit les laines les plus fines, 351. — Les bêtes à laine fine de ce pays se conservent pures en France et ailleurs, 370, 371. — Laine de France comparée avec la plus belle d'Espagne, 372.

Esprit de térébenthine. Son odeur est-elle un préservatif pour la laine contre les teignes ? 184, 185.

Essence de térébenthine. Voyez *Huile essentielle de térébenthine*.

Estomacs des bêtes à laine, 245, 448. — Représentés Planches XV - XIX.

Étable fermée. C'est le plus mauvais logement que l'on puisse donner aux moutons, 21, 259. — Ses inconvéniens dans les temps chauds, 59.

Étable ouverte. Quel bien et quel mal elle fait aux moutons, 22.

Expériences faites sur le temps où il faut abreuver les moutons, 326. — Sur les herbes qui leur sont nuisibles, 318. — Sur les différens fumiers,

420. — Faites au Jardin des Plantes sur les moutons, 425.

Expositions. Quelles sont les meilleures pour un parc domestique, 32.

Extrait du procès-verbal de la Convention nationale, relatif à l'*Instruction pour les Bergers*, xxix.

F.

FAIM. Beaucoup d'agneaux meurent de faim, 138, 276.

Farine d'avoine. Voyez *Avoine.*

Farine d'orge. Dégoûte les agneaux, reste entre leurs dents, 142, 161. — Mêlée avec l'avoine, sert à l'engrais de pouture, 161.

Fautes à corriger. Voyez *Errata.*

Favat. Voyez *Chaillat.*

Fécondité extraordinaire d'un belier, 106. — Celle des brebis leur est quelquefois nuisible, 131. — Elle ne doit pas être excitée dans les troupeaux à laine fine, 131.

Fenugrec. Sert de nourriture aux moutons, 80.

Feuillées, que l'on donne aux moutons; ce que c'est, 80. — Quelles sont les meilleures, 80.

Feuilles des arbres. Manière de les ramasser et de les conserver pour l'hiver, 80. — On les fait manger aux moutons, 80, 85.

Feuillet, l'un des estomacs des bêtes à laine, 245, 250, 449 *et suiv.* — Le mauvais effet du fourrage sec est sensible dans le feuillet, 331. — L'état des alimens dans cet estomac est l'effet et non la cause de plusieurs maladies, 332.

Feux ou *Fumée* près des troupeaux. Nécessaires contre les loups, 19.

Féverolles. Servent à nourrir les moutons, 78. — On en fait des gerbées après avoir été battues, 86.

Féves. Cuites donnent du lait aux brebis, 132. — Bonnes pour l'engrais de pouture, 161.

Fiente des moutons (La) est un des engrais les plus actifs, 436.

Filamens de la laine. Leur variation pour la grosseur dans une même laine, 43, 290, 339.

Fin, ou laine fine, 288, 342.

Flandre. Époque où on y donne le belier aux brebis, 279. — Produit des laines longues, 368. Races de bêtes à laine tirées des grandes Indes, introduites par les Hollandais, 368.

Foie pourri. Voyez *Pourriture.*

Foins. Quels sont les meilleurs et les plus mauvais, 81, 82. — Quelles sont les circonstances où les foins nuisent le plus aux moutons, 321. — Quelle quantité de foin il faut donner aux moutons, 92. — Comparaison de la quantité d'herbes fraîches avec celle de foin qu'un mouton mange en un jour, 325, 329. — Le plus fin est une bonne nourriture pour les agneaux, 143.

Forces. Ce que c'est, 237.

Fouet. Nécessaire à un berger, 3. — A quoi il sert, 65.

Fouine. Son duvet est aussi fin que la laine superfine, et peut servir de comparaison, 349.

Fourbure. Voyez *Colique de panse.*

Fourrages. En quel mois commence-t-on à en donner aux moutons, 88. — En quel temps du jour faut-il leur en donner, 88. — En quelle saison cesse-t-on de leur en donner, 94. — Les moutons s'en dégoûtent lorsqu'ils contractent une saveur ou une odeur désagréables, 321.

Fourrages secs. Les meilleurs font dépérir les moutons, xlvij, 71. — Moyen d'en empêcher le mauvais effet, 72. — Quand il faut en donner, 89. — Quels soins exigent les fourrages secs, 320 *et suiv.* — Diffèrent beaucoup de l'herbe fraîche, 328.

Franche-mulle. Voyez *Caillette.*

Frayeur. Occasionne l'avortement des bêtes à laine, 124.

Frêne. Ses feuilles sont bonnes pour les bêtes à laine, 80.

Froid. Comment le berger doit remédier à l'engourdissement qu'il peut causer, lorsqu'il est excessif, 3. — Comment les moutons savent garantir du froid les parties de leur corps où il n'y a point de laine, 28, 29. — Expériences faites pour prouver que les moutons, étant en plein air, peuvent résister au froid des hivers, 29, 260, 299. — Les très-grands froids peuvent faire périr beaucoup d'agneaux, 105. — Moyens de ranimer les agneaux engourdis par le froid, 139, 280. — Les agneaux nouveau-nés peuvent résister à un froid très-vif, 272 *et suiv.*

Fromage. Le lait de brebis en fait d'excellent, 134.

Froment. Peut faire mal aux moutons, 61. — Ses gerbées sont les meilleures de toutes pour les bêtes à laine, 79. — Sa paille est moins bonne cependant pour les nourrir que celle du seigle, 87. — Ils en mangent aussi la balle, 87. — Son herbe peut être mortelle lorsqu'ils en mangent en trop grande quantité, 317.

Fromental. On le fait entrer dans les prairies artificielles, 83. — Ses qualités, 83. — Il peut servir à l'engrais des moutons, 159. — Le parcage lui est très-avantageux, 408.

Fumée. Voyez *Feux.*

Fumier. Celui d'un parc domestique est-il aussi bon que celui d'une étable ? 36, 419. — Le parcage économise la paille dans le fumage des terres, 408. — Quantité de fumier à espérer dans une ferme de deux charrues, 409.

Fumure. Ce que c'est, 401. — Le parcage économise les pailles dans la fumure, 408. — Plus durable par le parcage, 410.

Fusil. Nécessaire au berger dans les pays à loups, 20.

G.

Gale, maladie des moutons, 209 *et suiv.* 301 *et suiv.* — Soins que doit prendre le Berger pour découvrir si son troupeau en est attaqué, 209, 310. — Ses symptômes, 210, 310. — Gale qui ne démange pas, 210. — Quel est le meilleur onguent pour la gale, 211. — Quels sont les topiques les plus usités pour la guérir, 312. — Inconvéniens de ces topiques, 312 *et suiv.* — Composition d'un topique préférable à tous les autres, 173, 313, 314. — Manière de l'appliquer, 211, 314. — Exemple notable de ses bons effets, 316. — Description d'un instrument qui sert en partie à racler la peau des moutons galeux, 212, 314. — Causes véritables de cette maladie, 213.

Galerne. Voyez *Vent.*

Gamer. Voyez *Pourriture.*

Gangrène occasionnée par le froid. Moyens d'y remédier, 4.

Gelée. Voyez *Froid.*

Gelée blanche (La) est nuisible aux moutons qui en mangent, 99.

Genêt. Sa graine sert à nourrir les moutons en hiver, 75. — Comment on s'y prend pour en avoir et pour la préparer, 76.

Gerbées que l'on donne aux moutons en hiver, 78. —Quelles sont les meilleures pour eux, 78. — Elles empêchent les moutons de dépérir pendant l'hiver, 91. — Celles d'avoine sont bonnes pour les agneaux, 143.

Glands (Les) entrent dans la nourriture des moutons pendant l'hiver, 75. — Quel est leur effet, 77.

Gobbes. Ce que c'est, et combien elles nuisent aux agneaux, 138, 276. — C'est la même chose que les *Égagropiles.*

Gobelins. Cette manufacture fabrique du drap écarlate avec la laine fine de France, 387 *et suiv.* — Offre à *Daubenton* de lui payer ses laines le même prix que celle d'Espagne, 388.

Gomme gutte. Ses effets sur les moutons, 457 *et suiv.* — A quelle dose elle les purge, 457. — A quelle dose elle les tue, 458.

Gonflement de vents. Voyez *Colique de panse.*

Gonzalez (M.) a publié une traduction espagnole de l'*Instruction pour les Bergers*, xxxix.

Graine de genêt. Voyez *Genêt.*

Graine d'oiseau. C'est la *Coquiole.*

Graines. Quelles sont celles qui servent à nourrir les moutons en hiver, 75.

Grains. Quels sont ceux que l'on donne aux moutons pendant l'hiver, 75. — Ils les empêchent de dépérir, 91.

Graisse. Est préférable au suif dans l'onguent pour la gale, l'hiver, 173, 211, 313.

Graisse d'herbes. Voyez *Herbes.*

Graisse sèche. Voyez *Engrais.*

Graminées. Caractères distinctifs de ces plantes, 83. — Leur emploi dans les prairies artificielles, 83.

Gras-fondu, maladie des moutons qui peut être occasionnée par la luzerne et le trèfle, 84.

Grattoir. Nécessaire à un Berger, 3. — Ne forme qu'un instrument avec le couteau et la lancette, 5. — Représenté Planche XXII.

Gros. Voyez *Grosse laine.*

Gros poil, 288.

Grosse laine, 288, 342, 344.

Guerchy a publié un ouvrage sur les moutons, d'après les principes de *Daubenton*, xxxiij.

Guide des Bergers, ouvrage peu connu en France, et qui mériterait de l'être, 279.

H.

Hangar. Ce que c'est, et s'il est le meilleur logement pour les moutons, 23, 27. — Manière la moins coûteuse de le construire, 24. — Ses différentes dimensions, suivant le nombre des moutons que l'on veut y loger, 26. — Sa figure, Planche II.

Haricots. On peut en donner aux moutons, 78. — On leur en fait des gerbées, 79, 86.

Herbages. Quels sont les meilleurs pour l'engrais des moutons, 158. — Ceux des bois sont bons, 159.

Herbes. Les moutons mangent-ils celles qui leur sont nuisibles ? 61, 318. — Expériences faites par rapport aux herbes qui sont nuisibles aux moutons, ou qu'on soupçonne de l'être, 318, 319. — Quelles sont les bonnes herbes qui peuvent faire du mal au moutons, 61 *et suiv.* 317, 318. — Moyen de prévenir le mal, 63, 64. — En quel état doivent être les herbes pour faire les meilleurs pâturages, 70. — Comment on supplée au défaut de l'herbe des pâturages, 71. — Quelle est la quantité d'herbe qu'un mouton mange en un jour, 95. — Comparaison de la quantité d'herbe fraîche avec celle de foin qu'un mouton mange par jour, 325, 328. — Engrais d'herbes, ou graisse d'herbes ; ce que c'est, 156. — Combien de temps exige cet engrais, 157. — Quels soins il demande par rapport aux moutons, 157. — Quels sont les différens herbages qui servent à cet engrais, 158 *et suiv.* — Combien les moutons sont subtils pour découvrir l'herbe presqu'entièrement cachée sous la neige, 333.

Herbier. Voyez *Panse.*

Herbière. Ce que c'est, 246. — Ses fonctions dans la rumination, 245, 247 *et suiv.*

Heures où il faut mener paître les troupeaux, 58, 60.

Hiver. Les bêtes à laine peuvent le passer en plein air, 29, 30, 271. — Expériences à ce sujet, 30, 268, 272 *et suiv.*

Hollandais (Les) introduisent en Flandre des bêtes à laine des grandes Indes, 368.

Houlette. Sa forme et ses usages, 4, 65, 66. — Sa figure, Planche I.

Huile essentielle de térébenthine. Son usage contre la gale, 173, 211, 313.

Humidité (L') est contraire aux moutons, 55.

Hydatides, espèce de maladie des bêtes à laine, 257. — Ce sont des vers, 258. — Trop de boisson, cause présumée des hydatides, 328. — Celles du cerveau sont des *tænia*, 258.

Hydropisie. Voyez *Pourriture.*

I.

Impériale. Voyez *Léonaise.*

Inconvéniens de la plupart des topiques indiqués pour guérir la gale des moutons, 311 *et suiv.* — Des différentes sortes de saignées, 304. — Qui résultent du défaut de connaissance des laines, 337.

Indigestion des bestiaux, 65. — La rosée et la gelée blanche que les bêtes à laine mangent en sont une des causes, 99. — Voyez *Colique de panse, Enflure.*

Infécondité des brebis. Cause à laquelle on peut l'attribuer, 122.

Influence de la rumination sur le tempérament des bêtes à laine, 246.

Injures de l'air. Les moutons y résistent bien. — Voyez *Air, Froid.*

Insectes qui gâtent la laine. Leur description, 179 *et suiv.* — Moyens d'en préserver les laines en grande partie, 183. — Voyez *Chenilles-teignes.*

Instruction pour les Bergers. Sa réimpression est ordonnée par décret de la Convention nationale,

xxix. — Ses différentes éditions, xxxij et suiv. — Ses traductions, xxxv et suiv. — Bien qu'elle a fait, xxxiij, xxxvij. — Manière d'y trouver ce qu'on veut y chercher, 479, 481.

Instruction sur le parcage des bêtes à laine, 395 et suiv.

Instrumens de musique propres au Berger, 69. — Les bêtes à laine se plaisent à en entendre le son, 69.

Instrument de chirurgie nécessaire au Berger, 3. — Sa description et ses usages, 5, 314. — Représenté Planches XXI et XXII.

Intempéries de l'air. Voyez *Air.*

J.

JACHÈRES. Ce que c'est, 8. — On peut y conduire les troupeaux sans chiens, 8. — S'il serait plus avantageux de les ensemencer que de les laisser reposer, 201, 435. — Leur emploi, 442. — Leur supression par le parcage, 435 et suiv.

Jalap. Ses effets sur les moutons, 457 et suiv. — Les purge bien, 460.

Jardin des Plantes de Paris. Plan des expériences qui s'y font sur les moutons, 425 et suiv. — Il y a un petit troupeau toujours en plein air, 430.

Jarre. Ce que c'est, 46, 288, 341. — Moyens de le faire disparaître dans les toisons, 112, 114, 291 et suiv. — Mesure du diamètre de ses filamens, 341.

Jarret. Comment il sert d'indice pour connaître la bonne ou la mauvaise santé des moutons, 51.

Joncs des marais (Les) font de très-mauvais foin pour les moutons, 81.

L.

LACÉPÈDE (Le C.^{en}). Discours sur la vie et les ouvrages de *Daubenton*, v.

Lache. Voyez *Tique.*

Laine. De quel secours elle est aux moutons pour les garantir des injures de l'air, 28. — Quelles en sont les principales différences, 41. — Mèches de la laine ; ce que c'est, et quelles en sont les différentes longueurs, 42. — Combien on distingue de sortes de laine, 43, 288. — Différentes qualités des laines, 44 *et suiv.* — Comment on connaît la laine sur le corps de l'animal, 48. —Laines de France comparées aux laines étrangères, 336 *et suiv.* 372 *et suiv.* 383 *et suiv.* — Lâchent bien leur suint, 384, 387, 414. — Nécessité d'un moyen sûr pour en distinguer les différens degrés de finesse, 337. — Inconvéniens qui résultent du peu de connaissance que l'on a eu jusqu'ici à cet égard, 337 *et suiv.* — Moyen de reconnaître ces diverses sortes pour l'usage ordinaire, 43 *et suiv.* 347. — Manière de comparer les laines entre elles, 349, 473. — Moyens de déterminer ces mêmes sortes avec toute la précision possible, 340 *et suiv.* — Variation des filamens, pour la grosseur, dans une même laine, 43, 290, 339.—Laine superfine, 43, 342. — Moyen d'en déterminer le diamètre avec précision, 339 *et suiv.* — Laine fine, 43, 288, 343. — Laine moyenne, 43, 288, 344. — Laine grossière, 43, 288. — Largeur de ses filamens,

filamens, 344. — Laine supergrosse, 43, 344.
— Laine jarreuse; ce que c'est, et à quel usage elle est bonne, 46, 288. — Moyens d'améliorer la laine, soit pour la longueur, soit pour la finesse, 108 *et suiv.* 283 *et suiv.* 413. — Moyens de la rendre plus abondante, 111, 293, 413. — Moyens d'empêcher que la qualité jarreuse de la laine ne se transmette des mères à leurs agneaux, 113, 291. — Comment on peut rendre l'amélioration plus prompte et plus profitable, 114 *et suiv.* 413. — Moyens de continuer l'amélioration de race en race, 118. — Moyen de maintenir l'amélioration à son plus haut point, 118. — Moyen de répandre l'amélioration dans les cantons voisins, 119. — Laines de France comparées aux laines étrangères, 294 *et suiv.* 336 *et suiv.* — Les laines les plus fines viennent d'Espagne, 351. — On est parvenu à produire en France des laines superfines, 352. —Exemple singulier d'amélioration dans les laines de France, 352 *et suiv.* — Laines superfines de France, éprouvées dans la fabrication du drap, 360, 361. — Payées au plus haut prix des laines d'Espagne, 361, 389. — Ont plus de nerf que celles d'Espagne, 366, 373. — Laines superfines d'Espagne dégénérées en Angleterre, 367. — Ont acquis en longueur, 368. — Les laines fines de France se trouvent dans les lieux élevés et les longues dans les plaines, 368. — Filent plus fin que celles d'Espagne, 381, 384, 390. — Prennent bien la teinture, 384. — Font une très-belle toile, 384. — Les secondes et les tierces doivent être retirées pour la fabrication des draps

forts et draps écarlate, 386, 388. — Quantité présumée de laines fines en France, 393. — Récolte de laine abondante dans le Brabant, origine de l'ordre de la Toison d'or, 368. — La laine que les agneaux avalent est souvent la cause de leur mort, 138. — Moyen de prévenir ce mal, 138. — En quel temps il faut tondre, 165. — Les bêtes à laine fine ne renouvellent pas leur toison annuellement en France, 167. — En les laissant deux années sans être tondues, elles donnent le double en poids et en longueur, 172, 364. — Lavage des laines avant la tonte, 167, 416. — Précaution à prendre après le lavage, 169. — Manière de faire la tonte préférable à celle qui est en usage, 170. — Traitement qui doit suivre la tonte, 173. — Précautions à prendre pour les moutons après la tonte, 173. — En quel temps et comment on lave la laine, 175. — Manière de dégraisser la laine à fond, 176. — Différentes qualités des laines dans une même toison, 178. — Insectes qui gâtent le plus la laine, 179 *et suiv.* — Moyens d'éviter au moins en partie le dommage qu'ils causent, 183 *et suiv.* — Les laines en suint y sont moins exposées, 184.

Laine jarreuse. Ce que c'est, 46, 288, 291.

Laine en suint. Ce que c'est, 175.

Laine surge. Ce que c'est, 175.

Lait. Comment on en fait venir aux mères brebis qui n'en ont pas assez, 132. — En quel temps on peut traire les brebis, 132. — Quelles sont les brebis que l'on peut traire, 134. — Usages du lait de brebis, 134. — Fait d'excellens fromages,

134. — Moyen de reconnaître si le lait est bon, 135. — Quelle boisson on peut substituer au lait, lorsqu'il manque à un agneau, 137.

Lancette. Nécessaire à un berger, 3. — Ne forme qu'un instrument avec le grattoir et le couteau, 5.

Lavage à dos ou *sur pied.* Comment il se fait, 167, 416. — Précaution à prendre après ce lavage, 169. — Ne peut être d'un usage général en France, 169. — Représenté Planche X.

Lavage des laines après la tonte. En quel temps et comment on le fait, 175. — Il serait bien important que les cultivateurs le pratiquassent eux-mêmes, 169. — La manière de le faire influe sur le déchet des laines, 379, 392.

Légumes. Quels sont ceux que l'on donne aux bêtes à laine, 78. — On leur en fait des gerbées, 79.

Lentilles. On pourrait en faire manger aux moutons, 78. — On les leur donne en gerbées, 79, 86.

Léonaise impériale. Ce que c'est, 377. — Sa comparaison avec la laine fine de France, 377 et suiv. — Drap écarlate fait avec cette laine et comparé à celui fait avec la laine de France, 387.

Leroy et *Roui* (MM.), manufacturiers à Sedan, ont confirmé toutes les expériences de *Daubenton* sur les draps, 393.

Lierre. Donne du lait aux brebis, 132.

Lin. Tourteaux de lin dont on nourrit les moutons, 77. — Ils mangent la paille du lin; mais c'est la plus mauvaise de toutes, 87.

Litière. Faut-il toujours en donner aux moutons

dans le parc domestique, 36. — On en donne aux agneaux qu'on engraisse, 141.

Livret. Voyez *Feuillet.*

Loge du chien de Berger, 197. — Représentée Planche XIV.

Logement des moutons. De combien de sortes on en a imaginé ; quelle est celle qui mérite la préférence, 21 *et suiv.*

Loups. Quelles précautions on doit prendre contre eux, 18. — Ce que doit faire le Berger, lorsqu'un de ces animaux approche du troupeau, ou a déjà saisi quelque bête, 19. — La peur qu'il occasionne provoque l'avortement, 124.

Lupins. Les moutons en mangent, 78. — Comment il faut les préparer, 78.

Luzerne. Peut faire mal aux moutons, 61, 84, 317. — On en fait des prairies artificielles, 83. — Ses qualités, 84. — Est bonne pour engraisser promptement les moutons, 158. — Le parcage lui est utile, 408.

M.

MALADIE chancelante. Voyez *Chaleur.*

Maladie du foie. Voyez *Pourriture.*

Maladies des moutons. Que fait-on de ceux qui en sont attaqués, ou qui sont faibles, dans un troupeau logé en plein air ? 31. — Description des plus ordinaires de ces maladies, avec les moyens d'y remédier, 300 *et suiv.* — Réflexions sur leur traitement, 302 *et suiv.* — Sur les effets des remèdes, 461, 462.

Manne. Ses effets sur les moutons, 459. — Est un bon purgatif, 460.

DES MATIÈRES.

Manufactures de draps. Voyez *Drap.*

Marais. Les joncs qui y croissent sont un mauvais foin pour les moutons, 81.

Marâtres. Ce que c'est, 141.

Marrons d'Inde. On en nourrit les moutons, 86.

Mâtins. Les chiens de cette race sont les meilleurs pour la garde des troupeaux, dans les cantons à loups, 16.

Maton. Ce que c'est, et quel usage on en fait pour l'engrais de pouture, 160.

Maturité de la laine, 165, 417, 419.

Maucorne. Ce que c'est, 79.

Mèches de la laine. Quelles en sont les diverses longueurs, 42, 340.

Médecine des bêtes à laine (La) doit être très-simple, 426. — Mémoire qui y est relatif, 447.

Mélilot. Bon pour les agneaux sevrés, 145.

Mellier. Voyez *Feuillet.*

Menue paille. Voyez *Balle des grains.*

Mercure. Voyez *Onguent gris.*

Mère laine. Ce que c'est, 178, 380, 414. — Sa situation sur le corps de l'animal, 414. — Évaluée aux quatre cinquièmes de la toison, 415. — Cette évaluation n'est pas juste pour les bêtes à laine d'Espagne, 415.

Mères brebis. Comment on fait venir du lait à celles qui n'en ont pas assez, 132.

Méteil. Ce que c'est; ses gerbées sont les meilleures, 79.

Mesures. Voyez *Poids.*

Météorisation. Voyez *Enflure.*

Mettre bas. Voyez *Agnelage.*

Micromètre. Ce que c'est, et de quelle utilité il est

Kk 3

pour mesurer avec précision les grosseurs des différentes sortes de laines, 289, 338, 355, 360.

Microscope. Son usage pour observer les laines, 289, 360. — Ce que c'est, 338. — On ne peut s'en passer dans les expériences, 346.

Mi-fin, ou laine demi-fine, 288, 342. — Voyez *Laine.*

Mi-grosse. Voyez *Laine.*

Migration des bêtes à laine (La) est un des moyens de prévenir ou de guérir la pourriture, 52.

Millet. Voyez *Feuillet.*

Moline. Ce que c'est, 377. — Sa comparaison avec les laines fines de France, 377.

Moncorne. Voyez *Maucorne.*

Montbard, lieu où *Daubenton* a fait ses expériences sur l'amélioration des laines, lv *et suiv.* 6 *et suiv.*

Mouches. Comment les moutons se mettent à l'abri de leurs persécutions, 57, 58.

Mouillures des brebis. Ce que c'est, et combien de temps elles durent, 125.

Moutonnés. Quelles sont les bêtes à laine auxquelles on donne ce nom, 151. — Pourquoi et à quel âge on en fait, 152 *et suiv.* — Comment on les fait, 152. — Manière de faire l'opération, représentée Planche IX.

Moutons. Pourquoi et comment on fait des moutons, 148 *et suiv.* — A quels signes on reconnaît les bons moutons, 47. — A quel âge on les prend pour les faire entrer dans un troupeau, 49. — Quel est le terrain qui leur convient le mieux, 154 *et suiv.* — Quand trouve-t-on des moutons gras dans les troupeaux, 155. — Différentes manières d'engraisser les moutons, 156 *et suiv.*

— A quels signes on reconnaît qu'un mouton est gras, 163. — Les moutons gras peuvent-ils vivre long-temps, 163. — A quel âge faut-il les engraisser, 164. — Peuvent se passer de boisson plus long-temps que les chameaux, 257. — Couverts, par les anciens, pour conserver la laine, 417 *et suiv.* — La longueur des jambes et du cou varie dans les moutons.

Moyens de reconnaître l'âge des bêtes à laine, 38 *et suiv.*; — d'empêcher les mauvais effets des fourrages secs, 72; — de ranimer les agneaux engourdis par le froid, 139, 280; — de faire disparaître le jarre dans les toisons, 291 *et suiv.*; — de reconnaître si le lait est bon, 134.

Moyenne. Voyez *Laine.*

Muselière, pour empêcher les agneaux de teter, 145, 146.

Musique. Les bêtes à laine se plaisent à l'entendre, 69. — Instrumens de musique propres au Berger, 69.

N.

NAVETS (Les) sont une assez bonne nourriture pour les moutons en hiver, 74. — Donnent du lait aux brebis, 132. — Peuvent servir pour l'engrais de pouture, 161. — Comment on engraisse les moutons avec les navets, 161.

Navette. On en fait des tourteaux pour les moutons, 75, 77.

Neige. Empêche la gangrène des parties gelées, 4. — Comment les moutons s'en débarrassent quand ils en sont couverts, 28. — Peuvent y rester enfouis quelque temps sans y périr, 28, 30. —

Celle que mangent les moutons leur est-elle nuisible ? 98. — Expérience à ce sujet, 99, 299.

Noix. On en donne les tourteaux aux moutons, 77.

Nombre de bêtes à laine fine présumé en France, 285. — C'est à *Daubenton* que nous devons cette amélioration, 286.

Notice historique et bibliographique sur l'*Instruction pour les Bergers*, xxxj.

Nourriture des agneaux. Comment on peut les nourrir sans brebis, 136 *et suiv.* — A quel âge ils peuvent prendre d'autre nourriture que le lait, 142. — Il faut donner peu de nourriture aux agneaux faibles, mais leur en donner souvent.

Nourriture des chiens de Berger, 17.

Nourriture des moutons. Quelle est en général la meilleure pour eux, et quelles sont les propriétés des différentes sortes d'herbes dont elle est composée, 70 *et suiv.* — Quelles sont les nourritures fraîches que l'on peut avoir pour les moutons dans la mauvaise saison, 72. — En quel temps on est obligé de leur donner de la nourriture, 88. — En quoi doit consister cette nourriture lorsque la neige empêche le troupeau de sortir, 89. — Quelles sont les quantités de nourriture que l'on donne à un mouton pour un repas, 89 *et suiv.* — Quels sont les avantages de la nourriture fraîche, 90. — Quelle est la première nourriture qu'il faut donner aux moutons lorsqu'ils commencent à avoir besoin de manger au râtelier, 91. — Quelle règle on doit suivre pour ne garder qu'autant de moutons que l'on en peut nourrir, 323. — Expériences faites à ce sujet, 324 et suiv.

O.

ŒSIPE. Ce que c'est, 176.

Oignon. Il faut en donner aux brebis et aux beliers qui ne sont pas assez ardens, 123.

Onguent pour la gale. Le Berger doit en avoir toujours, 3. — Propre pour les moutons après la tonte, 173. — Manière de le faire, 173, 313. — Un des remèdes les plus nécessaires, 205. — Le meilleur pour la gale, 211. — Manière de l'employer, 211. — Circonstances dans lesquelles il faut l'employer, 212.

Onguent gris. Le mercure qui entre dans sa composition le rend dangereux dans la gale des moutons, 313.

Orge. Peut faire mal aux moutons, 62. — Sert à les nourrir pendant l'hiver, 75. — La paille d'orge barbue peut leur être nuisible, 87. — Ils n'en mangent point la balle, 87. — L'orge est bonne pour donner du lait aux brebis, 132. — L'orge en grain ou en farine peut servir à nourrir les agneaux, 142. — On l'emploie aussi pour l'engrais de pouture, 161. — Voyez *Farine d'orge.*

Ouvrages publiés sur l'amélioration des laines, 363, 364.

Oves pellitæ. Ce que les Anciens appelaient ainsi, 417.

P.

PACO ou *Brebis du Pérou*. Peut se passer de boire pendant quatre ou cinq jours, malgré la chaleur et la fatigue auxquelles elle est exposée, 256.

Paille. Quelles sont les meilleures pour la nourriture des moutons, 86. — Quelle quantité il faut leur en donner, 92. — A quel point cette nourriture leur suffit-elle, 93. — La paille battue deux fois peut être donnée aux agneaux, 143. — Celle d'orge s'attache quelquefois à la langue, et toujours à la laine, 87. — Le parcage économise la paille, 408.

Paille de van. Voyez *Balle des grains.*

Pains. Voyez *Tourteaux.*

Panais. Sont préférables aux choux pour la nourriture des moutons en hiver, 74. — Donnent du lait aux brebis, 132.

Panetière. Nécessaire au Berger, 3. — Ce que c'est et à quoi elle sert, 5. — Sa figure Planche I.

Panse. Ce que c'est, 246, 449. — Ses fonctions dans la rumination, 247, 450.

Papillons-teignes. Voyez *Chenilles-teignes.*

Parc. Ce que c'est, 186. — Quelle doit en être l'étendue, 188, 396, 401. — Manière d'en faire les claies et de les dresser, 187, 397. — Comment le Berger fait un parc, 191, 398. — Comment il en fait un à la suite d'un autre, 192. — Comment il en fait un nouveau la nuit, 193. — Manière de gouverner un parc, 403. — Représenté Planches XIII et XIV.

Parc domestique. Ce que c'est, 24. — Son étendue, 31. — Sa situation, 32. — Sa description, 266. — Est le logement que l'on doit préférer pour les moutons, 28, 268. — Quelle étendue il doit avoir, 31. — Quelle est sa situation la plus favorable, 32. — Quelle hauteur il faut donner à sa clôture, 33.

Parcage. Ce que c'est, 186. — Comment on fait parquer les bêtes à laine, 186. — Combien de temps elles doivent rester dans un parc, 189. — Durée du parcage pendant la nuit, 195. — A quelles heures on doit changer de parc dans la nuit et dans la matinée, 195. — Si l'on peut faire parquer les bêtes à laine dans l'hiver, 196. — Temps nécessaire pour fertiliser un arpent de terre par le parcage, 198. — Ce que chaque bête à laine peut fertiliser de terrain par le parcage, 198, 396. — Quel est le moindre nombre de bêtes à laine que l'on puisse faire parquer, 198, 403. — Manière de cultiver la terre pour le parcage, 199, 406, 436. — Combien d'années dure l'engrais du parcage, 200. — Comment on fait le demi-parcage, 200. — Le parcage est-il bon pour les prés ? 203. — Comment faut-il parquer les prairies ? 204, 407 *et suiv.* — Quelles sont les sortes de prairies artificielles sur lesquelles on a essayé le parcage, 204, 407. — Parcage des bêtes à laine pendant toute l'année ; avantages qui en résultent, 265 *et suiv.* — Économise la paille, 408. — Instruction sur le parcage, 396, 435 *et suiv.*

Parquer en blanc. Ce que c'est, 196, 404.

Pastel (Le) résiste à la gelée ; on peut en faire des pâturages d'hiver, 71.

Pâturages. Règles que l'on doit suivre en y conduisant les troupeaux, 53 *et suiv.* — De quoi dépend leur bonté, 70 *et suiv.* — Peut-on en avoir dans la mauvaise saison après la gelée ? 71. — Comment supplée-t-on à l'herbe des pâturages lorsqu'elle manque ? 71 *et suiv.* — Le changement de pâturage fait du bien aux brebis mères, 132. — L'humidité des pâturages engraisse les moutons et les brebis destinés à la boucherie, 154. — Moyens de retirer tout le produit possible des pâturages pour l'engrais des moutons, 155.

Perce (M. de) s'était déjà occupé en France de l'amélioration des laines, 354, 355.

Pesat. Voyez *Chaillat.*

Peuplier. Ses feuilles sont très-bonnes pour les bêtes à laine, 80. — On leur donne aussi des écorces de cet arbre, 85.

Peur. Elle occasionne l'avortement des bêtes à laine, 124.

Pimprenelle (La) résiste à la gelée, 71. — Entre dans la composition des prairies artificielles, 83. — Ses qualités, 85.

Planches. Ce que c'est, 214. — Explication des Planches 217 *et suiv.* 463 *et suiv.*

Plantes bonnes ou *nuisibles aux moutons.* Voyez *Herbes.* — Réflexions sur leurs bons ou mauvais effets, 320.

Plantes graminées. Voyez *Graminées.*

Plantes légumineuses que l'on donne aux bêtes à laine, 78.

Pluie (La) nuit moins aux bêtes à laine que la rosée, 56. — Les pluies froides sont à craindre après la tonte, 173.

Poids et mesures anciens. Conservés dans cette édition, xlj.

Poil, fin, moyen, gros, 288.

Pois. On pourrait en faire manger aux moutons, 78. — On leur en fait des gerbées, 79. — On leur en donne les feuilles et les tiges, 86. — Les pois cuits donnent du lait aux brebis, 132. — Les pois bleus sont très-bons pour nourrir les agneaux, 142. — Usage des pois pour l'engrais de pouture, 161.

Pommes de terre (Les) peuvent être données pour nourriture aux moutons en hiver, 74.

Portée. Combien de temps elle dure, 124. — Combien une brebis fait d'agneaux d'une même portée, 131. — Ce qu'il faut faire lorsqu'elle en fait plus d'un, 131.

Portière des brebis. Ce que c'est, 127, 227.

Pourriture, maladie des moutons; l'humidité peut la causer, 52, 55, 320, 328. — La boisson trop abondante en est aussi une des causes, 90. — Les moutons engraissés y sont plus sujets, 162. — Se connaît à l'examen de l'œil, 223, 224. — Autre cause de cette maladie, 322. — Gomme gutte, bonne dans la pourriture, 458. — Les purgatifs liquides sont à préférer dans cette maladie, 462. — La migration des troupeaux peut la prévenir ou la guérir, 152.

Pouture. Voyez *Engrais.*

Poux des moutons. Représentés Planche XI. — Leur différence, 237, 238. — Occasionnent des démangeaisons, 310.

Prairies artificielles. Ce que c'est, 82. — Quelles sont les herbes dont on les fait, 83. — Combien le parcage leur est avantageux, 203, 407. — Quelles sont celles sur lesquelles on l'a essayé, 204, 408.

Précautions à prendre contre les loups, 18, 19. — A prendre pour l'accouplement des brebis, 123. — Avant et après la castration, 150. — Pour les moutons après la tonte, 173.

Préparation des terres avant et après le parcage, 406, 436.

Prés. Les foins des prés salés sont les meilleurs pour les bêtes à laine, 81. — Ceux des prés secs sont aussi très-bons, 81. — Ceux des prés bas et marécageux sont les plus mauvais, 81, 82. — Le parcage des prés humides serait très-bon pour la terre, mais il nuirait aux moutons, 203, 408. — Le parcage des prairies sèches est avantageux à tous égards, 203, 407.

Préservatifs prétendus, pour la laine, contre les teignes, 184, 185.

Primet. Ce que c'est, 38.

Produit présumé, en laine et en drap, du nombre des bêtes à laine fine de France, 393, 394.

Proportions du corps qui font reconnaître un bon belier, 46 ; — une bonne brebis, 47.

Provende à donner aux brebis lorsqu'elles refusent le mâle, 123 ; — aux beliers, 123. — Lorsque les brebis ne peuvent mettre bas par faiblesse, 125.

Psautier. Voyez *Feuillet*.

Q.

Qualités différentes des laines dans une même toison, 178.

Quantité de nourriture à donner à un mouton par repas, 39 *et suiv.* 324 *et suiv.* ; — de feuilles de chou, 89 ; — de paille, 92 ; — de foin, 93 ; — d'herbes, 95 ; — de boisson, 96, 326 ; — de sel, 101 ; — de nourriture à donner aux moutons à l'engrais de pouture, 160.

Queue. Faut-il raccourcir celle des agneaux ? 146.

— Inconvéniens de la laisser de toute sa longueur, 146 — Comment on la leur coupe, 147.

R.

RACES. Diverses races de bêtes à laine, 39. — Les plus grandes sont celles à préférer, 49. — Des grandes Indes importées en Flandre, 368. — Se conservent pures en France, en Suède, en Danemarck, &c., 370, 371. — Celles du nord, transportées au midi, n'améliorent pas les races du midi; celles-ci au contraire, transportées au nord, améliorent ces races, 422.

Racines que l'on peut donner aux moutons pour leur nourriture en hiver, 74, 75.

Rambouillet. Le troupeau de bêtes à laine fine d'Espagne qui y est depuis 1786, est conservé par la commission d'agriculture, xxxv. — Elle y établit une excellente école pratique pour les Bergers, 7.

Râtelier des bêtes à laine. Sa description, 34. — Sa situation dans le parc domestique, 34. — Il doit être placé fort bas, 139. — Moyen de suppléer à son défaut dans les voyages que l'on fait faire aux moutons, 121. — Sa figure Pl.^s II et XII.

Raves (Les) peuvent servir à nourrir les moutons en hiver, 74. — Bonnes pour donner du lait aux brebis, 132.

Ray-grass. On l'emploie pour les prairies artificielles, 83. — Ses qualités, 84. — Bon pour les agneaux sevrés, 145. — Le parcage lui est très-avantageux, 408. — Peut servir pour l'engrais des moutons, 159.

Refin, ou laine superfine, 288.

Réflexions sur le traitement des maladies des bêtes à

laine, 302 *et suiv.* — Sur les effets des remèdes, 461, 462.

Regain (Le) peut faire du mal aux moutons, 61, 62.

Régime. Quel est celui qui est le plus nécessaire aux troupeaux, 317 *et suiv.* — Combien le changement subit de régime nuit aux moutons, 330. — Moyens de remédier à ce mal, 331. — Le régime des troupeaux est une partie très-importante, 335.

Règles que l'on doit suivre en conduisant les troupeaux aux pâturages, 53 *et suiv.*

Remèdes les plus nécessaires aux troupeaux, 205, 299 *et suiv.* — Contre la gale des moutons, 301, 311 *et suiv.* — Remèdes extérieurs ou topiques usités en pareil cas, 312. — Inconvéniens de ces remèdes, 312. — Composition d'un topique préférable à tous les autres, 313 *et suiv.* — Manière d'en faire usage, 314. — Remèdes purgatifs, bons pour les bêtes à laine, 447. — Ceux sous forme liquide sont préférables, 458. — Doivent être proportionnés à leur valeur, 302, 460. — Observations sur leurs effets dans les maladies, 460, 461.

Renoncule scélérate ou *tubéreuse.* Épreuves faites sur des moutons qui en ont mangé avec avidité sans en être incommodés, 319.

Renouvellement de la laine, 166.

Réseau. Voyez *Bonnet.*

Ronger. Voyez *Rumination.*

Roseaux (Les) font de très-mauvais foin pour les moutons, 81.

Rosée (La) nuit plus aux bêtes à laine que la pluie ou le serein, 56. — Pourquoi elle fait plus de mal que la neige, 99.

Rumination

Rumination des moutons. Ce que c'est, 59, 245. — Comment on reconnaît que l'animal rumine, 59. — Son influence sur le tempérament des bêtes à laine, 246. — Comment elle se fait, 247 *et suiv.* — Elle paraît dépendre de la volonté de l'animal, 249, 250. — Mécanisme par lequel elle s'exécute, 250. — Opinion de *Bourgelat* contraire à celle de *Daubenton* sur la rumination, 253. — Conséquences déduites de la rumination par rapport au tempérament des bêtes à laine, 254 *et suiv.* — Elle paraît influer sur les effets des remèdes purgatifs, 449. — Elle cesse dans le cas de maladie et par l'effet de certains remèdes, 451. — Expériences sur la rumination, 452 *et suiv.*

S.

SAIGNÉE. Bonne dans la maladie de chaleur, 57, 208, 300. — Dans la colique de panse, 64. — Lorsque la brebis ne peut mettre bas par trop de chaleur et d'agitation, 125. — Un des remèdes les plus nécessaires, 205. — Quelles sont les différentes sortes de saignées que l'on est dans l'usage de faire aux moutons, 205, 302. — Inconvéniens auxquels elles sont sujettes, 304 *et suiv.* — Nouvelle manière de saigner les moutons, préférable à toutes les autres, 205 *et suiv.* 307 *et suiv.* — Dans quelles maladies elle est le plus nécessaire, 208, 303. — Manuel de l'opération représenté Planche XXI.

Sainfoin. On en fait des prairies artificielles, 83. — Ses qualités, 85. — On peut en donner aux agneaux, 143. — Est la meilleure herbe pour l'engrais des moutons, 158. — Le parcage le détruit, 408.

Saison où l'on commence à donner des fourrages aux moutons, 88; — où l'on cesse de leur en donner, 94.

Salsifis (Les) sont propres à nourrir les moutons en hiver, 74. — Donnent du lait aux brebis, 132.

Santé des bêtes à laine. A quels signes on reconnaît qu'elle est mauvaise, 40. — Signes de la bonne santé des bêtes à laine, 50. — Conséquences qui résultent de la rumination, par rapport à la santé des bêtes à laine, 254 *et suiv.*

Sanve. Peut faire mal aux moutons, 62. — Peut être mortelle pour ceux qui en broutent en trop grande quantité, 317.

Sapin. On fait manger son écorce aux moutons, 85.

Saule. Ses feuilles sont très-bonnes pour les moutons, 80.

Saumure. Usage qu'on en fait pour les moutons, 101.

Sécheresse excessive de 1785. Ses effets sur les bestiaux; moyens employés pour y remédier, 395.

Seconde laine. Ce que c'est, 178, 414. — Doit être retirée pour fabriquer des draps forts et garnis, 386. — Sa situation sur le corps de l'animal, 414. — Évaluée à un septième de la toison, 415.

Seigle (Le) peut faire mal aux moutons, 61. — Sa paille vaut mieux que celle de froment pour nourrir les moutons, 87. — Ils en mangent aussi la balle, 87.

Sel. Faut-il en donner aux moutons, 100. — Effets

qu'il produit sur eux, 100. — En quel temps, en quelle quantité, et de quelle manière on leur en donne, 100 *et suiv.* — On en répand sur les agneaux pour les faire lécher par leurs mères, 130.

Serein (Le) nuit moins aux bêtes à laine que la rosée, 56, 61.

Serrement des mâchoires. Voyez *Tetanos.*

Sevrage des agneaux. En quel temps il doit se faire, 142, 144. — Comment il se fait, 143, 145.

Signes auxquels on reconnaît les bons moutons, 47 ; — auxquels on reconnaît ceux qui sont gras, 163 ; — d'une mauvaise santé, 46 ; — d'une bonne santé, 50. — Qui annoncent qu'une brebis va mettre bas, 124.

Situation de l'agneau dans le ventre de sa mère, 126, 127. — Mauvaises situations et moyens d'y remédier, 127 *et suiv.* — Représentées Planche V.

Soif. La trop grande soif est un signe de maladie, 96. — Est dangereuse pour les moutons, 327, 328.

Soins qu'on doit prendre des brebis après l'accouplement, 123. — Qu'exigent les fourrages secs, 320 *et suiv.* — Qu'exige l'engrais des moutons, 157.

Soleil. Comment les moutons se garantissent de son ardeur, 57. — Sa grande chaleur est à craindre après la tonte, 173. — Ils ne résistent pas à sa grande ardeur, 299.

Son de froment. On en donne aux moutons pour leur nourriture en hiver, 75. — Mêlé avec la

farine d'avoine, bon pour les agneaux, 142.
— Bon pour l'engrais de pouture, 161.

Sonnette au cou des moutons. A quoi elle sert, 18.

Sortiléges. Ce qu'il faut penser en général de ceux que l'on attribue aux Bergers, 6.

Soufre. Sa vapeur fait périr les chenilles-teignes, 185. — On ne doit cependant pas s'en servir dans les magasins de laines, 185.

Sueur. Nuisible aux bêtes à laine, 258.

Suif (Le) entre dans la composition de l'onguent pour la gale; est préférable à la graisse l'été, 173, 211, 313.—Les moutons *fondent leur suif,* lorsque la neige reste long-temps sur terre, 330.

Suint de la laine. Ce que c'est, et de quelle utilité il est aux moutons, 28, 175. — Il est plus abondant dans les laines superfines, 381. — La laine de France lâche bien son suint, 384, 387.

Superfine. Voyez *Laine.*

Supergrosse. Voyez *Laine.*

T.

TABLE des matières. Manière d'y trouver les mots qu'on veut y chercher, 479, 481.

Table de ce qui est contenu dans ce volume, lviij.

Table des planches, lxij.

Tænia du cerveau des moutons, hydatides du cerveau, 258. — Expériences tentées pour les détruire, 258, 328. — Leurs causes présumées, 328.

Taille des bêtes à laine. Comment on en mesure les différences, 40. — A laquelle on doit donner la préférence, 48. — Ce qu'il faut faire pour la relever, 108, 293.

Tardillons, agneaux venus trop tard, 140. — Ce qu'on en fait, 140.

Tardons. Voyez *Tardillons.*

Teignes. Voyez *Chenilles-teignes.*

Teinture. Les laines de France prennent bien la teinture, 384, 388. — Les couleurs légères laissent beaucoup plus voir les défauts de qualité et de fabrication que les couleurs fortes, 385.

Tempérament des bêtes à laine. Observations et expériences relatives à ce sujet, 245 *et suiv.*

Temps de l'accouplement des bêtes à laine, 102 et *suiv.* 278, 279.

Temps où il faut donner à manger aux moutons, 88 *et suiv.*; — où l'on cesse de leur en donner, 94; — où il faut leur donner à boire, 97; — où il faut leur donner du sel, 100; — où il ne faut pas les mener paître, 58.

Térébenthine. Voyez *Huile essentielle de térébenthine.*

Terrain qui convient le mieux aux moutons, 154 *et suiv.*

Terres en jachères. Voyez *Jachères.*

Terres ensemencées. Comment le Berger empêche que son troupeau y fasse du dommage, 67, 68.

Tétanos, maladie qui suit quelquefois la castration des agneaux, 150. — Manière de l'éviter, 150.

Thimothy (Le) peut servir pour l'engrais des moutons, 159.

Tierce-laine. Ce que c'est, 178, 414. — Doit être retirée pour fabriquer des draps forts et le drap écarlate, 386, 388. — Sa situation sur l'animal, 414. — Évaluée à un vingtième de la toison, 415.

Tique des moutons, 238. — Représenté Planche XI.

Tithymale. Les moutons refusent de manger de cette herbe, 319.

Toison, dépouille des bêtes à laine. Ce qu'il faut faire avant la tonte, 167 ; — après la tonte, 177 *et suiv.* — En quel temps et comment on lave les toisons, 175. — Manière de les plier, 177, 178.

Toison d'or. Institution de cet ordre due à une récolte abondante de laine, 368.

Tolozan (M. de). Sa lettre à *Daubenton* sur ses ouvrages sur les moutons, xlij. — Réponse de *Daubenton*, xlij.

Tonnerre (Le) occasionne l'avortement, 124.

Tonte des laines. En quel temps elle doit se faire, 165. — Quelle est la meilleure manière de la faire, 170. — S'il faut tondre tous les agneaux, 171. — Traitement à faire aux moutons après la tonte, 173. — Représentée Planche XI.

Topinambours. On peut s'en servir pour nourrir les moutons en hiver, 74.

Topiques. Quels sont les plus usités contre la gale des moutons, 312. — Inconvéniens de ces topiques, 312. — Composition d'un topique préférable à tous les autres, 313 *et suiv.* — Manière de l'appliquer, 314. — Exemple remarquable de son efficacité, 315.

Tordre le cordon. Ce que c'est, 150.

Tourner. Voyez *Bistourner.*

Tourteaux. Ce que c'est, 77. — Ils servent à la nourriture du bétail, 77. — Quels sont les meilleurs, 77, 78.

Traductions de l'*Instruction pour les Bergers,* xxxv *et suiv.*

Traire les brebis. En quels temps on peut le faire,

132.—Quelles sont celles que l'on peut traire, 134.

Traitement des maladies des bêtes à laine. Expériences commencées à ce sujet; causes qui ont empêché de les continuer, 426. — Réflexions sur le traitement des maladies, 302. — Sur les effets des remèdes, 461, 462.

Trèfle. Entre dans la composition des prairies artificielles, 83. — Ses qualités, 84. — **Peut être donné sec aux agneaux**, 143. — Sert pour l'engrais des moutons, 158. — Peut causer la mort aux moutons qui en mangent en trop grande abondance, 61, 317. — Bon pour les agneaux sevrés, 145. — Le parcage lui est avantageux, 408.

Triage des laines. Les Espagnols en tirent quatre sur la même toison, 178. — Est important pour la fabrication du drap, 380, 381, 386.

Trop de sang (Le): Voyez *Chaleur.*

Troupeau. A quel âge il faut prendre les bêtes à laine pour le former, 49. — Voyez *Belier, Bêtes à laine, Moutons.* — Troupeau d'expériences établi à l'école vétérinaire d'Alfort, et bientôt réformé, 375.

Trudaine. C'est sous ses auspices qu'a commencé l'amélioration des laines en France, xxxj, xlix, 283 *et suiv.* 356 *et suiv.*

U.

URINE. Nécessaire au dégraissage des laines, 176. —Celle des moutons est un puissant engrais, 436.

Usages du lait de brebis, 134.

V.

Veine angulaire. La plus commode pour saigner les moutons, 206. — Représentée Planche XXI.

Veines du blanc de l'œil. Comment elles servent à indiquer la bonne ou mauvaise santé des moutons, 51. — Manière de les examiner représentée Planche IV.

Vents de bise et de galerne. Il faut en mettre les parcs domestiques à l'abri, 32.

Vers des laines. Ne sont point des vers. Voyez *Chenilles-teignes.*

Vers des moutons. Les hydatides du cerveau et des autres parties sont des vers, 258. — Dans la trachée-artère et dans les poumons, 269.

Vertige des moutons, 57.

Vesces. On en donne aux moutons pour leur nourriture, 78. — On leur en fait des gerbées, 79, 86.

Voies (Les). Ce que c'est, 187.

Voyages des bêtes à laine. A quel âge et en quelle saison on doit les leur faire faire, 120. — Comment on doit les gouverner dans ces voyages, 121.

W.

WICHMANN (M.) a donné une traduction allemande de l'*Instruction pour* xxxv *et suiv.* 447.

Fin de la Table générale des Matières.